Food and Drug Administration
U.S. Department of Health and Human Services

Multicriteria-based Ranking Model for Risk Management of Animal Drug Residues in Milk and Milk Products

乳及乳制品中兽药残留的风险管理
——基于多标准的排序模型

◎ 赵金山　韩荣伟　郑　楠　于忠娜　等 编译

美国食品药品监督管理局
美国卫生及公共服务部　颁布

中国农业科学技术出版社

图书在版编目(CIP)数据

乳及乳制品中兽药残留的风险管理:基于多标准的排序模型 / 美国食品药品监督管理局，美国卫生及公共服务部颁布；赵金山等编译. —北京：中国农业科学技术出版社，2019.5

书名原文：Multicriteria-based Ranking Model for Risk Management of Animal Drug Residues in Milk and Milk Products

ISBN 978-7-5116-4021-5

Ⅰ.①乳…　Ⅱ.①美…②美…③赵…　Ⅲ.①乳制品-兽用药-农药残留-风险管理　Ⅳ.①TS252.7

中国版本图书馆 CIP 数据核字(2019)第 018884 号

责任编辑　金　迪　崔改泵
责任校对　贾海霞

出 版 者　中国农业科学技术出版社
北京市中关村南大街 12 号　邮编:100081
电　　话　(010) 82109194 (编辑室)　(010) 82109702 (发行部)
(010) 82109709 (读者服务部)
传　　真　(010) 82106625
网　　址　http://www.castp.cn
经 销 者　各地新华书店
印 刷 者　北京建宏印刷有限公司
开　　本　787 mm×1 092 mm　1/16
印　　张　20
字　　数　468 千字
版　　次　2019 年 5 月第 1 版　2019 年 5 月第 1 次印刷
定　　价　128.00 元

译校者名单

主 编 译

赵金山　青岛农业大学

韩荣伟　青岛农业大学

郑　楠　中国农业科学院北京畜牧兽医研究所

于忠娜　青岛农业大学海都学院

副主编译

王　军　青岛农业大学

刘　文　青岛农业大学

刘华伟　青岛农业大学

李和刚　青岛农业大学

杨永新　安徽省农科院畜牧兽医研究所

王玉涛　山东省农业科学院农业质量标准与检测技术研究所

李松励　中国农业科学院北京畜牧兽医研究所

编译人员

逄　滨　青岛农业大学

甄天元　青岛农业大学

李　鹏　青岛农业大学

张养东　中国农业科学院北京畜牧兽医研究所

刘慧敏　中国农业科学院北京畜牧兽医研究所

李　琴　农业农村部乳品质量监督检验测试中心（哈尔滨）

李爱军　唐山市畜牧水产品质量监测中心
韩奕奕　农业农村部奶产品质量安全风险评估实验室（上海）
赵小伟　安徽省农科院畜牧兽医研究所
于瑞菊　潍坊市动物疫病预防与控制中心
权春丽　青岛农业大学
王仕凤　青岛农业大学
史翠平　青岛农业大学
石润佳　青岛农业大学
张文青　青岛农业大学
马源蔚　青岛农业大学

审　　校

王加启　中国农业科学院北京畜牧兽医研究所 研究员
Harvey Ho　The University of Auckland Research Fellow

项目支持

山东省重点研发计划（公益类科技攻关）（2019GNC106024）
国家公益性行业（农业）科研专项（201403071-5）
山东省高等学校科学技术计划项目（J17KA131）
国家奶产品质量安全风险评估重大专项（GJFP2019027）
国家奶产品质量安全风险评估重大专项（GJFP201800804）
山东省重点研发计划项目（2016GSF120010）
山东省自然基金青年基金项目（2015ZRB01095）
山东省自然基金青年基金项目（ZR2016YL030）
山东省优秀中青年科学家科研奖励基金项目（BS2014NY011）

撰稿人

团队带头人及项目经理
Wendy Fanaselle［（不含）2014年8—10月］
Grace Kim（2014年8—10月）

团队成员（以姓氏字母排序）
论题专家：
Johnny Braddy
Deborah Cera
Lynn Friedlander
Dennis Gaalswyk
Karin Hoelzeer[1,2]
Michelle Hyre
Philip Kijak
Grace Kim
Stefano Luccioli
Yinqing Ma
Amber McCoig
Ray Niles[1]
Judith Spungen
Jane Van Doren
Tong Zhou

模型作者：David Oryang
编辑：Susan Cahill
资讯专家：Lori Papadakis
风险评估顾问：Sherri Dennis，Jane Van Doren

---

1 退休或前职员。

2 根据美国食品药品监督管理局及美国能源部跨部门协议，受雇于食品药品监督管理局下辖的食品安全与应用营养中心的研究参与项目。该项目由橡树岭科学与教育研究所负责。

致　谢

美国食品药品监督管理局（FDA）的风险评估体系得益于众多个人、组织及政府官员所作出的贡献、进行的会谈及提供的信息。风险评估团队特此对上述所有个人及组织所作出的贡献致谢。特别鸣谢下列人士：

由风险管理团队负责人 David White 所带领的 FDA 风险管理团队，包括 Neal Bataller，Nega Beru，Cindy Burnsteel，Ted Elkin，Karen Ekelman，Suzanne Fitzpatrick，Bill Flynn，Kevin Greenlees，Barry Hooberman，John Sheehan，Kim Young，以及为风险评估发展过程中一直提供顾问支持的 Don Zink。

与风险评估团队分享数据、专家建议及信息的 FDA 科学家们及政策专家们，尤其是 Sue Anderson（摄入量），Leila Beker（摄入量），Randy Arbaugh（乳制品安全），Stephanie Briguglio（同行评议报告），Lauren Brookmire（摄入量），Clark Carrington（药品化学），Yuhuan Chen（复审），Sujaya Dessai（药品管理），Steven Duret[2]（制图），Brenna Flannery[2]（毒理学），Robert Hennes（乳制品安全），Xiaojian Jiang（摄入量），Monica Metz（乳品科学及政策），Clarence Murray，Ⅲ[1]（摄入量）Olugbenga Obasanjo（健康风险），Régis Pouillot（模型及数据），Donald Prater（药物筛选），Jeremy Robbi（项目管理），Katie Sherman（项目管理）[1]，Benson Silverman[1]（摄入量），Sandra Tallent（数据处理），Steve Yan（健康风险），以及 Chi Yuen（Andrew）Yeung（数据处理）。

食品安全及应用营养学实习学生 Zhuoying（Mia）Chen 以及 Gregory Hay 也在本报告的成书及准备过程中提供支持。

外部同行审查人：Beth P. Briczinski 博士（全国乳制品联合会）；Igor Linkov 博士（卡内基·梅隆大学），Scott A. McEwen，兽医学博士，DVSc（圭尔夫大学，安大略湖兽医学院）；Shirley Price 博士（萨里大学）；Geoffrey W. Smith，兽医学博士（北卡莱罗纳州州立大学）为本报告的初稿提供了富有见解及帮助性的审查意见及评论。

两个专家团分享了他们的专家建议并为基于多标准的排序模型提供数据，第三个专家团负责对专家提出的问题及用于从专家团收集信息的机制进行了测试并提供了反馈。

专家团 1 对泌乳期奶牛给药的可能性及乳制品（贮奶罐或奶车运输罐）中药物存在的可能性提供数据和信息，假设对泌乳期奶牛用药：Ronal Baynes，兽医学博士（北卡莱罗纳州州立大学）；James Bennett，兽医学博士（北部山谷乳品生产医学中心）；Rodrigo Bicalho，CVM，博士（康奈尔大学动物医院）；Ronette Gehring，MMedVet（药

1　退休或前职员。

2　根据美国食品药品监督管理局及美国能源部跨部门协议，受雇于食品药品监督管理局下辖的食品安全与应用营养中心的研究参与项目。该项目由橡树岭科学与教育研究所负责。

师），DACVCP（堪萨斯州立大学）；K. Fred Gingrich Ⅱ，兽医学博士（乡村道路兽医服务中心）；Patrick Gorden，兽医学博士，DABVP（爱荷华州立大学）；Scott McEwen，DMV，DVSc，DACVP（圭尔夫大学，安大略湖兽医学院）；Pamela Ruegg，兽医学博士，MPVM（威斯康星大学）；Geoffrey Smith，兽医学博士，DACVIM（北卡莱罗纳州州立大学）。

专家团2［为考量所有标准（A-E）及标准A和标准B中次级标准提供数据和信息］：Scott Barnes兽医学博士（爱达荷州农业署，动物产业司）；Stephen Beam博士（加利佛尼亚食品与农业署，乳品及乳制食品安全部）；Mary Bulthaus（欧陆集团DQCI）；Robert Hagberg（蓝多湖公司，乳品及事务部）；Roger Hooi（迪安食品公司，食品安全及事务部）；Jason Lombard，兽医学博士（美国农业部—动物及植物健康检测服务中心，流行病学及动物健康兽医服务中心，全国动物健康监测系统）；Craig Shultz兽医学博士，（宾夕法尼亚农业署，动物健康及诊疗服务局）；Marianne Miliotis-Solomotis博士（美国食品药品监督管理局）；Francis Welcome，兽医学博士，工商管理硕士（康奈尔大学，人口医学及诊疗服务部）。

专家评审团：Beth Briczinski博士（全国乳品生产商联合会）；Yuhuan Chen博士（美国食品药品监督管理局）；Wendy Hall，兽医学博士（美国农业部动植物检疫局）；Jeffrey Hamer，兽医学博士（美国食品药品监督管理局）；Sam Magill（Kearns & WeSt）；Steven Murphy，MPS（康奈尔大学）；Regis Pouillot，兽医学博士（美国食品药品监督管理局）；David Smith博士（美国农业部农业研究局）；Lorin Warnick，兽医学博士，（康奈尔大学）；David White博士（美国食品药品监督管理局）。

VERSAR公司协调了外部同行审查并促进了正式专家评审环节。

缩写及首字母缩略词

缩写	定义
ADI	每日允许摄入量
ALAM	加线性集合模型
AMDUCA	兽药使用澄清法
CFR	联邦管理法规
CFSAN	食品安全及应用营养学中心
CVM	兽医中心
DHHS	卫生与公众服务部
ELDU	标签外用药
FARAD	食品动物残留避碰数据库
FDA	食品药品监督管理局
FR	联邦公报
FSIS	食品安全检查局
GAO	政府责任署
IMS	跨州乳品运送人
JECFA	世界卫生组织食品添加剂专家委员会
Papp	表观分配系数
MCDA	多准则决策分析
NADA	审评新兽药申请
NCIMS	州际牛奶运输全国会议
NAHMS	国家动物健康监测系统
NHAANES	国家健康与营养调查
NMDRD	全国乳制品药物残留数据库
NSAID	非甾体抗炎药
NTP	国家毒理学计划
OTC	非处方药
PMO	巴氏杀菌奶条例
Rx	处方药
TBD	尚未确定
USDA	美国农业部
UK	英国
US	美国
VRC	兽药残留委员会
WHO	世界卫生组织

目　录

图目录

表目录

执行总结

美国食品药品监督管理局（FDA 或以下称“我们”）开发了一套基于多标准的排序模型，用于乳品及乳制品中的兽药残留风险管理。这种风险评估方法作为一种决策支持工具，用于为重新评估乳制品测试项目中应该包含哪种兽药残留检验提供参考。这种风险评估办法同样可以用于确定研究需求及其优先程度。FDA 之所以承担这一项目，是为了响应联邦政府、州政府和波多黎各组成的联盟—州际牛奶运输全国会议（NCIMS）、乳品加工业、学术界以及消费者的请求。一个核心问题是，人们是否应该对除了 β-内酰胺类抗生素这一目前乳品取样项目的聚焦点之外的其他兽药残留进行监测。因此我们开发的这套基于多标准排序模型会根据模型中使用的特定标准对选取的其他类别兽药进行排序。

FDA 与 NCIMS 在签订谅解备忘录的基础上进行合作。自从 1991 年以来，巴氏杀菌奶条例（PMO）的第 N 条附录就规定所有散装奶提取罐在向乳品工厂运送鲜奶时都应该接受 β-内酰胺类抗生素残留监测，这种抗生素被广泛用于乳牛的治疗。但是，其他类别的药物同样也被用于治疗乳牛疾病。国家乳品药物残留数据库（这一第三方系统会根据其与 FDA 的协议，收集乳品业从业者志愿上报的药物残留测试结果）及 FDA（乳品药物残留取样调查，2015）曾发布了一些报告，证实了美国一些贮奶罐或奶车运输罐取样中存在除 β-内酰胺类抗生素以外的其他药物残留。

考虑事项

FDA 选取了 54 种兽药以及它们的多种配方进行评估。基于多标准的排序模型通过四种首要标准为药物评分并在相应组别内排序：①这种药物被用于治疗泌乳期奶牛的可能性；②在这种药物被应用后，其在乳品（贮奶罐或奶车运输罐）出现残留的可能性；③消费者在消费乳品或乳制品过程中在多大程度上会接触到药物残留；④接触到上述药物残留对人体健康造成危害的可能性。

我们使用了来源广泛的大量数据和信息，以便能够通过这些标准赋分。比如，这些数据和信息来源于政府调查报告，公开发表的文献，以及外部专家评审。风险评估模型途径也已通过独立的外方同行审阅。

结果和结论

基于多标准的排序模型通过四种标准为每一种选取的兽药进行综合评分。并且，我们在综合评分的基础上，从食品安全的角度对上述兽药进行了类别排序。不同类别的药物都有较高的赋分，评分最高的前20种药物分属8个不同类别。这8个不同类别分别包括β-内酰胺类抗生素、抗寄生虫药、大环内酯类、氨基糖苷类、非类固醇消炎药（NSAIDs）、磺胺类药、四环素类以及酰胺醇类。经3种不同的分析角度（每种药物类别中评分最高的药物，每种药物在模型中被评估的类别中的排序，以及每类药物中评分排序前20的个体药物数量），β-内酰胺类抗生素以及抗寄生虫药（尤其是阿维菌素类杀虫剂）是评分最高的前两类药物。

尽管其他种类的抗寄生虫药也评分较高，但是阿维菌素类杀虫剂在抗寄生虫药这一类别中是评分最高的。在其他评分较高的药物类别中泰拉霉素（大环内酯物）、庆大霉素（氨基糖苷类）、氟尼辛（非类固醇抗炎药）、磺胺喹噁啉（磺胺药物）、四环素（四环素类），以及氟苯尼考（胺酰醇）在各自的类别中评分最高。

根据这种基于多标准的排序模型提供的区分度以及形成模型数据的不确定性，我们在分析结果的时候把重点放在药族（按照评分）或药物类别上。

这种风险评估方法提供了一种科学性的分析途径来整理并整合相应的数据和信息。风险评估的结论可以为FDA、NCIMS，以及其他利益相关者提供信息，这些信息可能被用来修订巴氏杀菌奶条例。风险评估报告记录了模型开发的整套方法、模型的结果以及模型的结论。报告还搜集、提供并分析了目前所有关于54种兽药被依据四种标准评分的数据和信息。

1 引言

1.1 背景知识

美国卫生及公众服务部食品药品监督管理局开发了这种风险评估方法，该方法作为一种决策支持工具，用于帮助重新评估乳制品测试项目中应该包含哪种兽药残留检验。

FDA 之所以承担这一项目，是为了响应由州际牛奶运输全国会议（NCIMS）修订委员会提出的附录 N 的要求。NCIMS 是由联邦政府、州政府和波多黎各乳品加工业、学术界以及消费者代表组成的志愿者联盟。附录 N 要求我们对乳品供应中兽药残留进行评估，以此作为对乳品测试项目要求修订的依据。

FDA 与 NCIMS 在签订谅解备忘录的基础上进行合作。NCIMS 每两年召开一次会议，对乳品政策修改的可能性提出提案并进行商讨，而 NCIMS 成员中只有那些州监管机构（State regulators）才享有提案投票权。FAD 同时供职于 NCIMS 执行委员会并为该组织提供顾问咨询服务，并且可以对投票成员（即州监管机构）已投票通过的提案行使唯一否决权。

巴氏奶杀菌条例（PMO）作为一种范例性卫生条例，一直被美国政府采用作为法律规范，其中包含了 FDA 每两年发布一次的规范性乳品取样项目。自 1991 年以来，PMO 中的第 N 条附录就规定所有散装奶提取罐在向乳品工厂运送鲜奶时都应该接受 β-内酰胺类抗生素残留监测，这类抗生素被广泛用于奶牛的治疗。但是，其他类别的药物同样也被用于治疗奶牛疾病。国家乳品药物残留数据库（这一第三方系统会根据其与 FDA 的协议，收集乳品业从业者志愿上报的药物残留测试结果）及 FDA（乳品药物残留取样调查，2015）曾发布了一些报告，证实了美国一些贮奶罐或奶车运输罐取样中存在除 β-内酰胺类抗生素以外的其他药物残留。

FDA 开发了这套基于多标准的排序模型，用于为选取的兽药进行排序并确定其优先程度，从而为重新评估乳制品测试项目中应该包含哪种兽药残留检验提供参考。这种风险评估方法提供了一种科学的分析途径来整理并整合相应的数据和信息。

1.2 风险分析及风险评估步骤

为了对复杂食品安全问题进行风险评估，FDA 采用了国际食品法典（国际食品法典委员会，1999）推荐的风险分析体系。风险分析的要素包括风险管理，风险评估及风险交流。风险分析方法整合这 3 个要素以便将科学知识转化为政策法规。

在 FDA，风险分析步骤始于机构的政策制定者或风险经理认定一种食品安全问题会对公众健康构成潜在风险，并要求风险评估者回答具体的相关问题，这些问题可能最终将用于制定防范性及应对性政策（即委托调查）。风险评估团队将展开大规模的文献综述准备及数据收集工作，并开展进行风险评估的可行性分析。如果项目被认定是可行的，风险评估者将开发并应用数学模型，以回答他们被委托回答的问题。形成初稿后，他们的模型和报告将接受内部审阅（如被风险经理审阅）和外部审阅（外方同行审阅）。审阅结果可能会要求风险评估者修订其模型或报告中不同的组件（并且可能需要再审阅和再修订），以确保模型结构、输入内容、模型设想以及模型输出能够最终解答问题。例如，专家对模型的审阅及评论（如对药物残留的排序标准），可能会需要设计者对其进行相应修改。另外，报告的初稿也将接受公众评论，评论意见经考量及整合后用于报告修订，直至报告完善后予以发表。

广义上说，风险评估过程包含了下面 5 个阶段：

阶段Ⅰ：风险评估委托（包括组建风险评估团队并确认风险评估范畴）。

阶段Ⅱ：数据搜集及评估。

阶段Ⅲ：模型开发及其有效性确认，准备报告初稿。

阶段Ⅳ：审阅（内部及外部）。

阶段Ⅴ：报告定稿发表。

如上所述，这些阶段是反复性的；必要的话，再次修订可能会需要根据审阅（内部及/或外部）以及公众评论意见组织进行。

在风险评估者应用模型并得到风险评估结论后，风险经理将把这些结论应用到制定食品安全决策中去。风险管理步骤包含依靠风险评估结论及其他相关信息形成并选定最终管理策略。

风险沟通人员调查发现利益相关人的关注点及消费者对于风险问题的信息需求及认知，并在风险评估结论及后续风险管理计划的基础上制定公众安全信息。积极的参与沟通有助于提高透明度并鼓励利益相关人员参与进来，也因此提高了可靠性和科学性。

更多关于 FDA/CFSAN 风险分析体系的细节请参见

http://www.fda.gov/Food/FoodScienceResearch/RiskSafetyAssessment/ucm242929.htm

风险分析三要素（风险管理、风险评估及风险交流）图形描述见图 1.1：

1.3 风险评估问题预设及范畴确定

如引言部分介绍的，FDA 开发这套基于多标准的排序模型来通过特定标准为乳品及乳制品中兽药排序。本报告也回答了风险经理[1]提出的问题。

- 美国哪些药物最有可能被施用于泌乳期奶牛？
- 如果被施用于泌乳期奶牛，哪些药物最有可能导致乳品（贮奶罐或奶车运输罐）中药物残留？
- 如果药物残留在乳品（贮奶罐或奶车运输罐）中存在的话，这些残留在乳品加

[1] 上述问题设置与 NCIMS 在其问卷文件中的略有差异（附录 1.1）。

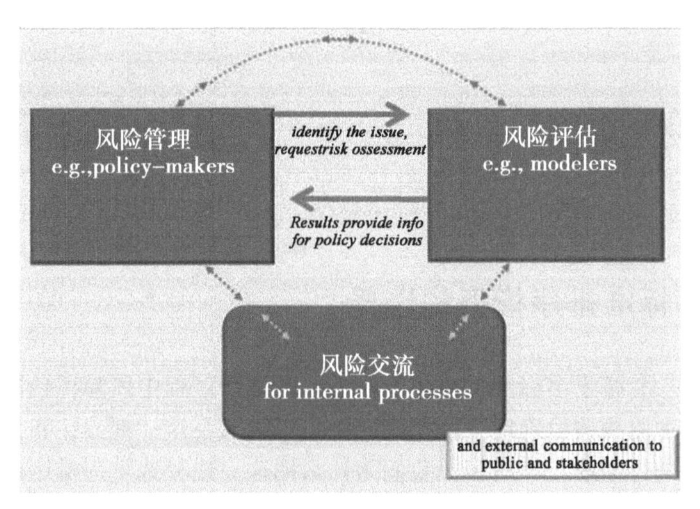

图 1.1 风险分析三要素

工或多种不同乳制品生产过程中会发生怎样的变化（在哪些乳制品中会发现这些药物残留）?

- 在乳品（贮奶罐或奶车运输罐）中的药物残留，哪种有在乳制品中浓聚的可能?
- 乳品及乳制品中药物残留污染物对消费者的相对接触有哪些?
- 这些药物中哪一种会引起公众健康问题，为什么?
- 从公众健康角度看，经评估后这些兽药的排序情况是怎样的?
- 哪些重要的数据差异或研究需求需要更精确的评估乳品（贮奶罐或奶车运输罐）中的药物残留对公众健康的影响?

这份排序报告的范畴如下。

风险：某种兽药被施用于奶牛的可能性不容忽视。

食品：乳品及以牛乳为原料的乳制品（液态奶、酸奶油、浓奶油、黄油、农家奶酪、蒸发乳、脱脂奶粉、酸奶、冰淇淋、意大利干酪、切打奶酪、再制奶酪）。

消费人口：美国人口（人均一生消费量）。

风险评估方法：多标准排序（半定量）。

模型输出：兽药残留排序。

2 风险评估途径

2.1 基于多标准排序模型的选择

我们研发了一套基于多标准排序模型作为兽药排序过程中风险评估的最佳模型。这种兽药排序旨在为监测项目确定各种兽药的优先程度。在这一部分，我们将对多标准排序模型这一途径进行描述，然后解释我们为什么把这一途径选定为排序模型。

2.1.1 多标准排序，一种半定量风险评估途径

总体来说，风险评估分为定量和定性两种（国际食品法典委员会，1999）。半定量风险评估是介于定量和定性风险评估之间的一种途径。半定量风险评估通过排序评估风险，也可能运用多种决策工具，其中一种是多标准决策分析（“MCDA”）。采用多标准决策分析法的半定量排序也称为多标准排序（FAO/WHO，2014）。

MCDA 本身是运筹学[1]的一个子门类，是一种既能被个体所用，也能为群体所用的正规数学途径，用以整合完全不同但却重要的不同标准来制定决策（Belton and Stewart，2002）。如上所述，MCDA 是一种强有力的决策工具，可以为决策制定相关不同标准提供清晰明了的解释，而其他途径往往只能提供含蓄的解释。这一数学途径的作用在没有一个先验的“最佳”解决方案而政策制定者需要在多个标准间确认先后顺序的情况下最为有用。MCDA 可以用来将多目标及不同标准间的结构集成融入复杂的优化问题中去，比如技术数据（如化学物质的分子量）以及政策制定者的主观偏好（Linkov and Moberg，2012）。

尽管 MCDA 可能涉及大量的数学知识，从这一点上来说解析解的方法不再可行，人们将不得不借助于那些复杂的计算机运算法则，但是有些 MCDA 形式比较直观，不需要那些复杂的计算机运算法则就能得到求解，也能够被相当快速地运用。这些数学角度上简单的 MCDA 方法最适用于风险评估（Linkov and Stevens，2008）。

当被应用于风险评估时，MCDA 通常运用标准来评估和比较有害商品组，这种比较是通过将商品性能与这些标准进行比对而得出的（Figueira et al.，2005）。对一个标准的评估往往通过不同分数来体现，这些分数共同决定了其标准量（Figueira et al.，2005）。通过整合多重标准及与公众健康息息相关的次级标准（有时候其他因素并不与公众健康直接相关，比如经济花费）等角度的商品性能表现，得出单一的风险分数，并

---

[1] 运筹学是把科学和数学方法应用于复杂系统的一门严密的数学学科。它被用于研究和分析通常涉及多个、不同的、含相互竞争因素的问题，从而得出最佳的解决方案。

最终依此为有害商品组排序。个体得分可以通过加法或乘法得到最终分值。所有标准都可被赋予相同权重，也可以为具体某一标准赋予多或少的不同权重（Linkov and Stevens，2008）。标准及次级标准的选取，比例及组合都会显著影响最终的风险排序结果，因此这些工作需要格外谨慎。本报告中各标准的审阅及每种药物的比重信息详见第5部分。

多标准排序的结构及结论

从风险评估的结构和结论角度上来说，多标准排序与其他在食品安全领域应用的传统风险评估（见食品法典）不同。食品法典委员会定义的风险评估通常有以下结构（食品法典委员会，1999）。

危害识别：筛查并清除没有或有限担忧的危害商品组合。

危害特征描述：评估某种给定食物中有害物质对健康的负面作用，并且经常将这些有害物质对健康的负面作用描述与剂量反应评估合并在一起。

暴露评估：描述通过食物来源摄入有害物质的可能性。

风险特征描述：综合以上三步做出风险估算。

对比而言，食品安全领域运用的多标准排序途径通常有下列结构（FAO/WHO，2014）：

识别需重点关注的关键危害和商品类别。

描述模型（决策）的标准、比例、赋分及权重。

结论：通过计算出的危险系数列出有害物质排序（更多的排列乳品及乳制品中兽药的步骤参见本报告2.3部分）。

因此，多标准排序模型提供了多种有害物质及商品的排序，其所采用的标准整合了大量的相关因素，比如可行性，贸易关系的中断以及经济花费等。法典定义的风险是发生不良事件的概率和预期后果的函数。如果该事件确实发生了，通常用公共卫生指标来表示（比如发病率或死亡率）（国际食品法典委员会，1999）。因此，多标准排序方法采用了的风险“定义”，比在食品领域通常采用的风险“定义”更加宽松，且通常不会形成定量风险评估通常形成的风险估算指标——如特定某负面影响（如癌症）的可能性或是消费者中预期的疾病或死亡案例数据。相反，多标准排序方法基于潜在危害给出排序（优先次序），但并不会直接为消费者计算出本质上的风险（如疾病）的量级。这种方法包含了不同标准的评分，从而对风险（影响程度）产生影响，以及对不同标准的权重分配（对影响值得判断）。

2.2.2 FDA选择基于多标准排序模型（方法）的具体原因

尽管关于乳品及乳制品中药物残留的文献相对较少，但它们却提供了足够的半定量方法数据供我们用来排序，因此我们才能采用MCDA方法。多标准排序使我们能够客观地考量两种重要的主观信息——本质上通过应用数值去量化它——以及经验数据；比如，来源于农场检验结果的数据。由于多标准排序允许我们从数值角度考量和对比影响风险的不同标准（无论是主观性的还是数值性的），比较定性风险分析而言，它能提供更加客观的排序。更确切地说，我们之所以从众多种类的风险评估方法中选择了多标准排序方法来对应 NCIMSs 的要求，是基于以下原因：

- 这种方法能够回答风险管理具体问题。
- 这种方法可以调节并整合定量及定性数据。
- 这种方法可以整合多种相反的标准。
- 这种方法透明度高且具有可重复性。
- 这种方法已经成功地解答了过去类似的风险管理问题（附录 2.1）。

更多细节的讨论，详见附录 2.2。

2.2 多标准排序模型的总体使用方案

前面部分讲述了我们为什么选择了多标准排序方法。这一部分，我们将讲述对兽药进行排序的总体方案。

第一步 确定用于评估的药物种类。

第二步 确定用于评估的乳品及乳制品种类。

第三步 确定并定义药物评估所依据的标准和次级标准。

第四步 为每一种标准和次级标准搜集数据并开发评分标准。

第五步 为每一种标准和次级标准进行权重分配。

第六步 计算每一种药物或药物种类的总体得分。

第七步 依据多标准排序模型分数为药物及药物种类排序。

这些步骤是 FDA 科学家们在参阅科学文献并参考专家观点、同行审阅评论以及 FDA 风险经理们反馈意见的基础上具体实施的。执行多标准排序并没有标准的方法论。在本报告后续章节，我们将更具体地介绍上述各个步骤。

3 药物/药物残留种类的确认

我们选取了 54 种兽药来使用多标准排序模型进行评估（表 3.1）。各种药物按照其药理作用的字母顺序排序，其后是药物种类排序。

表 3.1 用多标准排序模型进行评估的 54 种药物列表（按分类）

药物名称	药理作用	药物种类
乙酰水杨酸	抗炎药	非类固醇抗炎药
氟尼辛葡胺	抗炎药	非类固醇抗炎药
苯酮苯丙酸	抗炎药	非类固醇抗炎药
美洛昔康	抗炎药	非类固醇抗炎药
萘普生	抗炎药	非类固醇抗炎药
保泰松	抗炎药	非类固醇抗炎药
新生霉素	抗菌剂	氨基香豆素
奇放线菌素	抗菌剂	氨基环醇类
阿米卡星	抗菌剂	氨基糖苷类
二双氢链霉素	抗菌剂	氨基糖苷类
庆大霉素	抗菌剂	氨基糖苷类
卡那霉素	抗菌剂	氨基糖苷类
新霉素	抗菌剂	氨基糖苷类
链霉素	抗菌剂	氨基糖苷类
氯霉素	抗菌剂	酰胺醇类
氟苯尼考	抗菌剂	酰胺醇类
头孢噻夫	抗菌剂	β-内酰胺类：头孢菌素
吡硫头孢菌素	抗菌剂	β-内酰胺类：头孢菌素
羟氨苄青霉素	抗菌剂	β-内酰胺类：非头孢菌素
氨苄青霉素	抗菌剂	β-内酰胺类：非头孢菌素
邻氯青霉素	抗菌剂	β-内酰胺类：非头孢菌素
海他西林	抗菌剂	β-内酰胺类：非头孢菌素
盘尼西林	抗菌剂	β-内酰胺类：非头孢菌素
达氟沙星	抗菌剂	氟喹诺酮类
恩诺沙星	抗菌剂	氟喹诺酮类
林可霉素	抗菌剂	林可酰胺类抗生素
吡利霉素	抗菌剂	林可酰胺类抗生素

（续表）

药物名称	药理作用	药物种类
红霉素	抗菌剂	大环内酯类
加米霉素	抗菌剂	大环内酯类
泰地罗新	抗菌剂	大环内酯类
替米考星	抗菌剂	大环内酯类
泰拉霉素	抗菌剂	大环内酯类
泰乐菌素	抗菌剂	大环内酯类
呋喃唑酮	抗菌剂	硝基呋喃类药
呋喃西林	抗菌剂	硝基呋喃类药
磺胺溴二甲嘧啶	抗菌剂	磺胺类药
磺胺氯达嗪	抗菌剂	磺胺类药
磺胺地托辛	抗菌剂	磺胺类药
磺胺乙氧哒嗪	抗菌剂	磺胺类药
磺胺甲嘧啶	抗菌剂	磺胺类药
磺胺喹噁啉	抗菌剂	磺胺类药
土霉素	抗菌剂	四环素类
四环素	抗菌剂	四环素类
阿苯达唑	抗寄生物药	抗寄生虫药
安普罗利	抗寄生物药	抗寄生虫药
氯舒隆	抗寄生物药	抗寄生虫药
多拉菌素	抗寄生物药	抗寄生虫药
乙酰氨基阿维菌素	抗寄生物药	抗寄生虫药
双氢除虫菌素	抗寄生物药	抗寄生虫药
左旋咪唑	抗寄生物药	抗寄生虫药
莫西菌素	抗寄生物药	抗寄生虫药
奥芬达唑	抗寄生物药	抗寄生虫药
噻苯唑	抗寄生物药	抗寄生虫药
苄吡二胺	组胺拮抗剂	抗组织胺药

考虑到两种标准，有必要单独考虑每种药物的特定配方。我们囊括了54种药物的99种配方（详见附录3.2），是为了确定药物施用的可能性以及每种药物在乳品（贮奶罐或奶车运输罐）中存在的可能性。这种信息被用来确定54种药物中每一种的综合得分。

药物选取的方法论

我们根据发布信息的指示，最初选取了超过300种有可能被用来治疗全美奶牛疾病的药物（详见表3.2）USDA，2007，USDA，2008，and USDA，2009；Moore，2010；

Wren，2012；NMPF，2011；Smith，2005；Haskell，2003；and USDA，FSIS，2013）。

原始名单中的部分药物因为在全美国很少应用到泌乳期奶牛的疾病治疗而被排除掉了，具体排除标准如下：（每种药物具体被排除掉的原因详见附录 3.2）

- 禁用类药物：这类药物被禁止用于泌乳期奶牛的疾病治疗（例如胰岛素或为实施安乐死而特批的药物）。
- 给药途径：有些配方因为不适用于泌乳期奶牛的疾病治疗的实际操作而被排除（例如，被批准用于治疗猫狗疾病的片剂，胶囊或吸入剂；为猪或其他家禽配制的药物饲料）。
- 物种专用药：有些药物是专门用于治疗其他物种特定疾病的（例如，适用于猫狗等动物的激素类，止吐类，强心剂，肿瘤类或抗惊厥等药物）。
- 市场现状：未在美国市场继续销售的药物（没有数据表明它们仍然在被使用，如残留检测数据）。
- 复方药：避免有些药物成分作为单一成分药物及复方药重复计算。
- 生殖药物，激素及类固醇：药物和动物体内自然生成的化学成分高度类似。
- 专家评判：根据 FDA 主题专家的判断排除的药物［如某种药物与其他同类药物相比药效极低，被断定基本不可能被用于动物疾病治疗；或其药效特性使其进入到乳品（贮奶罐或奶车运输罐）几率极低］。

通过上述途径我们最终选取了 54 种药物，详见上述表 3.1（同见附录 3.1）。

4 乳品及乳制品种类的确定

本多标准排序基于实际的考虑，在选取乳品及乳制品种类时仅挑选了 12 种常见种类。我们挑选了具有代表性的、形态不同的（液体，半固体，及干粉状）的牛乳乳品及乳制品用于进行模型评估（见章节 5.2.2）。我们基于三个主要因素考虑乳品及乳制品的选取：美国民众的消费方式、产品构成，以及美国常见的乳品加工方式。这 12 种乳品及乳制品是全美消费量最大的，也是市面上最常见的产品。具体如下：

- 液态奶；
- 酸奶油；
- 重奶油；
- 黄油；
- 茅屋芝士；
- 炼乳；
- 脱脂乳粉；
- 酸奶；
- 冰淇淋；
- 意大利干酪；
- 切打奶酪；
- 加工奶酪。

（1）产品成分

除牛奶外，我们还广泛地选择了乳制品原材料，它们在脂肪、蛋白质以及水分含量等方面与生乳各不相同。产品成分差异较大并可能影响乳制品中药物残留的浓度。我们所选的 12 种乳品及乳制品基本涵盖了乳制品的不同成分构成，因此我们能够评估不同的乳制品成分构成对药物残留浓度的影响。

牛乳的基本成分是水、乳糖、脂肪及蛋白质（如酪蛋白，乳清蛋白及内源酶）。牛乳中还含有一些次要成分，包括非蛋白氮（如尿素），矿物质（如钙、镁、钾），有机酸（如柠檬酸），及维生素（如核黄素）。牛乳成分受到多种因素影响，比如乳牛品种、泌乳状态、胎次，及摄入的营养成分等。总的来说，从重量角度讲，生牛乳含有 3.6%~4.5%乳脂，3.2%~3.5%蛋白质，4.9%~5.0% 乳糖，0.7%粗灰分（即氧化引起的牛奶矿物质氧化物），以及 86%~88%水分（Carroll et al.，2006；Sol Morales et al.，2000；Frelich et al.，2009；Fox and McSweeney，1998；Grieve et al.，1986）。

表 4.1 概括了 12 种乳品及乳制品的成分构成。请注意表格中列出的是全脂乳（制）品中的成分值，而我们评估的对象涵盖了这些乳（制）品的所有类型（如普通、减脂、低脂及脱脂乳）。

表 4.1 所选乳制品及其成分构成

产品	水分（%）	脂肪（%）	蛋白质（%）	其他固形物（%）
液态奶	87.8a	3.3a	3.4	5.5
酸奶油	74.5	18	2.9	4.6
重奶油	58.2	36	2.2	3.6
黄油	16	80	0.6	3.4
茅屋芝士	79.2	4.3	13.2	3.3
炼乳	77	6.5	7	9.5
脱脂奶粉	5	1.5	36	57.5
酸奶	88	3.3	3.8	4.9
意大利干酪	52	22	22	4
切打奶酪	39	31	25	5
加工奶酪	43	27	24	6
冰淇淋	62	10	4	24

资料来源：美国农业部营养数据库（USDA ARS，2011）；21 CFR 130-135；McCarthy，2002；and Roos，2011。

*表中乳脂含量已经被调整为百分比含量，从而与牛奶同一性标准 21CFR 131.110. 数值接近。我们从 100%中减掉乳脂、蛋白质、乳糖及粗灰分的各自百分占比得到乳（制）品中水分的百分比。

总结一下，本多标准排序模型所选用的乳品及乳制品中，脂肪含量从 1.5%或更少（如脱脂奶粉）到 80% 以上（如黄油）；蛋白质含量从小于 1%（如黄油）到大于 35%（如脱脂奶粉）；水分含量从小于 5%（如脱脂奶粉）到接近 90%（全脂奶）。

（2）美国市场常用的乳品加工方法

我们为多标准排序模型选取了两种加工方法［表 4.2 在初步考量了 5 种单独的加工方法之后进行的选择；更多细节请参见章节 5.3（加工方法的影响）及附录 5.14］：

表 4.2 模型中选用的加工方法

加工方法	模型中代表产品
加热	全部乳制品
脱水或浓缩	炼乳，脱脂奶粉

为获取不同的加热时间和加热温度组合对不同乳制品加热后对其中药物残留浓度的明显差异化影响，我们进而将加热过程分成 5 种，包括：

- 巴氏杀菌法；
- 高强度巴氏杀菌法（酸奶的制作工艺）：更高温度，更长时间或两者兼有的加热杀菌法（Tamime and Robinson，1999）；
- 干馏法；
- 奶酪制作；

- 加工干酪制作。

为使用多标准排序模型进行评估所选取的12种乳（制）品的制作过程涵盖了全部5种加热方式，具体见表4.3。

表4.3 时间—温度组合——所应用的乳（制）品

时间—温度组合	所应用的代表乳（制）品（举例）
巴氏杀菌法	液态奶、脱脂奶粉
高强度巴氏杀菌法	酸奶
干馏法	炼乳
奶酪制作	切打奶酪、意大利干酪
加工干酪制作	加工奶酪

资料来源：21 CFR 1240.61 and Fox et al.，2000b。

处理模型估算了加热温度的高低在加工过程中对乳（制）品中药物浓度产生的影响，并把药物浓度的变化与生产相应乳（制）品所采用的生乳中药物浓度进行对比。

（3）消费模式

为进一步缩小用于模型中处理部分的乳（制）品选择范围，我们选用了美国农业部经济研究服务部门（ERS）的食品可利用性数据（2000—2009年平均数据），最终我们选取了12种乳（乳制）品。比如，在奶酪种类中，我们有多种选择可以用于模型中。但是我们最终选取了切打奶酪和意大利干酪，因为这两者都是美国市场消费量最大的奶酪品种，且前者代表了陈年奶酪，后者则代表了新鲜奶酪。

局限性及排除性

为多标准排序模型选取的乳（制）品基本代表了目前美国市场常见的乳（制）品种类。但有些数据上的局限性加剧了我们评估工作的复杂程度，比如加工方式对于特定药物残留影响程度数据的匮乏。

我们应对上述问题的策略是在选取乳（制）品种类时注重不同类型的乳（制）品①在影响药物残留浓度的2个要素（即产品成分和加工方式）间的多样性（Fox and McSweeney，1998），②在产品成分方面与生牛乳及互相间的差异较大，且③都是消费量最大的种类。

另外，我们最终决定不对高蛋白类奶粉进行模型评估，比如那些乳清蛋白浓缩型及乳蛋白浓缩型奶粉，“特殊”乳（制）品如强化型或婴幼儿配方乳（制）品。上述乳（制）品被我们排除的主要原因是目前缺少针对有关药物融入乳品蛋白质中严重程度的相关数据。更多讨论细节详见附录4.1。

5　模型描述

模型概述

标准

基于我们从风险管理人员那里得到的设置问题和现有的科学证据，我们选择了以下4种不同的标准纳入模型中。

- 标准A：向泌乳奶牛施用药物的可能性。
- 标准B：药物存在于牛奶（贮奶罐或奶车运输罐）中的可能性。
- 标准C：乳及乳制品消费中药物残留的相对暴露。
- 标准D：潜在的人类健康危害。

请注意，标准A、B、C和D都具有子标准。有关每个标准的详细说明，请参阅以下章节（5.1~5.4）。标准A、B和C与暴露有关，而标准D与危害有关。

我们确保一套衍生的标准和子标准是尽可能完整、无冗余、可操作和相互独立的（社区和地方政府部门，2009）。在这种情况下，"完整性"是指对所有相关的标准、目标和性能类别的考虑，而"非冗余"则表明，在不更改最终排序的情况下，不可以删除任何包含的标准（社区和地方政府部门，2009）。"操作性"是指每个标准都可以评估每个备选方案，而"相互独立"则表明，在任何一个标准上对备选方案的性能进行排序并不依赖于对其在其他标准上的性能的了解（社区和地方政府部门，2009）。

值得注意的是，尽管用于标准A和标准B（见下文）的数据之间存在依赖关系，但我们确定个体标准和子标准是价值独立的。特别是，虽然标准A和标准B所使用的数据源可能存在一些重叠，但在标准和次级标准的评分中使用的数据并不是多余的。此外，我们证明了作为模型测试和验证的一部分，遗漏任何一个标准或次级标准会改变最终排序。标准B必须依赖于标准A在零以上的性能（即，如果没有事先将该药物注入其母牛体内，则不可能有药物残留进入牛奶）。如最初所定义的，标准A和B不是相互独立的（确切地说，标准B中给定药物的非零分数完全取决于标准A中每种药的零以上的分数）。然而，经过对数据和专家启发结果的初步审查后，很明显的是，没有一种被评估的药物有零的可能性被施用给奶牛，而这些奶牛的牛奶最终可能会进入贮奶罐。因此，该模型中的标准A的采样空间可以重新定义为只覆盖非零概率；在这种情况下，标准B可以定义为牛奶（贮奶罐或奶车运输罐）中药物存在的可能性，因为该药物被用于泌乳奶牛。根据这些修订后的定义，标准A和标准B实际上是相互独立的，并且我们模型的这一重要假设得到满足，尽管相同的数据来源可能提供与标准A和B相关的信息。

数据

该模型考虑了可能最终存在于牛奶中的药物残留物（贮奶罐或奶车运输罐）（标准

B)，乳及乳制品中药物残留的相对暴露量（标准 C），以及这些药物残留物造成的人类健康危害（标准 D）。对于标准 A 和 B，我们考虑对泌乳奶牛施用药物（假定奶牛在整个停药时间内将保持泌乳），并考虑施用于奶牛或小母牛[1]。我们模型中使用的数据来自各种来源，包括但不限于学术期刊、科学书籍、专家启发和政府出版物或调查，如下所示：

用于标准 A 评分的数据

- 美国农业部乳制品研究［国家动物健康监测系统（NAHMS）乳制品，2007 年］；
- 兽医调查（Sundlof et al.，1995）；
- 外部专家启发（Versar，2014）[2]；
- 21 CFR（第 500~599 部分）药物审批和药品销售情况；
- 2008 年 10 月 1 日至 2014 年 12 月 31 日，FDA 对农场检查数据进行了奶牛组织残留违规跟踪调查（FDA，2014）。

用于标准 B 评分的数据

- FDA 牛奶药物残留抽样调查（FDA，2015a 和 FDA，2015b）；
- 2000—2013 财政年度全国奶类药物残留数据库（GLH，Inc.）；
- 21 CFR（第 500~599 部分）药品审批状态；
- 药物持久性数据［21 CFR 第 558 部分，FDA/新兽药的应用（NADA）、FARAD］；
- 专家启发（Versar，2014）[3]。

用于标准 C 评分的数据

- 用于预测药物分配行为的数据库［NCBI PubChem，EMBL CHEMBL（各种发表的期刊和数据库 http://pubchem.ncbi.nlm.nih.gov/）］。
- 代谢组学数据（21 CFR 第 556 部分，B 部分；FDA/CVM NADA FOIA 数据，欧洲药品管理局（EMA）或联合国粮食及农业组织出版物；美国药典数据；同行评议文

---

[1] 母牛或小母牛可能在停药期间进入（下一个）泌乳的时间点。即使在某些情况下，数据的可用性限制了我们明确地使用这种方法的能力。例如，用于治疗小母牛的药物数据仅以总量形式提供，涵盖了进入第一次泌乳之前的整个时期。这一时期的一小部分可能导致第一次泌乳开始时的药物残留，这一时期的药物使用模式可能与母牛早期的药物使用模式不同。因此，我们的风险排序模型中未包括对小母牛药物管理的数据。

[2] Versar 公司与来自 Kearns&West，Inc. 的一个协调员团队合作，进行了专家启发。修改后的德尔菲方法包括两轮专家启发和一轮实况网络研讨会以讨论第一轮结果的启发，此方法被选为这个专家启发。

两个小组分别由 9 名外部专家（外部 FDA 和美国政府实体）组成：一是解决与药物管理的可能性和规模有关的药物特定知识空白，以及药物残留进入牛奶和农场贮奶罐中牛奶的可能性。二是解决 FDA 风险等级模型中的标准和次奶标准的相对重要性，并告知模型中使用的权重。关于专家启发的结果的简短摘要。请参阅附录 5.1。参考文献（Versar 2014）提供了专家鉴定方法的细节、应用的选择标准和两个小组的组成。

[3] 同上。

章，NIH TOXNET 数据）。

- 对诸如冷冻，加热，培养等过程的处理数据的影响（同行评审期刊文章；详见各部分）。
- 美国农业部经济研究局（ERS）的食品供应数据，以帮助选择产品进行分析（USDA ERS，2011）。
- CDC NHANES 数据（CDC，2011）。
- 美国农业部膳食研究食品和营养数据库（美国农业部，2012a）。

用于标准 D 评分的数据

- 21 CFR（第 556 部分）中 FDA 已确定的药物的 ADI 值。
- FDA 的 CVM 文件[1]为我们分析危险等级的目的。
- 公开提供的网站。

有关每个标准中每个确定的数据源的详细描述，请参见第 5.1~5.4 节。

评分标准和尺度

我们针对每个标准（以及在某些情况下，其次级标准以及次级标准的因子和子因子）制定了 1~9 的评分标准。在可能的情况下，我们通过评估定量数据来定义分数分配；并且，对于不允许定量评估的标准，我们构建了一个定性的尺度，并将其转换为 1~9 的数值尺度。有关每个标准的评分标准和比例，请参阅以下章节（5.1~5.4）。

标准分数反映了决策者根据给定标准执行替代方案所获得的价值（Belton and Stewart，2002）。因此，我们确保标准分数在我们的模型中①与目标相关，即对药物残留进行排序并确定优先顺序；②是可靠的，以确定相同替代方案的独立评级之间的一致性；③允许对规模定义中未使用的替代品进行评级（贝尔顿和斯图尔特，2002 年，社区和地方政府部门，2009 年）。我们在一个范围内定义和分配分数（1~9），以确保药物间的充分分散和分离，最终确保药物之间的有效排序和优先顺序。有关每个标准中使用的评分标准和标准的总结，请参阅附录 5.2。

权重

对于这四个标准的权重，我们引出了专家意见（外部专家），并要求他们为每个标准分配权重（Versar，2014）[2]。外部专家赋予了某些标准较大或较轻的权重，反映了他们在个别标准的相对重要性的价值观念（表 5.1）。

表 5.1　由外部专家分配的标准的权重

标准	由外部专家分配的权重[3]
A（向泌乳奶牛施用药物的可能性）	0.289
B［药物存在于牛奶中的可能性（贮奶罐或运输车奶罐）］	0.262
C（乳及乳制品中药物残留的相对暴露）	0.250
D（潜在的人类健康危害。）	0.199

[1] 未发表。

[2] 同上。

[3] 有关我们如何把专家启发分数从原始数据计算和转换指定权重的说明，请参阅附录 5.3。

有多种方法可用于确定指标权重，一般都是基于专家的主观判断（Yoe，2002）。我们的模型使用直接加权，因此决策者直接将数值权重分配给单个标准。有关其他常用加权方法（例如摆动加权和成对比较）的说明，请参阅附录5.4。

每个标准的加权风险分数

对于54种药物中的每一种，我们通过将每个标准的评分乘以其各自的权重来确定我们模型中每个单独标准的加权风险分数。当标准具有次级标准时，我们通过总结每个次级标准的加权分数来确定标准的分数。请注意，我们通过将次级标准的分数乘以各自的权重来确定每个次级标准的加权分数。

每种药物的最终风险分数

通过将每个标准的加权分数相加除以所有标准的权重之和，我们确定了模型中所有乳制品和所有消费者年龄组的每种药物的最终风险分数。因此，我们推导出每种药物的最终得分的公式如下：

$$\text{每种药物的最终风险分数}(F) = [(A \times W_A) + (B \times W_B) + (C \times W_C) + (D \times W_D)]/W_{sum}$$

式中：

F——每种药物的最终风险分数；

A，B，C，D——每种药物相对于标准A，B，C和D的标准评分；

W_A——分配给标准A的权重；

W_B——分配给标准B的权重；

W_C——分配给标准C的权重；

W_D——分配给标准D的权重；

W_{sum}——$W_A+W_B+W_C+W_D$。

图5.1以图形的方式描述公式。

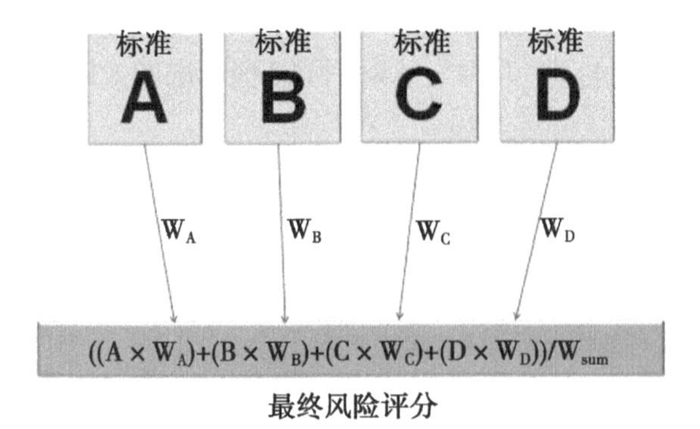

图5.1　每种药物的最终风险评分

我们多准则的排序是基于加性线性聚集模型（ALAM），因为我们将每个标准的加权分数相加以得出每种药物的最终风险评分。此模型以其计算简便性和方法的稳健性而著称，ALAM是用于汇总各项标准的价值函数的最为广泛使用的模型（Steward，

1992；Belton，Steward，2002）。如前所述，英国关于食品中兽药残留监测的风险知情优先级（VRC，2001，2004，2005和2007）采用矩阵排序方法。这种方法结合了以下与我们的模型基本相似的聚合模型，但各个标准的汇总以及所选标准，比例和分数有所不同：

英国模型总体物质评分=（A+B）×（C+D+E）×F

式中：

A——标准A的分数（暴露给物质的潜在不利影响）；

B——标准B的分数（物质的效力）；

C——标准C的分数（食用来自治疗动物的食物）；

D——标准D的分数（对动物给予特定物质的频率）；

E——标准E的分数（高暴露组的证据）；

F——标准F的分数（可检测残基的证据）。

（物质=兽药）

（来源：VRC，2008和VRC，2010）

英国模式包括与我们基本相似的标准。不过，我们选择ALAM的原因有两个，一是英国的做法。首先，我们的加权系统提高了单个药物评分和分配体重的透明度。英国的加权系统只包含评分标准（比例尺为0~3，0~4，1~4和0~6），但不包括每个标准的实际重量。将评分与每个标准的权重相分离还使我们能够使用不同的权重方案进行敏感性分析。其次，与乘法模型相比，ALAM更适用于数据有限的情况。

54种药物的最终排序

对54种药物的最终得分按降序排列，以产生排序顺序列表。在54种药物中，总分最高的药物代表药物给药联合可能性最高的药物，药物存在于牛奶中的可能性（大容量罐或大容量牛奶吸取罐），牛奶中药物残留的相对暴露量和牛奶产品，以及潜在的人类健康危害。第6部分（“结果”）列出了54种药物（个人和类别）的排序表。

5.1 哺乳期奶牛的用药可能性（标准A）

标准A评估在美国对泌乳奶牛（或在药物可被系统中清除之前进入哺乳期的非泌乳期奶牛或小母牛）的药物施用（LODA）的可能性，并且由以下四个次级标准（及其个体因子）。

次级标准A1，基于公开调查和正式专家启发的LODA评分（5.1.1节）。

因子A1.1：LODA得分，基于一项全国代表性奶农对乳牛进行药品管理的调查（美国乳业公司2007年研究）（5.1.1.1节）。

因子A1.2：根据美国牛兽医从业者对泌乳奶牛给药的调查得出的LODA得分（Sundlof et al.，1995）（5.1.1.2节）。

因子A1.3：基于正式专家启发的LODA评分（Versar，2014）（5.1.1.3节）。

次级标准A2，基于药物营销状况的LODA评分（5.1.2节）。

次级标准A3，基于药物批准状态的LODA评分（5.1.3节）。

次级标准 A4，根据农场检查数据（5.1.4 节），基于药品在奶牛场存在的证据得出的 LODA 评分。

有关标准 A，其次级标准、因子和次级因子的概述，请参见图 5.2。

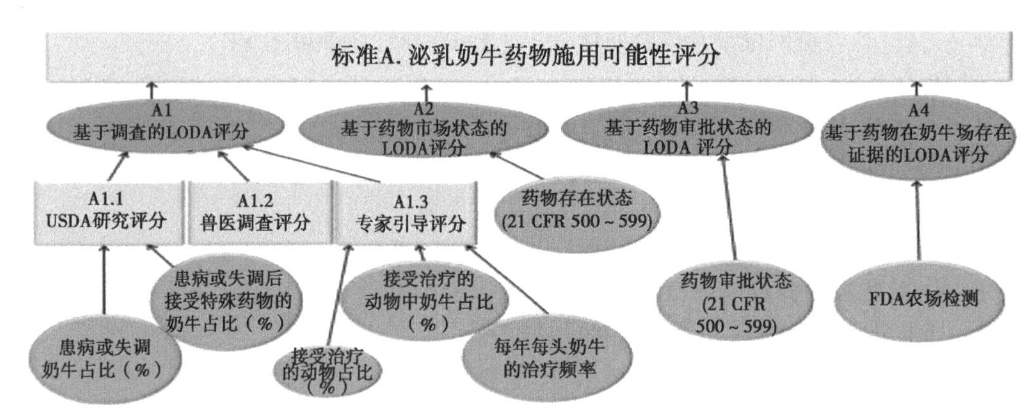

图 5.2　标准 A 及其次级标准、因子和次级因子的概述

关于四个次级标准（A1～A4）：

对于标准 A，基于公布的调查和正式专家启发（次级标准 A1）的 LODA 评分与当前问题最直接相关。利用这些数据，我们开发了每种药物使用可能性的初步估计。然而，为了进一步细化初步估计数并提供个别药物的药物分类数据，我们制定了三个额外的次级标准：药物的销售状况（次级标准 A2），药物批准状态（次级标准 A3 ）以及药品在奶牛场存在的证据（次级标准 A4）。这些数据（A1～A4）为评估泌乳奶牛的 LODA 提供了相关的有用信息。

标准 A 从四个次级标准评分总结

我们将每种药物的标准 A 的总体评分计算为其四个次级标准（所有评分标准化为 1）的加权总和。

$$A = [(A1 \times WA1) + (A2 \times WA2) + (A3 \times WA3) + (A4 \times WA4)]/W_{sum}$$

式中：

A——评分标准；

A1，2，3，4——分别来自次级标准 A1、A2、A3 和 A4 的分数；

WA1，A2，A3，A4——分别指定给 A1，A2，A3 和 A4 的权重；

W_{sum}——WA1+WA2+WA3+WA4。

专家们将以下权重分配给定义标准 A 的四个次级标准（表 5.2）。

表 5.2　定义标准 A 的四个次级标准的权重

次级标准（A1～A4）	外部专家指定的权重[9]
基于调查的 LODA 评分（A1）	0.273
基于药物营销状况的 LODA 评分（A2）	0.273

（续表）

次级标准（A1～A4）	外部专家指定的权重[9]
基于药物批准状态的 LODA 评分（A3）	0.181
基于奶牛场药物使用证据的 LODA 评分（A4）	0.273

5.1.1　基于调查的药物管理（LODA）的可能性（次级标准 A1）

为了估计泌乳奶牛（或者在药物可以被其系统中清除之前进入泌乳的非泌乳期奶牛或小母牛）的 LODA，我们使用了来自调查和专家启发的数据，代表如下因子。

因子 A1.1：美国农民完成的调查（NAHMS 乳业 2007 年研究）（美国农业部，2007 年，美国农业部，2008 年和美国农业部，2009 年）的 LODA 评分。

因子 A1.2：美国兽医完成的一项调查得出的 LODA 评分（Sundlof et al.，1995）。

因子 A1.3：由专家启发结果[10]的 LODA 评分（Versar，2014）。

我们使用两次调查中的数据以及专家启发信息得出的数据，粗略估计了泌乳奶牛中每种药物的 LODA。美国农业部和 Sundlof 的研究依赖于不同的调查，并涵盖了不同的时间点。每项研究使用不同的方法，目标和调查来源，导致估计使用频率出现一些变化。此外，根据地理位置，时间段或响应日期，这些调查可能存在偏差，并可能在哺乳期奶牛中有未被报道的未经检验的或未经批准的使用情况。

因子分数 A1.1，A1.2 和 A1.3 对次级标准 A1 的评分摘要

我们计算了每种药物的次级标准 A1 的最终得分（基于 1～9 级），作为三项因子得分（A1.1、A1.2 和 A1.3）。

5.1.1.1　美国农业部调查的 LODA（因子 A1.1）

作为美国农业部国家动物健康监测系统（NAHMS）对美国乳业行业研究数据的一部分，我们估算了 2007 年由美国农业部完成的全国代表性奶农的调查中每种药物（99 种制剂）的得分，也被称为“NAHMS 乳业 2007”[11]（美国农业部，2007 年，美国农业部，2008 年和美国农业部，2009 年）。美国农业部在全国 17 个主要乳业公司进行了 NAHMS 乳业 2007 年调查[12]，从而收集了 2 194家乳业公司的信息，其中美国乳业公司占 79.5%，美国乳牛占 82.5%。参见附录 5.5，了解受疾病或病症（呼吸、消化、生殖、乳腺炎、跛行或其他疾病）影响的奶牛百分比数据和代表用特定药物类别（主要药物类别）治疗的奶牛百分比的数据。

美国农业部的调查没有收集我们评估的 54 种药物中的每种药物的具体数据，而是以药物一级的总量形式收集数据。我们假设，如果用于治疗相同的疾病，那么在相同药物类别中的药物具有相同的使用可能性。另外，由于数据是在奶牛身上，我们推断奶牛的 LODA 与泌乳奶牛相似。关于抗寄生虫药物管理的唯一数据是用于驱除乳牛的蠕虫；因此，我们推测所有抗寄生虫药都作为驱虫药施用于奶牛（即泌乳奶牛）。最后，美国农业部的数据集中在抗微生物药物的使用上，而我们的评估还包括一些其他药物类别，如 NSAIDs。美国农业部数据中“其他”类别的药物使用模式可能不会直接适用于这些其他类型的药物。

评分

我们首先通过分别计算每种疾病或奶牛疾病的 LODA 来确定每种药物的因子分数，然后在所有条件下对结果进行总结。我们计算每种疾病或疾病的 LODA，作为疾病流行率（即受疾病或紊乱影响的牛群中牛的百分比）和选择给定药物以治疗患病的母牛的可能性（即在农场里，奶牛接受了初级药物治疗以治疗疾病或失调）。

对于 A1.1，一种药物用于治疗奶牛的可能性 $T(i)$ 是通过将该药物用于治疗奶牛特定病症的可能性 $S1(i, j)$ 所有“j”疾病状况如下：

$$T(i) = \sum_{j=1}^{6} S1(i, j)$$

式中：

$T(i)$ ——每种药物的 LODA (i)；

j ——疾病或病症（呼吸、消化、生殖、乳腺炎、跛行或其他）；

$S1$ ——药物用于治疗特定病症的可能性（疾病流行时间是药物治疗受该病症影响的母牛的时间）。

有关此等式和相关表格的更多详细信息，请参阅附录 5.5。

然后我们为最终的计算值赋予 1~9 的分数，如表 5.3 所述。

表 5.3 基于美国农业部研究的 LODA 分数（NAHMS Dairy 2007）

调查每个畜群规模的平均使用分数	得分
T > 0.08（8%）	9
0.08 ≥ T > 0.04（4%）	7
0.04 ≥ T > 0.02（2%）	5
0.02 ≥ T > 0.005（0.5%）	3
其他	1

5.1.1.2 来自兽医检验的 LODA（因子 A1.2）

我们从 1995 年 Sundlof 等人发表的一份国家兽医调查（Sundlof et al., 1995）中对每一种药物配方的评分进行了估算。1992 年，他对美国兽医进行了约 4000 次（814 例应答）的调查，调查对象是哺乳期奶牛服用药物的频率。美国政府问责局（GAO）在 1992 年发布的一份关于国家牛奶供应中药物残留的 2 年调查报告中指出，在农场里发现了 82 种兽医给哺乳期奶牛服用的药物（GAO, 1992）。

Sundlof 调查计算了每一种药物的平均使用分数，并将其分为以下几类：抗生素、磺胺类药物、驱虫药、抗炎药、镇静剂/止痛剂、硝基呋喃、抗真菌药、抗组胺药、抗真菌剂、动情素、维生素和杂类药物。该调查进一步将这些群体分为两类：FDA 批准的或未经批准的用于哺乳期奶牛的。这项调查包括了 54 种基于多标准排序模型评估的药物中的大部分，还有一些在调查时没有使用的新药。此外，这些数据可能无法反映美国奶牛的乳制品和动物管理实践和疾病发病率模式。然而，我们对未包括的药物进行了补偿，认为这些药物的使用价值相当于同一药物组内药物的使用价值（如 Sundlof 所定义的)。我们还认为每种药物的所有药物配方都有相同的平均使用分数。有关 54 种药物 (99 种配方) 的平均使用分数，请参阅附录 5.6。

评分

我们根据调查的平均使用分数为每种药物分配了得分，而平均使用分数则基于兽医报告的每周开药的次数。平均使用分数从 1（表明药物从未使用过或配药过）到 9（表明该药物是每周超过 4 次被所有调查对象配药或使用的）。表 5.4 描述了 Sundlof 研究中平均使用分数范围和随后分配给药物的分数。

表 5.4 基于兽医调查的 LODA 分数（Sundlof et al.，1995）

调查平均使用分数	得分
> 4	9
> 3 和 ≤ 4	7
> 2 和≤ 3	5
> 1.5 和≤ 2	3
> 1 和 ≤ 1.5	1

5.1.1.3 来自专家启发的 LODA（因子 A1.3）

我们专门召集了一个专家小组［详见附录 5.1、附录 5.3 和 Versar（2014）］，以支持这个基于多标准的排序（确定 54 种药物对泌乳奶牛的 LODA）。我们请专家来考虑标准 A 中的三个参数。

- 每年奶牛群服用每种药物的比例；
- 每年使用该药物的畜群内的奶牛（或在该药物可从系统中清除之前进入哺乳期的停乳期奶牛或小母牛）的百分比；
- 每年哺乳期的奶牛（或在该药物可从其系统中清除的停乳期奶牛或小母牛）的平均治疗次数。

有了这种专家启发，我们试图减少使用调查数据（USDA and Sundlof）引起的偏见，并包括最近关于个别药物使用的数据，而不是药物种类。然而，任何专家启发都可能存在典型的局限性，例如专家的判断很容易受到启发式和偏见的影响（Tversky and Kahneman，1974）。请参阅表 5.5 至表 5.7，了解这 3 个参数的评分。

表 5.5 每年施用药物的奶牛群比例得分（奶牛群/年）

类型	价值	得分
极高	>75%	9
高	>50%～75%	7
中等	>25%～50%	5
低	>0%～25%	3
零	=0%	1

表 5.6　在每年服用药物的畜群中的奶牛中所占的比例得分［奶牛数/(群·年)］

类型	价值	得分
极高	>75%	9
高	>50%~75%	7
中等	>25%~50%	5
低	>0%~25%	3
零	=0%	1

表 5.7　每头奶牛每年平均治疗次数得分［治疗次数/(头·年)］

类型	价值	得分
高	>30 次/年	9
中等	6~30 次/年	5
稀少	3~5 次/年	3
非常少	<1 次	1

我们根据专家启发确定了每种药物的总体 LODA 评分，方法是将上述 3 项评分相加和归一化，如下所示：

X=（Pherds/year+Pcows/herd/year+Ftreatment/cow/year）/3

式中：

X——基于专家启发的总体 LODA；

Pherds/year——每年给予药物的奶牛群的百分比；

Pcows/herd year——在每年服用该药物的畜群内的奶牛的百分比；

Ftreatment/cow/year——每个泌乳奶牛每年的平均治疗次数。

5.1.2　基于市场营销状况的 LODA（次级标准 A2）

我们根据每种药物的营销状况来分配分数，假定这些分数是衡量药物可用性的指标，因此也就是泌乳奶牛的 LODA。我们承认，外部因素（如兽医—客户—患者关系）可能使处方药物在事实上同样容易获得，就像柜台上的药物一样（OTC）；然而，我们认为一种药物可用的非处方药对于奶农来说可能会稍微多一点，因此对于泌乳奶牛更容易服用，而不是只能通过处方获得的药物（Hill et al., 2009）。有关 54 种药物的销售情况，请参阅附录 3.1。

评分

我们使用 5~7 的等级，为可用 OTC 的药物提供稍高的分数。压缩规模认识到市场营销状况预计会对 LODA 产生较小影响。如表 5.8 所示，如果药物制剂是可用的 OTC，则得 7 分；如果仅通过处方可用，则得 5 分；如果处方和 OTC 都可用，则分数为 7。

表 5.8 根据药物的市场状况 LODA 的得分

药物的市场状况	得分
由 Rx 和 OTC 提供的药物制剂	7
非处方药物制剂（OTC）	7
处方（Rx）药物制剂	5

5.1.3 基于药物批准状况的 LODA（次级标准 A3）

我们根据每种药物的批准状态分配分数，我们认为这是衡量哺乳期奶牛 LODA 的指标。排序评分是基于这样的假设，即批准用于特定用途的药物更可能用于此用途而不是用于其他用途。我们假设了以下优先顺序。

（1）偏爱哺乳期奶牛批准使用的药物（即农民和兽医更愿意使用批准用于特定用途的药物，并且具有确定的停药时间以使其违反残留药物的风险降到最小）。

（2）批准用于非泌乳奶牛的药物优于批准用于其他食品生产或伴侣动物的药物。

（3）根据 1994 年兽药使用澄清法案（AMDUCA）的权威，对食品生产动物（但在伴侣动物中批准）中未批准的药物偏好使用禁用 FDA 额外标签的药物。

此外，我们假设禁止使用额外标签的药物最不可能用于奶牛（21 CFR，第 530.41 部分）。值得注意的是，我们汇总了不同的制剂、适应症、给药途径和剂量，其中一些可能被批准用于泌乳奶牛，而另一些可能不适用。有关 54 种药物的批准情况，请参阅附录 3.1。

评分

为了将分数划分为从 1~9 分，我们将药物的批准状态分为 5 类：禁止在食品生产动物中使用额外标签的药物；未在食品生产动物中批准的药物；在食品生产动物中批准的药物；在奶牛中批准使用的药物，但不在哺乳期奶牛中批准的药物；和哺乳期奶牛批准的药物。了解可用于药物批准状态的评分方案，请参阅表 5.9。

表 5.9 根据药物批准状况的 LODA 得分

药物批准状况（根据 FDA 的批准）	得分
在哺乳期奶牛中批准的药物	9
在奶牛中批准使用的药物，在哺乳期奶牛中没有	7
在其他食品生产动物中获得批准的药物	5
未获食品生产动物批准的药物	3
在食品生产动物中禁止使用 ELDU 的药物	1

5.1.4 基于药物在奶牛场中的存在的证据的 LODA（次级标准 A4）

本次级标准根据 FDA 检查报告确定评分，并根据 FDA 乳制品检查期间奶牛场上每种药物的鉴定次数进行评分。我们根据从 2008 年 10 月 1 日至 2014 年 12 月 31 日对奶场的 FDA 检查报告（FDA，2014）（附录 5. 7）为每种药物分配了每种药物的得分（附录 5. 7），而这些得分基于检查数据（对于美国农业部 FSIS 执行的国家监测计划中针对奶牛组织残留违规进行的检查）。从这些报告中，我们列出了在奶牛场发现药物的次数（这里我们指的不是阳性牛奶或组织样品，而是药物的存在，例如在储存库中等）在检查中，我们承认，受检农场并不代表全部美国乳品业务，而且在受检农场出现的药品可用于农场除奶牛以外的其他品种；然而，我们假设农场上药物的存在意味着对该农场奶牛施用药物的可能性较高。

得分

根据美国食品药品监督管理局的乳制品农场检查，一种药物的得分为 1~9 分（报告称根据表 5. 10 的计分方案，表明在奶牛场里有这种药）。

表 5. 10　根据 FDA 奶牛场检查报告分配给 LODA 的得分

美国食品药品监督管理局在农场发现药物的奶牛场检查	得分
在超过 45%的农场中检测到药物	9
在>30%和≤45%的农场中检出药物	7
在>10%和≤30%的农场中检出药物	5
在>1%和≤10%的农场中检出药物	3
在<1%的农场中检出药物	1

5. 2　牛奶（贮奶罐或运输车奶罐）中存在药物的可能性（标准 B）

标准 B 评估药物存在（LODP）作为牛奶（贮奶罐或运输车奶罐）残渣的可能性，因为药物是给哺乳期奶牛（或在药物从系统中清除前进入哺乳期的非泌乳期奶牛或小母牛）使用的。与标准 A 一样，我们没有一个单独的研究（评估所有 54 种药物）来估计 LODP，因此，我们考虑了一系列不同的信息来源。这个标准包括以下 4 个次级标准（以及它们各自的因子）。

● 次级标准 B1。根据在牛奶中（贮奶罐或运输车奶罐（5. 2. 1 节）中发现该药物的证据，对药物存在的可能性得分。

○ 因子 B1. 1：基于国家牛奶药物残留数据库（NMDRD）（2000—2013）的证据得分，该数据库报告了牛奶运输车的牛奶检测（5. 2. 1. 1 节）。

○ 因子 B1. 2：基于药物残留抽样的证据得分（FDA 牛奶残留抽样调查）（5. 2. 1. 2 节）。

● 次级标准 B2。（基于滥用药物的药物存在的可能性得分）（5. 2. 2. 2 节）

○ 因子 B2. 1：滥用分数的可能性（基于药物的批准状态）（5. 2. 2. 2 节）。

○ 因子 B2. 2：滥用分数的后果（基于牛奶丢弃时间或由 FARAD 计算出的休药期估计值）（5. 2. 2. 2 节）。

● 次级标准 B3。根据专家的意见得出药物存在的可能性信息（5.2.3 节）。

关于标准 B 的概述，它的次级标准、因子和次级因子，见图 5.3。

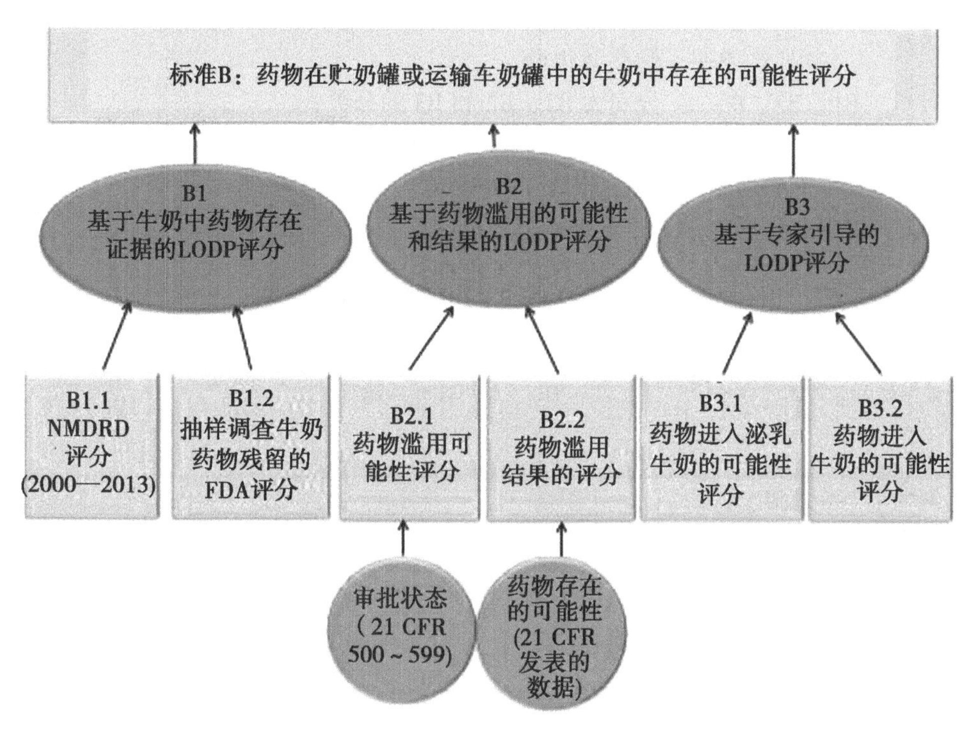

图 5.3 标准 B 及其次级标准和因子的概述

关于三个次级标准（B1~B3）

如果给哺乳期的奶牛（或者在从奶牛体内清除药物之前进入哺乳期的干奶牛或小母牛），其残留物在某些情况下，可能会进入运输车奶罐。有几个因素可以影响运输车奶罐中存在药物残留的可能性，包括：

● 疾病流行（如季节、地理位置、管理方法、品种等）；

● 在乳房中的药物浓度（例如群体管理对选择的影响/剂量给药途径）；

● 当牛奶中有药物残留时，奶牛被挤奶的概率，牛奶进入牛奶槽，随后进入贮奶罐（例如管理因素，如病牛分离、电子记录管理等）。

在现有的数据中，抽样数据为确定贮奶罐和运输车奶罐中存在药物残留可能性（LODP）提供了最精确的措施。然而，由于现有抽样数据的限制，在贮奶罐中未检测到一些药物，我们包含两个额外的次级标准：可能性和滥用药物的后果（sub-criterion B2），和如果管理哺乳期或非泌乳期奶牛（sub-criterion B3），每种药物导致药物残留在运输车奶罐的可能性的专家启发。在缺乏牛奶中药物残留的全面抽样数据的情况下（贮奶罐或运输车奶罐），这些综合数据显示了牛奶（贮奶罐或运输车奶罐）中存在药物残留的可能性。

标准 B 从三个次级标准评分总结

我们计算了每一种药物的标准 B 的分数作为这三个次级标准的加权和标准（所有

权值都规格化为 1）。

$$B = [(B1 \times WB1) + (B2 \times WB2) + (B3 \times WB3)]/B\ sum$$

式中：

B——标准 B 得分；

B1、B2、B3——分别为 B1、B2 和 B3 的分数；

WB1、WB2、WB3——分别分配到 B1、B2 和 B3 的权重；

B sum——WB1+WB2+WB3。

专家们对界定标准 B 的三个次级标准分配了以下权重（表 5. 11）。

表 5. 11　定义标准 B 的三个次级标准的权重

次级标准（B1～B3）	由外部专家指定的权重
基于证据证明该药物已在牛奶中鉴定的 LODP（贮奶罐或运输车奶罐）（B1）	0. 198
基于药物滥用的可能性和后果的 LODP（基于关于药物的批准状态和牛奶中的药物持久性）（B2）	0. 319
基于专家启发式的 LODP（B3）	0. 483

这与以下专家启发式权重的总和相对应：牛奶持久性（丢弃）时间和批准状态。这相当于以下专家启发式的总和：剂量、管理模式和药动学。

5. 2. 1　基于牛奶中已经确认的药物残留的 LODP（贮奶罐或运输车奶罐）（次级标准 B1）

对于此次级标准，我们通过是否存在证据表明药物或代谢产物已经在牛奶中发现（贮奶罐或运输车奶罐）来对药物进行排序。公认的证据形式是通过 NMDRD（GLH, Inc.，2000—2013）或 FDA 牛奶药物残留物抽样调查（FDA，2015a）中的阳性牛奶样品在牛奶供应中鉴定出药物/代谢物（FDA，2015b）。然而，这两项研究的数据受到抽样方案中包含的药物类型以及两项研究之间抽样设计和方法学差异的限制。这两项研究如下。

- 因子 B 1. 1：2000—2013 财年 NMDRD，表 7. 1。
- 因子 B 1. 2：FDA 的牛奶药物残留抽样调查。

从两个因子中为次级标准 B1 评分。

我们通过将两个因子中的任意一个默认为最大值来计算次级标准 B1 的分数。

5. 2. 1. 1　基于奶中已经确认的药物残留 LODP（运输车奶罐）：NMDRD（因子 B1. 1）

我们为 2000—2013 财年的 NMDRD 抽样数据分配了 54 种药物的得分，表 7. 1（附录 5. 8）（GLH Inc.，2000—2013）。NMDRD 是第三方行业计划，根据 FDA 合同，基于乳制品行业的自愿报告，在牛奶检测结果中捕获药物残留。然而，国家监管机构在 NCIMS 下要求强制性报告。国家机构报告了国家检测活动的范围、使用的分析方法、确定的兽药残留的种类和范围以及从人类食品供应中除去的受污染牛奶的数量。该计划包括所有牛奶，“A”级（美国约 95%的牛奶供应）和非“A”级（生产级）。采样数据基于良好控制的采样设计，足够的样本量尤其是考虑到牛奶（大容量运输车奶罐）中药物残留违规的预期发生率相对较低以及标准化的测试方法，但是，目前的 NMDRD 报告只包括限于某些药物的数据，因此，与我们在标准 A 中做出的假设类似，我们认为如果药物可以用于治疗，那么牛奶（运输车奶罐）中所有药物成员的概率相等（哺乳期的奶牛或在药物可从牛的系统中清除之前进入哺乳期的停乳期奶牛或小母牛）。

评分

我们假设牛奶供应中发现的药物或药物代谢产物比牛奶（运输车奶罐）中未发现的药物更有可能进入牛奶（贮奶罐或运输车奶罐）。请参阅表 5.12，了解 NMDRD 中药物（或代谢物）鉴定的描述和分配得分。

表 5.12 根据 NMDRD 抽样数据（2000—2013 财政年度）所示的证据，在牛奶（运输车奶罐）中发现药物（或药物代谢物）所分配分数

牛奶供应中的药物鉴定依据 NMDRD（2000—2013）	得分
发现牛奶中存在药物	9
发现牛奶中存在药品类	7
未确定药物（未确定药物/药物类检测结果，或药物/药物类未检测）	3

5.2.1.2 基于贮奶罐牛奶中已经确认的兽药残留 LODP：FDA 牛奶药物残留抽样调查（因子 B1.2）

我们分配的这个因子评分 54 种药物是基于 FDA 的牛奶药物残留抽样调（fda，2015a 和 fda，2015b）（见附录 5.9，为药物抽样数据测试）。这项研究通过提供一些不包括 NMDRD 研究的药物的数据来补充 NMDRD 研究。例如，在本研究中，某些类型的药物，如非甾体药，通常不作为 NMDRD 的一部分进行测试。然而，这项研究也缺乏我们选择 54 种药物中的大部分药物（表 5.13）。

表 5.13 根据 FDA 牛奶药物残留抽样调查表明的贮奶罐中发现药物（或药物代谢物）的证据分配的分数

根据 FDA 牛奶药物残留抽样调查（2012—2013 财政年度）在牛奶供应中的药物鉴定	得分
药物检测阳性和残留水平（高于）美国限制	9
药物检测阳性，但残留水平不超出（不高于）美国限制	5
药物测试，但未呈阳性或药物未测试	3

美国限量=21 CFR 556 中规定的药品残留量。

如果没有建立耐受性的药物检测阳性，我们认为残留水平高于美国的限制。

我们假设，相比于对贮奶罐中阴性牛奶样本用药，如果对哺乳期奶牛（或在进入泌乳期之前可以从系统中清除药物的非泌乳期奶牛或小母牛）用药，在牛奶供应中发现的药物或药物代谢物（通过取样）更有可能进入贮奶罐。如果药物测试是阳性和药物的残留水平高于既定的美国药物残留限量，我们分配的分数为 9。如果药物测试是阳性的，我们分配了 5 分。如果药物测试未呈阳性，或者如果没有对该药物进行测试，我们分配了 3 分。

5.2.2 基于滥用药物的 LOPD（次级标准 B2）

药物对泌乳奶牛的误用可能导致牛奶中的药物残留（贮奶罐或运输车奶罐）。此次级标准分数基于以下两个因子：

- 因子 B2.1 基于药物批准状态的误用评分（LMS）的可能性。
- 因子 B2.2 基于药物在牛奶中长期存留的可能性，误用分数（PCMS）的潜在后果。

从两个因子 B2 分准则的评分

为了从其两个因子［因子#1（B2.1）和因子#2（B2.2）］中获得次级标准#2（B2）的总分，我们使用以下矩阵组合这两个因子（表 5.14）来描述滥用可能导致奶中残留物的药物（贮奶罐或运输车奶罐）的可能性和潜在后果。请参阅 5.2.2.1 和 5.2.2.2，分别了解 B2.1 和 B2.2 因子中使用的评分信息。

表 5.14 基于药物滥用的 LOPD 矩阵排序评分：分数从误用评分（LMS）的可能性和误用评分的潜在后果（PCMS）

LMS/PCMS	PCMS=1	PCMS=3	PCMS=5	PCMS=7	PCMS=9
LMS=1	1	3	3	5	5
LMS=3	3	3	5	5	7
LMS=5	3	5	5	7	7
LMS=7	5	5	7	7	9
LMS=9	5	7	7	9	9

LMS=误用评分的可能性；

PCMS=误用评分的潜在后果。

5.2.2.1 滥用的可能性（根据药物的批准状况）（因子 B2.1）

FDA 对某种药物的批准状态是最佳可用指标，表明药物是否有针对如何治疗某种特定疾病的药物治疗指示（剂量、给药方式和官方排乳时间）。因此，药物滥用导致牛奶中的药物残留（贮奶罐或运输车奶罐）的可能性与批准状态有关。我们承认，在哺乳期奶牛中的药物残留的可能性，可能不会低于批准用于其他物种或非哺乳期奶牛的药物。

值得注意的是，我们在标准 B 中使用了药物批准的因子分数，并且在标准 A（基于批准状态的管理）中使用了次级标准分数。然而，在标准 B 中，我们认为药物未被批准时药物残留更可能发生，因此没有建立适当的排乳时间。然而，在标准 A 中，我们假设农民和兽医更喜欢批准用于泌乳奶牛的药物，而不是批准用于其他物种的药物或批准用于非泌乳奶牛的药物。其基本原理是，坚持要求的丢弃时间与批准的奶牛药物相关联，降低了奶牛的牛奶在报废时间过期后对该药物残留的阳性反应的可能性。因此，在标准 A 和 B 中使用这些数据并不是多余的。

对于因子 B2.1，我们做出了以下假设

如果一种药物不被批准用于泌乳奶牛，那么这种药物残留可能最终会出现在牛奶中（尽管我们认识到某些药物和管理途径可能会造成微不足道的风险）。

如果该药物未被批准用于生产食品的动物，或者在食品生产动物（AMDUCA）中禁止使用 ELDU 药物，那么药物残留将更有可能出现在牛奶中；即使对于批准用于泌乳奶牛的药物，药物仍可能被误用（不遵循标签说明，如给药、给药方式和正式放奶时间）。

评分

我们给食品生产动物或食品生产动物禁用的 ELDU 药物（AMDUCA）中未批准的药物分配了 9 分。值得注意的是，我们并没有给在泌乳奶牛中批准的药物分配最低的 1 分（而是 3 分），因为仍然有可能没有遵循标签指示（见上述假设）。见表 5.15 为药物的批准状态评分方案（药物的批准状态为 54 种药物，见附录 3.1）。

表 5.15 基于药物批准状况的药物滥用可能性评分

FDA 药品批准状况	得分
食品生产动物未批准的药物	9
禁止在食品生产的动物中 ELDU（AMDUCA）	9
其他食品生产动物批准的药物	7
批准的用于奶牛药物，不对泌乳奶牛批准	5
在泌乳奶牛中批准的药物	3

5.2.2.2 误用的潜在后果（因子 B2.2）

奶牛系统将每种药物代谢至低到足以使无残留挤奶的水平所需的时间，不同于每种药物，以及与奶牛新陈代谢和农场管理做法有关的其他几个因素。药物残留量在这里，我们假设药物休药期较长的（无论是被批准用于哺乳期奶牛药物的实际牛奶丢弃时间或计算的 FARAD）将造成更高的潜力药物残留的牛奶（贮奶罐或运输车奶罐）比药物休药期较短。我们还假设，如果在风险期（牛奶丢弃时间）较长，奶牛可能会被意外挤奶。在没有其他数据的情况下，我们假设一个未知的、但恒定的、可能的挤奶过程中的休药期和独立的概率，在每次挤奶，从奶牛是否意外挤奶之前挤奶。虽然我们承认这可能是一种过度简单化（因为其他因素可能会影响这种可能性），但在没有其他数据的情况下，我们做出了这种假设，因为它是最保守的方法。如果药物被误用（不遵照剂量、管理方式或正式的牛奶丢弃时间的标签说明），获得牛奶的药物（贮奶罐或运输车奶罐）的潜在浓度与药物在牛奶中的持续性。然而，我们承认，在任何情况下，服用时间较长的药物可能不会导致牛奶中的药物残留量增加（贮奶罐或运输车奶罐）。对于一系列的牛奶丢弃时间，每 54 种药物，见附录 5.10。

评分

根据以上假设，我们为牛奶丢弃时间小于 25 小时的药物分配 1 分；我们将 9 分的分数分配给了与牛奶报废时间相等或超过 200 小时的药物（表 5.16）。值得注意的是，我们在没有正式的牛奶报废时间的情况下给药物分配了 9 分，正如我们之前所讨论的那样，我们假定这些药物有更大的可能性被确定为牛奶中的残留物（贮奶罐或运输车奶罐）。

表 5.16　基于牛奶丢弃时间的管理不当后果的评分（MDT）

牛奶丢弃时间（MDT）小时数	得分
药物没有 MDT	9
MDT ≥200	9
200 > MDT ≥100	7
100 > MDT ≥65	5
65 > MDT ≥25	3
MDT < 25	1

5.2.3　基于专家获得信息的 LODP（次级标准 B3）

我们得到专家的意见，因为我们没有最近的、观察性的和全面的数据，在重要的方面，例如偶然的（可能是故意的）意外（可能是故意的）污染牛奶（贮奶罐或运输车奶罐）和药物残留。

由于上述讨论的限制，我们请专家考虑以下内容。

a. 药物进入牛奶的可能性（LDECM）（即在施用给奶牛后进入牛奶）。

b. 药物（在乳房奶中）进入牛奶的可能性（贮奶罐或运输车奶罐）（LDEM）。

有关专家启发的详细信息见附录 5.1 和 Versar（2014）。有关专家启发结果的更多详细信息，请参阅附录 5.1 和 Versar（2014）。

次级标准评分 B3

我们将这两个因子结合在一起并使用以下的矩阵（表 5.17），以获得药物进入牛奶（贮奶罐或运输车奶罐）的可能性的专家评分，以描述药物滥用导致牛奶残留物的可能性。

表 5.17　专家得出的矩阵评分结果表明，一种药物进入牛奶（大容量贮奶罐或运输车奶罐）的可能性得分——从药物进入牛奶的可能性（LDECM）和进入牛奶的可能性（LDEM）

LDECM/LDEM	LDEM = 1	LDEM = 3	LDEM = 5	LDEM = 7	LDEM = 9
LDECM = 1	1	3	3	5	5
LDECM = 3	3	3	5	5	7
LDECM = 5	3	5	5	7	7
LDECM = 7	5	5	7	7	9
LDECM = 9	5	7	7	9	9

LDECM，药物进入奶牛乳的可能性。

LDEM，药物进入牛奶（贮奶罐或运输车奶罐）的可能性。

这两种变量的评分如表 5.18 和表 5.19 所示。

表 5.18 根据专家评审结果，药物进入到牛乳中的可能性（LDECM）排序评分

描述	数值	得分
极高	> 75%	9
高	> 50%并≤75%	7
中等	> 25%并≤50%	5
低	≥1%并≤25%	3
忽略不计	< 1%	1

表 5.19 根据专家评审结果，药物进入到乳品（贮奶罐或运输车奶罐）中的可能性（LDECM）排序评分

描述	数值	得分
极高	> 10%	9
高	> 5%并≤10%	7
中等	> 2%并≤5%	5
低	≥0.1 并≤2%	3
忽略不计	< 0.1%	1

5.3 乳及乳制品中的药物残留（标准 C）

标准 C 通过分析加工对选定的 12 种乳及乳制品中药物残留量的影响以及这些产品在某个人一生中的消费量（即终生平均日摄入量）来评估乳及乳制品中药物残留物量，假设 54 种药物的残留量在贮奶罐内牛奶中的浓度相同，这一标准包括以下两个次级标准（及它们各自的因子）。

- 次级标准 C1：加工对“生”牛乳中药物残留浓度的影响（5.3.1）。
  - 因子 C1.1：产品构成（5.3.1.1）；
  - 因子 C1.2：热降解值（5.3.1.2）；
  - 因子 C1.3：脱水（5.3.1.3）。
- 次级标准 C2：乳及乳制品的消耗量（5.2）。
  - 因子 C2.1：平均摄入量：消费者对乳制品的摄入量 [g/(kg bw · day)]（5.3.2.1）；
  - 因子 C2.2：消费者价值百分比：某一年龄组消费乳制品的个人百分比（5.3.2.2）；
  - 因子 C2.3：寿命年数在各年龄组中所占比例（5.3.2.3）。

值得注意的是，C1 和 C2 各产生数值，而不是每个药品的评分。关于标准 C 次级标准和各因子的概述，见图 5.4。

关于两个次级标准（C1、C2）

当两者相乘时，次级标准 C1（加工过程的影响）和次级标准 C2（乳及乳制品的消

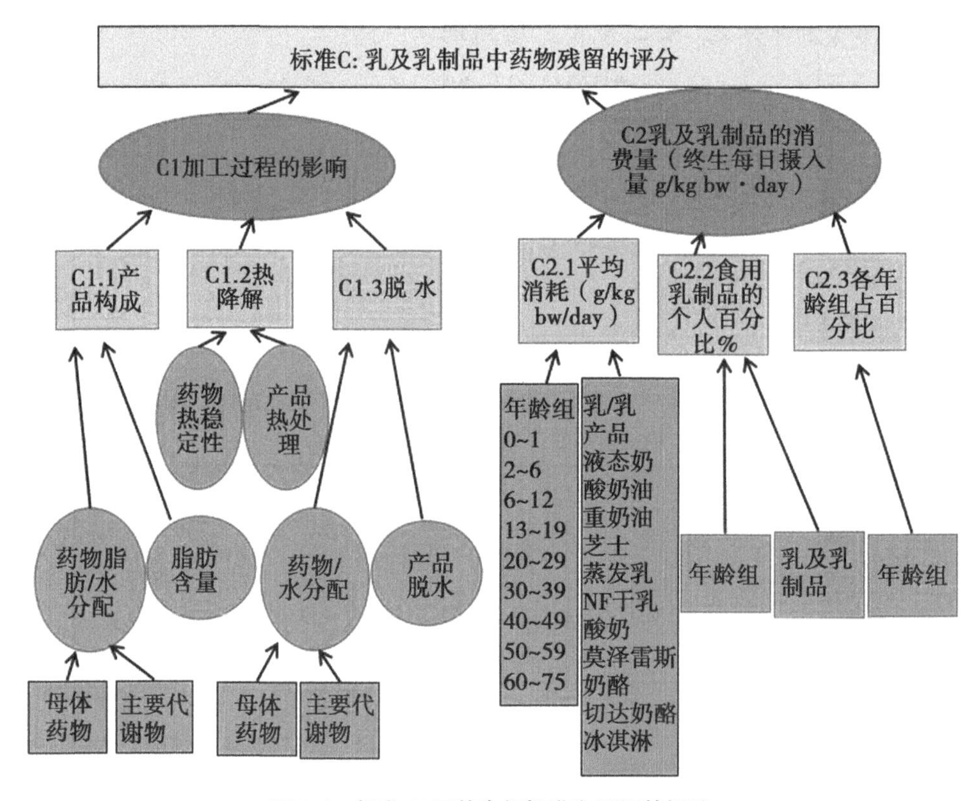

图 5.4 标准 C 及其次级标准和因子的概述

费量，终生每日摄入量［g/(kg bw · day)］的数值提供了消费者每天接触药物的相对估计数［药物剂量/(kg bw · day)，终生平均值］。

标准 C 评分摘要

我们根据 C 标准的相对值（选择的 12 种乳及乳制品中的药物残留）指定每种药物的总分分别为 9 分或 5 分。分数之间的界限被定为某一个值，用以区分被评估药物的显著差异（表 5.20）。

标准 C 评分

表 5.20 标准 C 的评分

相对值（C1 * C2）	得分
>6	9
≤6	5

每种药物的相对值依次是 C1 和 C2 的值的乘积，然后对所有产品进行汇总。

$$C = C1 \times C2$$

式中：

C——药物残留相对评分；

C1——次级标准 C1（加工过程的影响）；

C2——次级标准 C2（乳及乳制品的消费量）。

5.3.1 加工对“生”牛乳中药物残留浓度的影响（次级标准 C1）

用于将“生”牛乳转化为成品牛奶或乳制品的加工步骤可能会影响成品中药物残留物的浓度。加工过程的影响一般取决于加工条件、“生”牛乳的最终乳制品组成和药物特性。（Moats，1988；Waltner-Toews and McEwen，1994；Zorraquino et al.，2008b；Zorraquino et al.，2009；Whelan et al.，2010）。这个次级标准包括以下 3 个因子：

- 因子 C1.1：产品组成值（5.3.1.1）；
- 因子 C1.2：热降解值（5.3.1.2）；
- 因子 C1.3：脱水值（5.3.1.3）。

在评估这三种加工操作的影响之前，我们首先考虑了用于生产乳制品的制造程序和技术的巨大差异。其次，我们确定了 5 种相对常见的、离散的加工操作，用于制造在美国销售的普通乳制品（即加热、培养、奶酪老化、冷冻和除水或冷凝），这些操作很有可能对药物残留浓度产生影响。根据我们对有限的现有文献的回顾，我们确定在干酪制作过程中冷冻、培养和老化可能对药物残留浓度没有影响，或者只导致药物浓度很有限地下降（附录 5.11）。由于制药厂所采用的加工工序因产品不同而异，因此，每种药物产品组合的要素值都是由每一种药物产品组合所决定的，每一种药物产品组合的各个因子的数值反映了该加工操作改变了药物浓度。

我们认识到，给奶牛施用的药物的残留包括药物代谢物、母体药物或两者都有，当评价加工过程对乳及乳制品中药物残留的相对浓度的影响时，我们考虑母体药物和主要代谢物。

在很多情况下，母体药物和主要代谢物的理化性质非常相似，加工过程对药物在成品中浓度的影响预计大致相同。在某些情况下，母体药物和主要代谢物的性质是不同的，预期会产生不同的影响。在这些情况下，我们给药物分配了与成品中较大浓度相对应的加工因子值。附录 5.12 详细描述了我们如何在基于多标准的排序模型中评估主要代谢物。

从以下 3 个因子计算次级标准 C1（加工过程的影响）的总值

我们用 3 个因子（C1.1、C1.2 和 C1.3）的乘积计算了每种药物的次级标准（C1）的最终值。每种药物产品组合的整体加工过程值是 3 个因子中每一个因子所造成变化的乘积。

$$C1 = C1.1 \times C1.2 \times C1.3$$

式中：

C1——次级标准的值。

对于某一特定药物产品，C1 值是对最终乳制品中药物浓度变化的估计，与“生”牛奶中的药物浓度相比的变化，是在生产过程中应用的加工操作组合所产生的。C1 的数值从 0.3（即减少 3.3 倍）到 10（即增加 10 倍）不等。

5.3.1.1 *产品组成值（因子 C1.1）*

产品组成值反映了乳制品生产过程中由于药物分区而产生的药物残留浓度的变化。

在这种情况下，药物分区是指最初“生”牛乳中的药物残留物在加工过程中被分离，会在牛奶的不同成分之间分布，或以与“生”牛乳不同的比例重新组合。

产品组成值取决于两个子因素：①产品脂肪含量，②由表观分配系数［as（log（P app）］预测的药物在乳制品中的分配（Pandit，2011）（分别讨论加工过程中的水分损失，见5.3.1.3节）。表观分配系数（log（P app））是当这两种不混溶溶剂的混合物处于平衡状态时，在疏水性溶剂（如辛醇）中药物浓度与水溶液浓度之比的估计。它考虑到了药物的酸碱性质，在某一pH值下可以使一种疏水药物更易溶于水溶液，其中很大一部分药物将被电离。这些系数已成功地用于描述治疗药物或药物残留物在动物体内的分布（包括人类或环境中的化学污染物）（Shargel，et al.，2005；Hemond and Fechner-Levy，2000）。这一系数也通常被称为“分布”系数。

产品组成等级的四个等级（C、D、E和F）表示由于“生”乳的产品组成变化而产生的药物浓度的相对变化。预期变化和log P app范围反映了实验观测结果（表5.21，表5.22）。

表5.21　产品——成分等级——考虑产品脂肪含量相对于“生”牛乳 & P app

药物分配	脂肪含量无变化（0%~5%脂肪）	脂肪含量适度增加（5.1%~20%脂肪）	高脂肪含量（20.1%~45%的脂肪）	脂肪含量极高（>45%脂肪）
全是水（log Papp<-2）	D	D	C	C
大部分是水（-2<log Papp<2）	D	D	D	E
基本全是脂肪（log Papp>2）	D	E	E	F

表5.22　产品组成及分配等级和值的说明

类型	预期变化	等级	得分
高增长	增加6~18x	F	9
适度增长	增加>1~5 x	E	4
无变化	无实质性变化	D	1
适度减少	减少2~4 x	C	0.3

基本原理

通过这种基于多标准的排序模型，获得了在牛奶组分或乳制品中的14种药物分配实验数据。有关文献的回顾见附录5.13。据报道，与4%乳脂的“生”牛乳相比，80%的乳脂奶油疏水性或亲脂药物伊维菌素的浓度增加了18倍。然而，与“原始”乳相比，亲水性药物、土霉素和类似的脂肪膏浓度降低了20%（Hakk，2015）。据报告，软压干酪和干的或陈年干酪中伊维菌素浓度的增加幅度较小，分别为2.5~2.8和3~9（Cerkvenik et al.，2004；Anastasio et al.，2002，Imperiale et al.，2004a）。关于其他阿维菌素的类似数据也有报告（附录5.13）。由于数据的有限性，只可以区分大类药物行为

（如界定三类 log（Papp）值、四类产品脂肪含量和相关的等级矩阵值）。在脂肪含量在45% 到 9 倍以上的高脂肪产品和脂肪含量在 20%和 45% 到 4 倍之间的高脂肪产品中，我们设定最大浓度的疏水性/亲脂性药物。随着更多数据的出现，我们将能够细化这个表，以更精确地描述在加工过程中成分变化引起的药物残留浓度的变化。附录 5.13 显示了其他乳制品和具有其他分配行为的药物（按照 log（Papp）值预测）的浓度。

5.3.1.2 热降解值（因子 C1.2）

热降解值考虑了乳制品的热处理历史和药物的热稳定性。该值根据下表中的等级矩阵确定（更多相关信息，包括对可用文献和不同热处理类型的时间、温度条件的综合评述，请参阅附录 5.14）。除了基于多标准排序模型考虑的兽药的蒸煮处理之外，文献中报道的最大降解为 30%。因此，表 5.23 中列出的矩阵并非都是可能的。破折号而非字母等级表示不适用于所考虑的药物类别（表 5.23 和表 5.24）。

表 5.23 热降解等级——考虑加热历史和药物热稳定性

热稳定性	巴氏灭菌法	长时热处理	蒸煮处理	奶酪制作	重制奶酪
高（0%~10%失活）	D	D	D	D	D
中（11%~30%失活）	C	C	C	C	C
低（31%~70% 失活）	—	—	B	—	—
极低（>70% 失活）	—	—	A	—	—

表 5.24 热降解的描述、分配等级和数值

描述	变化	等级	分配值
无变化	减少量<1.3 x	D	1
中度减少	减少量 1.3~1.7 x	C	0.9
高度减少	减少量 1.71~3.3 x	B	0.7
极高程度减少	减少量>3.3 x	A	0.3

原因

对于各种药物，热降解已经通过实验确定，并且这些数据（附录 5.14）已在此模型中使用。我们承认，热降解的影响因时间温度组合而异。因此，我们回顾了牛奶加工中通常使用的时间—温度组合的范围，确定了热处理过程中的 5 种常见类型的时间—温度组合（附录 5.15），将排序模型中的每个乳制品归为 5 种热降解，并将实验数据与一个或多个时间—温度组合相匹配（附录 5.15）。正如附录 5.15 中所详细讨论的，在可用的数据中，我们对牛奶中观察结果的重视程度高于对肉汤中观察到的结果，并且对固体系统中观察结果的权重更小。当对同一药物和时间—温度类别报告了多个但不同的观察结果时，我们给出了对应于最小降解量的值。我们承认，这样我们可能会低估热处理对药物残留浓度的真实影响。此外，我们承认许多实验研究都测量了活性损失，而活性损失可能与毒理学关注的损失不完全相关。因此，热处理对乳制品中残留物浓度的真实影响可能与根据实验热降解数据预测的影响稍有不同。最后，在某些情况下，观察数据不可用于该药物（附录5.14）。在这些情况下，我们使用相同类别相关药物的数据（如果可用）。在另一些情况下，数据既不可用于该药物，也不能用于相同结构类别内的其他药物。在这些情况下，我们认为药物在加工过程中不会因热而失活。

5.3.1.3 除水值（因子C1.3）

除水值反映某些乳制品的选择性干燥（即通过诸如蒸发的过程选择性除去水）的影响，并被定义为由于去除水分而使药物残留物浓度将增加的因素。在脱脂奶和脱脂奶粉生产过程中会发生脱水。当贮奶罐内牛奶中存在药物残留时，药物残留物浓度在淡奶生产生产过程中将增加约2倍，在脱脂奶粉生产期间增加10倍。如表5.7所示，这些因素是根据贮奶罐中牛奶和这些产品的相关成分估算的。在指定的除水值中隐含的是，目前的药物不具有挥发性，这通常是兽药的良好假设（表5.25）。

表5.25 除水（药物分配行为）值

乳制品	除水值
液态奶（全脂）	1
奶酪（奶油）	1
脱脂奶粉	10
酸奶	1
炼乳	2
冰淇淋	1
酸奶油	1
奶酪	1
加工奶酪	1
切打奶酪	1
重奶油	1
牛油	1

5.3.2 乳及乳制品的消费量（次级标准C2）

次级标准C2评估了12种选定的乳及乳制品的消费量，并且通过乳制品的终生平均日摄入量来量化。这个次级标准包括以下因子。

- 因子C2.1：平均摄入量，消费者选择的12种乳及乳制品的平均摄入量，单位为g/(kg bw · day)（5.3.2.1节）。
- 因子C2.2：消费者百分比值：一个消费乳制品的年龄组中的个体百分比（5.3.2.2节）。

- 因子 C2.3：一个年龄组的寿命比例（5.3.2.3 节）。

为准确地获得美国乳及乳制品的消费量，我们使用了反映个体食品消费量的数据库：在美国我们吃什么国家健康和营养调查（WWEIA/NHANES），2005—2010（CDC，2011）（附录 5.17）。乳制品一生的平均每日摄入量［g/(kg bw · day)］是每个消费者的平均摄入量，消费者百分比以及一个年龄组的寿命比例的乘积。对于这种分析，我们定义“寿命”为 76 年。我们估计每个年龄组的乳制品人均每日摄入量（即消费者和非消费者每种食物平均摄入量）［g/(kg bw · day)］。对于每一种食物，我们将平均人均摄入量乘以每个年龄段所代表的寿命比例（例如，一个人在 2~5 年的年龄范围内为 4 年，所以一个年龄组的寿命比例是 4/76 或 0.053）。然后，我们总结了每种食物每个年龄段的人均加权平均摄入量。请参阅表 5.26，了解我们在此次级标准中考虑的参数：12 种选定的乳及乳制品，人口群体和消费参数。

表 5.26　乳制品的消费量：分析参数

分析参数	描述
乳及乳制品（12 种选定的乳及乳制品）	牛奶、液态；加工产品：黄油，奶酪（切打奶酪，松软干酪，马苏里拉干酪，融化干酪），奶油（多脂奶油和酸奶油），冰淇淋，牛奶（炼乳和脱脂奶粉）；酸奶
人口群体（年）	0~1；2~5；6~12；13~19；20~29；30~39；40~49；50~59；60~75
消费参量	乳制品平均摄入量［g/(kg bw · day)］ 消费者百分比值 终生消费

根据三个因子计算次级标准 C2 的值：

我们计算了这个次级标准（C2）的总体价值，以乳制品的终身平均日摄入量表示，将所有 3 个因子相乘：每个消费者的乳制品平均摄入量（C2.1），个人消费乳制品的比例（C2.2），以及一个年龄组中终生消费的比例（C2.3）。

$$C2 = (C2.1) \times (C2.2) \times (C2.3)$$

式中：

C2——次级标准 C2 的值。

再次注意，C2 的值是一个数字值，而不是分数。

5.3.2.1　消费者平均乳制品摄入量（因子 C2.1）

按照年龄组分列的 12 种选定乳及乳制品的 2 天平均每日摄入量［g/(kg bw · day)］，有关数据将在表 5.27 中显示。流体奶的消耗量最大，从 60~75 岁的 2.19 g/(kg bw · day)，到 0~1 岁的 40~42 g/(kg bw · day)不等。酸奶的摄入量范围在 60~75 岁年龄段的 1.21 g/(kg bw · day)至 0~1 岁年龄段的 60.4g/(kg bw · day)。某些年龄组的某些乳及乳制品的消费量存在性别差异；但是，由于我们评估 12 种选定乳及乳制品的终生平均每日摄入量，因此我们在分析中没有纳入这些差异。有关分析的详细说明，请参阅附录 5.17。

表 5.27 消费者对于选定的 12 种乳及乳制品的平均摄入量 [g/(kg bw · day)]

年龄（岁）	液态奶	黄油	切打干酪	松软干酪	马苏里拉奶酪	融化干酪	多脂奶油	酸奶油	冰淇淋	炼乳	脱脂奶粉	酸奶
0~1	40.42	0.2	0.83	5.80[a]	0.83	1.05	1.47[a]	0.49[a]	2.32	3.95[a]	0.27[a]	6.11
2~5	22.73	0.17	0.75	2.49[a]	0.58	0.9	0.42[a]	0.63	2.7	1.10[a]	0.06[a]	4.27
6~12	9.93[b]	0.12	0.38[b]	1.74[a]	0.34	0.54	0.43	0.61	1.97[b]	0.61[a]	0.06	2.20[b]
13~19	4.39[b]	0.07	0.28	1.17[a]	0.20	0.35[b]	0.24	0.29	1.28[b]	0.34[a]	0.03	1.49
20~29	2.61	0.06	0.24	1.01[a]	0.18	0.3	0.22	0.29	0.98	0.28[a]	0.06	1.33
30~39	2.41	0.06	0.2	0.96[a]	0.16	0.25	0.15[a]	0.3	0.83	0.35[a]	0.03	1.18
40~49	2.4	0.07	0.19[b]	0.96[a]	0.15	0.25	0.15[a]	0.26	0.92	0.47[a]	0.02	1.38
50~59	2.26	0.08[b]	0.2	0.93[a]	0.15	0.23	0.25[a]	0.26	0.98	0.32[a]	0.02	1.31
60~75	2.19	0.08	0.16	0.95[b]	0.12	0.21	0.22	0.22	0.89	0.33	0.03	1.21[b]

数据来源：我们在美国吃什么，国家健康和营养调查（WWEIA/NHANES），2005—2010（CDC，2011）。根据食品和营养数据库膳食调查（FNDDS）5.0（USDA FSIS，2012a）确定乳制品成分百分比。摄入量是 2 天的平均值。

[a]由于消费者数量少（<68），在统计上估算可能不可靠。

[b]对于至少有 68 名消费者的群体，男性的平均消费量［g/(kg bw · day)］与女性消费量显著不同（$p<0.05$）。

5.3.2.2 消费乳制品的个人比例（因子 C2.2）

在两天的调查期内，报告指出每个年龄组中至少食用过一次 12 种选定的乳及乳制品的人所占百分比，并以图形方式在表 5.28 中显示。在两天的调查期间，每个年龄组中至少食用一次液态奶的人群超过 50%。除了两个年龄组（0~1 岁和 60~75 岁）之外，超过 50%的人消费融化干酪。在大多数年龄组中，不到 5%的人食用奶酪、浓奶油、淡炼乳和脱脂奶粉。个人百分比存在一些性别差异。

表 5.28 所选择的 12 种乳及乳制品占个人消费百分比

年龄范围	液体牛奶	黄油	切打奶酪	干酪	莫扎里拉奶酪	加工奶酪	重奶油	酸奶油	冰淇淋	奶粉	脱脂奶粉	酸奶
0~1	57.5	23.8	22.6	1.8	18.4	31.0	0.2	2.6	11.4	0.8	1.0	20.6
2~5	96.9	39.6	40.1	1.9	38.1	57.8	1.6	7.7	29.7	0.7	2.6	25.1
6~12	95.2	41.1	44.4	1.6*	42.7	60.4	3.3	6.9	36.4	0.8	4.0	16.4
13~19	86.5	33.5*	52.8	1.6	45.4*	58.9	2.7	10.2*	27.7	0.7	3.2	7.8
20~29	80.4	32.6	48.3	1.4	41.1	58.6	3.2*	12.6	20.9	1.4*	5.0	11.3
30~39	83.3*	37.5	49.1	2.8	38.1	57.6	2.9	14.4	24.0	1.2	4.1	13.6*
40~49	82.0	41.6	44.4*	3.0*	31.8	54.3	3.1	11.6	24.2*	1.6	4.0	14.8*

（续表）

年龄范围	液体牛奶	黄油	切打奶酪	干酪	莫扎里拉奶酪	加工奶酪	重奶油	酸奶油	冰淇淋	奶粉	脱脂奶粉	酸奶
50~59	82.6	41.4	40.2	3.7	29.9	52.1	2.9	11.8	27.0	1.6	5.8	15.7*
60~75	86.1	43.8	38.0	5.4	25.4	45.4	2.4	10.3	29.1	2.0	4.1	15.0*

数据来源：我们在美国吃什么，国家健康和营养调查（WWEIA/NHANES），2005—2010，使用食品和营养数据库膳食调查（FNDDS）5.0（USDAFSIS，2012a）确定乳制品成分百分比。百分比反映了在2天调查期间，每个年龄组的受访者至少有一次提供乳制品（或含乳制品的混合物）摄入量的比例。消费该产品的男性比例与女性消费比例显然不同（$p<0.05$）。

5.3.2.3　在年龄组中的寿命比例（因子C2.3）

根据这个分析，我们可以得出寿命为76年的结论，我们通过将每个年龄组的个体需要年数除以76岁的总寿命来确定每个年龄组需要的年龄比例（表5.29）。

表5.29　年龄组中的寿命比例

年龄组	年龄	年龄组中的寿命比例（年龄占总寿命76年的比例）
0~1	2	0.026（2/76）
2~5	4	0.053（4/76）
6~12	7	0.092（7/76）
13~19	7	0.092（7/76）
20~29	10	0.132（10/76）
30~39	10	0.132（10/76）
40~49	10	0.132（10/76）
50~59	10	0.132（10/76）
60~75	16	0.211（16/76）

C2的整体价值：该次级标准的总体价值是所选择的12种乳及乳制品中每一种的终身平均日摄入量，我们将其计算为每个消费者的平均摄入量，消费者百分比和一个年龄段中的终身比例的乘积组。如表5.30所示，无脂奶粉的终身平均每日摄入量<0.01g/(kg bw · day)到液态奶的4.43g/(kg bw · day)。

表5.30　12种乳及乳制品的平均每日摄入量

乳制品	终身平均每日摄入量［g/(kg bw · day)］
液体牛奶	4.43
黄油	0.03
奶酪（切打）	0.11
奶酪（干酪）	0.03

（续表）

乳制品	终身平均每日摄入量［g/(kg bw · day)］
奶酪（莫扎里拉）	0.07
奶酪（加工）	0.18
奶油（重）	0.01
奶油（酸）	0.03
冰淇淋	0.32
牛奶（炼乳）	0.01
牛奶（脱脂干燥）	<0.01
酸奶	0.27

数据来源：我们在美国吃什么，国家健康和营养调查（WWEIA/NHANES），2005—2010，使用食品和营养数据库膳食调查（FNDDS）5.0（USDAFSIS，2012a）确定乳制品成分百分比。

5.4 对人类健康危害的可能性（标准 D）

标准 D 在暴露于药物残留物的情况下评估潜在的对人类健康危害。该标准基于 54 种选定药物（包括它们的代谢物）中每种药物的危害值（图 5.5）。

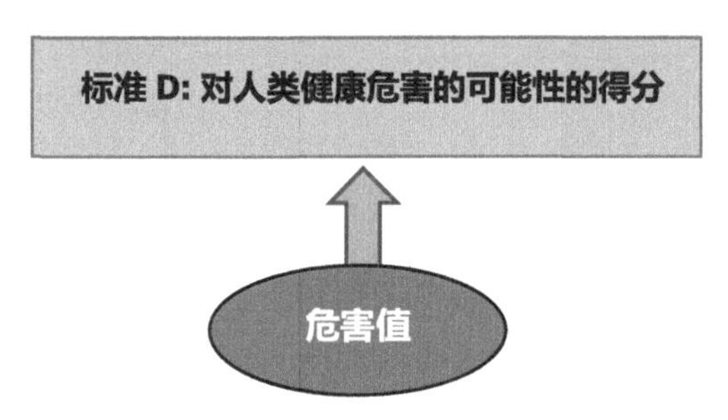

图 5.5 标准 D 的概述

ADI 或者危害值建立了一个预期不会危害人体健康的药物残留水平，如果药物残留的暴露量超过了这一水平，那就会对人体潜在的不利于健康的影响而产生担忧。

当批准的新兽药按照批准的标签说明允许在泌乳奶牛中使用时，我们预计在牛奶中的药物残留浓度（贮奶罐或运输车奶罐）将处于或者低于容许值，或者对于未经批准的药物，其浓度等于或者低于可接受的水平。在这个浓度下，合理地确定残留物不会对人体造成不良影响，所以我们预计其不会对健康造成危害。

在某些情况下，牛奶中药物残留的浓度可能超过耐受性或可耐受水平，并随后对人类健康构成潜在危害。因此，有必要去解决由于牛奶中药物残留超过容许或者可耐受水平而导致人体健康不良影响的相对可能性。这就导致了一个问题："乳及乳制品中的哪些药物残留物对公共健康构成最大的潜在危害？"

能够观察到的直接暴露或者消耗乳及乳制品中的药物残留物对人体健康影响的数据

是有限的。因此，对人类健康危害潜在性标准是通过估计每种药物在乳及乳制品中作为药物残留物以相对较低浓度存在时引起不良健康影响的相对作用来解决上述问题。

每种药物或药物残留物（或主要代谢物）在牛奶中的危害值得分

我们使用危害值评分来评价每种药物相对于其他药物的潜在健康危害。该评分是基于FDA推导的ADIs，如果有可能，也可以是其他基于科学的评分信息。危害值代表各自的剂量，单位是μg/(kg bw·day)，药物残留物（或主要代谢物）根据毒理学、药理学、微生物（人体肠道微生物破坏）和过敏原终点不会对健康造成不良影响。因此我们可以使用每种药物的危害值来评估药物残留（或者主要代谢物）的效力。

在美国被批准用于泌乳奶牛的药物具有FDA制定的ADI，单位是μg/(kg bw·day)，用于人类暴露在乳及乳制品中的总药物残留。危害值是根据现有的ADI或者毒理学研究和其他相关信息的评估确定的。

然而，在本研究中的一些药物未被批准用于泌乳牛奶，并没有FDA制定的ADI。对于这些没有FDA制定的ADI的这些药物，根据相关信息去评估估计等效危害值。在确定危害值时应该考虑主要的因素，当以前没有为药物建立ADI时，包括以下一项或者多项：

• 由其他科学或者监督组织［例如联合国粮农组织/世界卫生组织食品添加剂联合专家委员会（JECFA）确定的ADI］；

• 公开提供或专有毒理学信息［毒理学信息可用于FDA，如毒理学观察不良反应水平（NOAEL）或在实验室动物物种中通过重复剂量口服毒性研究获得的最低观察到的不利影响水平（LOAEL）］；

• 评估对人体肠道菌群的潜在影响；

• 美国食品药品监督管理局制定的该类药物中最具有代表性的药物ADI作为默认危害值；

• 考虑到从动物数据推断到人类的相关不确定性的安全因素、人类敏感度的差异、数据质量、反应的严重程度或者其他问题。

研究中不能确定致癌药物的危害值（耐受性或耐受水平）（氯霉素，苯丁唑酮，呋喃唑酮和呋喃西林）[1]。表5.31列出了分配给我们评估的54种药物的危害值和信息来源。

---

[1] 氯霉素是一种人类致癌物质，因为它会增加患白血病的风险，并可能导致再生障碍性贫血（NTP，2014）。呋喃唑酮在Fischer 344大鼠和瑞士MBR/ICR小鼠中具有致突变性和致癌性，显示恶性肿瘤发病率增加（雌性大鼠乳腺腺癌发病率增加，雄性大鼠基底细胞上皮瘤和癌症发病率增加，雌性大鼠乳腺腺癌发病率增加和雄性大鼠神经星形细胞瘤，小鼠两性支气管腺癌发病率增加，以及雄性小鼠淋巴肉瘤）（FDA，1991b）。正如雌性B6C3F1小鼠显著增加乳腺纤维腺瘤的发病率和卵巢良性混合肿瘤和颗粒细胞瘤的发病率所显示的，在雌性F344/N大鼠中是致癌的并且是致癌的（FDA，1991b和NTP，1988）。苯基保泰松是一种动物致癌物和基因毒素，并且引起关于诱导血液恶液质（包括再生障碍性贫血，白细胞减少症，粒细胞缺乏症和血小板减少症）的担忧；然而，由于缺乏足够的信息，它不能归类为对人类致癌（国际癌症研究机构，1977年）。

表 5.31　54 种选定药物的危害值

药物分类	药物名称	危害值 [μg/(kg bw · day)], HV[a]	信息来源
氨基香豆素	新生霉素	1≤HV<15	FDA 文件，欧洲药品管理局（EMA）报告和我们要达到危险等级的目的而进行的分析
氨基环醇类	大观霉素	25	FDA ADI [25 μg/(kg bw · day); 21 CFR 556.600]
氨基糖苷类	阿米卡星	1≤HV<15	公开的可用的信息和我们要达到危险等级的目的而进行的分析
氨基糖苷类	二氢链霉素	1≤HV<15	FDA 文件
氨基糖苷类	庆大霉素	1≤HV<15	FDA 文件和我们要达到危险等级的目的而进行的分析
氨基糖苷类	新霉素	6	FDA ADI [6 μg/(kg bw · day); 21 CFR 556.430]
氨基糖苷类	卡那霉素	1≤HV<15	EMA 报告和我们要达到危险等级的目的而进行的分析
氨基糖苷类	链霉素	1≤HV<15	指定了与二氢链霉素相同的危害值
酰胺醇类	氯霉素	没有 HV 可以建立	FDA 网站：不能建立一个容忍值或容忍的水平
酰胺醇类	氟苯尼考	10	FDA ADI [10 μg/(kg bw · day); 21 CFR 556.283]
β-内酰胺	阿莫西林	HV<1	FDA 文件，JECFA 和公开的可用的信息
β-内酰胺	氨苄西林	HV<1	FDA 文件和公开的可用的信息
β-内酰胺	氯唑西林	HV<1	FDA 文件和公开的可用的信息
β-内酰胺	海他西林	HV<1	FDA 文件和公开的可用的信息
β-内酰胺	青霉素	HV<1	FDA 文件和 JECFA [30 μg/(kg bw · day)]
β-内酰胺	头孢匹林（头孢西丁）	1≤HV<15	FDA 文件
β-内酰胺	头孢噻呋	30	FDA ADI [30 μg/(kg bw · day); 21 CFR 556.113)
林可酰胺类	林可霉素	25	FDA ADI [10 μg/(kg bw · day); 21 CFR 556.360)
林可酰胺类抗生素	吡利霉素	10	FDA ADI [0.01 mg/(kg bw · day) 或 10 μg/(kg bw · day); 21 CFR 556.515]
大环内酯类	红霉素	15≤HV<40	FDA 文件及我们对危害排序的分析
大环内酯类	替米考星	25	FDA ADI [25 μg/(kg bw · day); 21 CFR 556.735]

（续表）

药物分类	药物名称	危害值［μg/（kg bw·day）］，HV[a]	信息来源
大环内酯类	泰拉霉素	15	FDA ADI［15 μg/（kg bw·day）；21 CFR 556.745］
大环内酯类	泰乐菌素	15≤HV<40	FDA 文件
大环内酯类	泰地罗新	50	FDA ADI［50 μg/（kg bw·day）；21 CFR 556.733］
大环内酯类	加米霉素	10	FDA ADI［10 μg/（kg bw·day）；21 CFR 556.292］
硝基呋喃类药	呋喃唑酮	无法计算 HV 值	FDA 文件及 JECFA；耐药性或耐受等级无法计算
硝基呋喃类药	呋喃西林	无法计算 HV 值	FDA 文件及 JECFA；耐药性或耐受等级无法计算
氟喹诺酮类	恩诺沙星（和代谢物环丙沙星）	3	FDA ADI［3 μg/（kg bw·day）；21 CFR 556.226］
氟喹诺酮类	达氟沙星	2.4	FDA ADI［2.4 μg/（kg bw·day）；21 CFR 556.169］
磺胺类药	磺胺氯哒嗪	15≤HV<40	FDA 文件
磺胺类药	磺胺地托辛	1≤HV<15	FDA 文件
磺胺类药	磺胺溴二甲嘧啶	HV<1	无具体数据，使用此类药物最低危害值（磺胺为 0.5）
磺胺类药	磺胺乙氧哒嗪	1≤HV<15	FDA 文件
磺胺类药	磺胺甲嘧啶	1≤HV<15	FDA 文件
磺胺类药	磺胺喹噁啉	HV<1	FDA 文件
非甾体抗炎药	乙酰水杨酸	1≤HV<15	EMA 及其他公开信息
非甾体抗炎药	氟尼辛葡胺	0.72	FDA ADI［0.72 μg/（kg bw·day）；21 CFR 556.286］
非甾体抗炎药	苯酮苯丙酸	1≤HV<15	EMA 及其他公开信息
非甾体抗炎药	美洛昔康	HV<1	FDA 文件
非甾体抗炎药	萘普生	1≤HV<15	与苯酮苯丙酸危害值相同
非甾体抗炎药	保泰松	无法计算 HV 值	FDA 网站/文件：耐药性或耐受等级无法计算

（续表）

药物分类	药物名称	危害值 [μg/(kg bw · day)]，HV[a]	信息来源
抗寄生虫药	阿苯达唑	5	FDA ADI [5 μg/(kg bw · day); 21 CFR 556.34]
抗寄生虫药	安普罗利	1≤HV<15	FDA 文件及我们对危害排序的分析
抗寄生虫药	氯舒隆	8	FDA ADI [8 μg/(kg bw · day); 21 CFR 556.163]
抗寄生虫药	多拉克丁	0.75	FDA ADI [0.75 μg/(kg bw · day); 21 CFR 556.225]
抗寄生虫药	乙酰氨基阿维菌素	10	FDA ADI [10 μg/(kg bw · day); 21 CFR 556.227]
抗寄生虫药	双氢除虫菌素	5	FDA ADI [5 μg/(kg bw · day); 21 CFR 556.344]
抗寄生虫药	左旋咪唑	1≤HV<15	FDA 文件及我们对危害排序的分析
抗寄生虫药	莫西菌素	4	FDA ADI [4 μg/(kg bw · day); 21 CFR 556.426]
抗寄生虫药	奥芬达唑	1≤HV<15	FDA 文件及我们为危害排序目的进行的分析

[a] 如果该药物在美国联邦法规第 21 章中有 FDA ADI，则我们提供了实际的 ADI 值；在其他情况下，我们根据 FDA 专家的判断在一定范围内提供了危害值（HV）。

为了评估每种药物残留在低剂量暴露时可能导致不良健康影响的效力，我们根据其危害值范围为每种药物分配一个评分。如表 5.32 所示，我们根据所有可用危害值的分布曲线选择了四个评分项［无值、1、15 和 40μg/(kg bw · day)］。未建立危害值的药物被评为最高分（9 分）。

表 5.32　人类健康危害评分的可能性

危害值［μg/(kg bw · day)］（HV）范围分数	危害值
无法建立	9
0 <HV < 1	7
1 ≤ HV < 15	5
15 ≤ HV < 40	3
HV ≥ 40	1

危险值较低的药物被认为更有效，因此在给定的暴露水平下，与危害值较高的药物相比，其对健康的不良影响的可能性更大。对于给定的药物，危险值越低，其得分越高，表明其具有较高的效力以引起不利的健康效应。

6 结果

6.1 结果：药物排序

6.1.1 基于多标准的排序模型结果

基于多标准的排序模型确定了由该模型评估的每种药物的总体评分；1~9是从模型中得出的可能得分范围。该模型评估的54种药物的得分在3.2~7.0。图6.1提供的分值，介绍了每个标准的加权分数的贡献，并举例说明了54种药物的得分排序。根据这个基于多标准的排序模型所提供的解决方案（来自相邻排序药物模型的分数差异）和通过数据模型中的不确定性（在6.2节中讨论）我们在分析这些结果时主要关注药物种群（按照分值）或药物种类。

药物种类中的不同药物得分很高，在前20名得分最高的药物中8种不同药物种类中的药物。表6.1列出了这8个药物类别，并提供了每个类别中得分最高药物的排序，模型中评估的每个药物的等级，以及每类药物的数量是前20名得分最高的药物之一。通过所有的这些措施，β-内酰胺类抗生素和抗寄生虫药物（尤其是avermnectins）是排序最高的药物类别。

表6.1 选择药物类别中评估药物的基于多标准的排序模型结果

药物种类	该种类中评分最高的药物排序	该类药物的排序	在排序前20的药物中该种类药物数量排序
β-内酰胺	1	1，2，13，16，24，24，28	4
抗寄生虫	2	2，3，7，7，7，11，21，47，47，47	6
大环内酯类	5	5，11，32，32，43，51	2
氨基糖苷类	6	6，17，35，36，36，36	2
非甾体抗炎药	10	10，30，36，41，45，47	1
磺胺类药物	14	14，17，17，22，24，34	3
四环素	15	15，28	1
酰胺醇类	17	17，30	1

许多β-内酰胺类抗生素的高分和排序主要被4个标准中的3个（A、B和D）中的高于或更高于平均分的分值所影响。青霉素、氨苄青霉素、氯唑西林和头孢匹林分别在

得分最高的前 20 位药物中（分别排序第 1、4、13 和 16 位）。

许多抗寄生虫药物（尤其是阿维菌素）的高分和排序来源于所有四个标准（A、B、C 和 D）中的高分或高于平均分的分值组合。由于药物疏水性或亲脂性的影响，大多数抗寄生虫类药物具有高标准 C 的评分。这些疏水性或亲脂性药物残留特性增加了药物残留物浓缩在高脂乳制品中的可能性。有关于所选药物的药物残留——乳制品分配特征的更多信息，请参阅附录 6.2。多拉菌素、伊维菌素、安普罗胺、依力诺克丁、莫昔克丁和奥芬达唑在整体排序中位于得分最高的前 20 位药物（分别为第 2、3、7、7、7 和 11 位）。

另一方面，组胺拮抗剂、吡苄明和氨基香豆素、新生霉素是排序最靠后的两种药物（分别排序第 54 位和 53 位）。与所有药物类别相比，排序靠后的其他药物类别包括林可酰胺：吡利霉素和丝霉素；氨基环醇：壮观霉素（分别排序第 45，52 和 43 位）。

根据附录 6.1 所提供的表，比较每种标准（或次级标准或因子）内药物类别中的主要药物（所有得分中前三分之一的得分）。附录 6.2 提供了在最高得分药物和药物类别中的每个标准和次级标准评分的更多细节。

6.1.2 每个标准的结果（A~D）

以下标准对 54 种药物各自的评分和排序进行了说明和讨论。附录 6.2 提供了对具体子标标准数据和信息的额外讨论。

6.1.2.1 标准 A 的结果

图 6.2 说明了标准 A 的药物评分、给药可能性药物管理可能性（LODA）以及这种基于多标准评分模型评估的 54 种药物的排序。对于研究中评估的所有药物，标准 A 的评分范围为 1~7。三种药物类别的药物在 LODA 方面排序最靠前，包括几种 β-内酰胺类药物（头孢噻呋、头孢匹林和青霉素），NSAID（氟尼辛）和四环素（奥昔布林）。这三类药物加上另外 7 类药物（抗寄生虫类、氨基糖苷类、大环内酯类、苯丙醇胺类、林可酰胺类、磺胺类和抗组胺类）属于排序第二的药物。标准 A 中对药物排序影响最大的次级标准是 A1（基于调查数据的 LODA）。然而，药物批准状态（次级标准 A3）在影响药物 LODA 的最终排序中也发挥了重要作用，批准的药物排序高于未批准用于泌乳奶牛的药物。具有最低 LODA 评分的药物包括氟喹诺酮、达氟沙星和禁用药物保泰松和氯霉素。标准 A 的次级标准和因子分数见附录 6.2。

6.1.2.2 标准 B 的结果

标准 B 的药物评分、贮奶罐内牛奶中药物的可能性（LODP）以及通过这种基于多标准评分模型评估的 54 种药物的排序如图 6.2 所示。对于研究中评估的所有药物，标准 B 的评分范围为 1~9。5 种药物类别中的药物的 LODP 排序最靠前，包括 β-内酰胺类（氨苄青霉素和青霉素）、氟喹诺酮类（达氟沙星和恩诺沙星）、氨基糖苷类（庆大霉素）、磺胺类药物（磺胺氯哒嗪和乙氧基哒嗪）和四环素类药物（四环素）。LODP 最具影响力的次级标准包括由于管理错误导致药物残留污染的可能性以及牛奶采样中药物污染的证据相结合。在 7 个药物类别（β-内酰胺类、氨基糖苷类、磺胺类、抗寄生虫

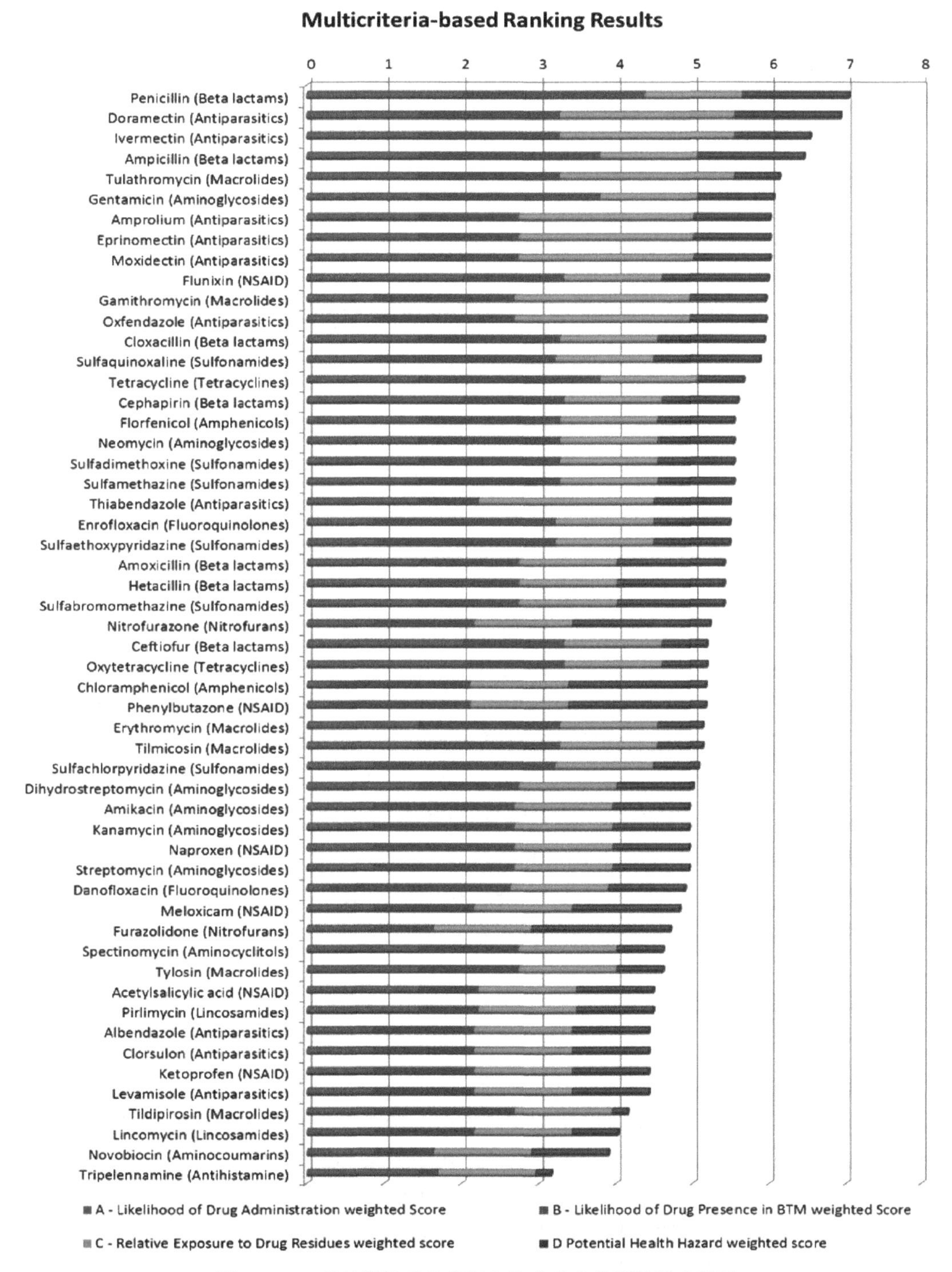

图 6.1 54 种被评估药物根据多标准排序模型的排序结果

类、大环内酯类、安神药和非甾体类抗炎药）中的药物属于排序第二的药物。A 标准中对药物排序影响最大的次级标准为 A1（基于调查数据的 LODA）。然而，药物批准状况

(subcriterion A3) 对 LODA 的最终排序也起到了重要影响作用，批准用于哺乳期奶牛的药物排序高于未批准的药物。在评估的 54 种药物中，抗组胺药三烯丙胺的 LODP 评分最低。附录 6.2 说明了标准 B 的次级标准和因子分数。

6.1.2.3 标准 C 的结果

图 6.3 说明了标准 C 的药物评分，牛奶和乳制品中药物残留的相对暴露量以及通过这种基于多标准的评分模型评估的 54 种药物的评分。在这项研究中评估的所有药物的评分均为 5 分或 9 分。两个药物种类中的药物在相对暴露方面排序最靠前，包括 6 种抗寄生虫药（安培药，多拉菌素、依立诺克丁、伊维菌素、莫西菌素、奥芬达唑和噻苯达唑）和两种大环内酯类药物（加莫霉素和曲拉霉素）。这些药物的较高等级主要源自它们的疏水性或亲脂性（本研究中评估的所有药物的分配特征，见附录 6.2）。这些疏水性或亲脂性药物预计会集中在高脂乳制品中，随后预计会导致消费者对高脂肪乳制品的消费增加。而且，这些药物在加工过程中都不会因加热而失活，但四环素和红霉素会受到巴氏杀菌的轻微影响。附录 6.2 提供了进一步的消费说明。

6.1.2.4 标准 D 的结果

图 6.3 说明了标准 D 的药物评分、对人类健康危害的潜在可能性、给定暴露程度以及通过该基于多标准评分模型的评估的 54 种药物的等级。对于研究中评估的所有药物，标准 D 的评分范围为 1~9。氯霉素、呋喃唑酮、呋喃西林和保泰松是排序最高的药物。仅次于最高标准 D 评分和排序的药物包括 β-内酰胺类（阿莫西林、氨苄青霉素、氯唑西林、海他西林和青霉素），抗寄生虫药物（多拉菌素），非甾体抗炎药（氟尼辛和美洛昔康）和磺胺类药物（磺胺溴嘌呤和磺胺喹噁啉）。给予暴露的药物由于潜在的人类健康危害而获得 5 分，包括 β-内酰胺（头孢噻呋）、四中大环内酯类（红霉素、替米考星、托拉菌素和泰乐菌素）、一种氨基环己醇（大观霉素）、磺酰胺（磺胺哒嗪）、林可酰胺（林可霉素）和四环素（土霉素和四环素）。大环内酯类药物（tildipirosin）和抗组胺药物（tripelennamine）被评定为 54 种药物中评分最低的药物，可能会对人类造成危害（暴露量）。

6.2 不确定性分析

综述

本部分描述了基于多标准排序模型和结果的不确定性。不确定性反映了知识的不成熟。通过该模型产生的药物排序的不确定性是由于数据和模型结构的不确定性。

数据不确定性可以通过检查数据提供的证据的强度和质量来表现。为了根据数据的可信度进行药物排序，风险评估团队内的主题专家将他们对模型中使用的每个数据的置信度进行分类。每个药物的总体数据置信度得分是根据指定的基准点得分得出的，其方法与基于多瑞特里的排序模型类似。详情见附录 6.3。

图 6.4 显示了通过此多基准排序评估的 54 种药物的配对数据置信度排序。该模型中包含的药物的数据置信度评分范围从 5~9；排序最低的药物是安普罗林，得分为

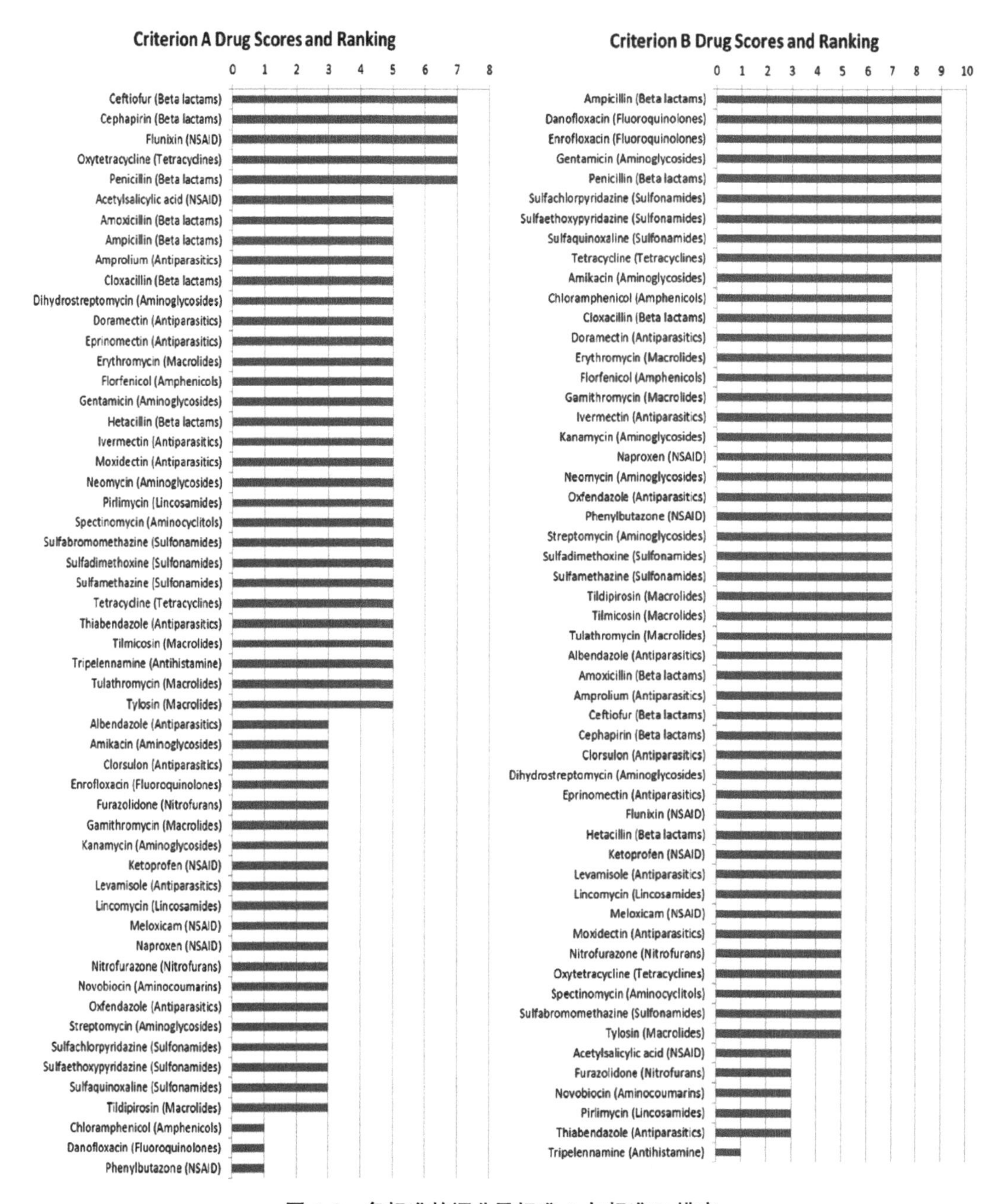

图 6.2　各标准的评分及标准 A 与标准 B 排序

4.95。在基于多标准排序的排序前 3 位的药物模型中，只有 3 个数据可信性排序较低：奥芬达唑（5.90）、加利霉素（5.80）和安培（4.95）。这些药物（以及其他未通过基于多重标准的排序模型排序较高的药物）的得分较低主要是由于标准 A 和 B 的数据的不确定性。附录 6.3 提供了独立的标准不确定性分数。

模型结构中的不确定性更难以评估。潜在的不确定性可能来源于所包含标准的不确

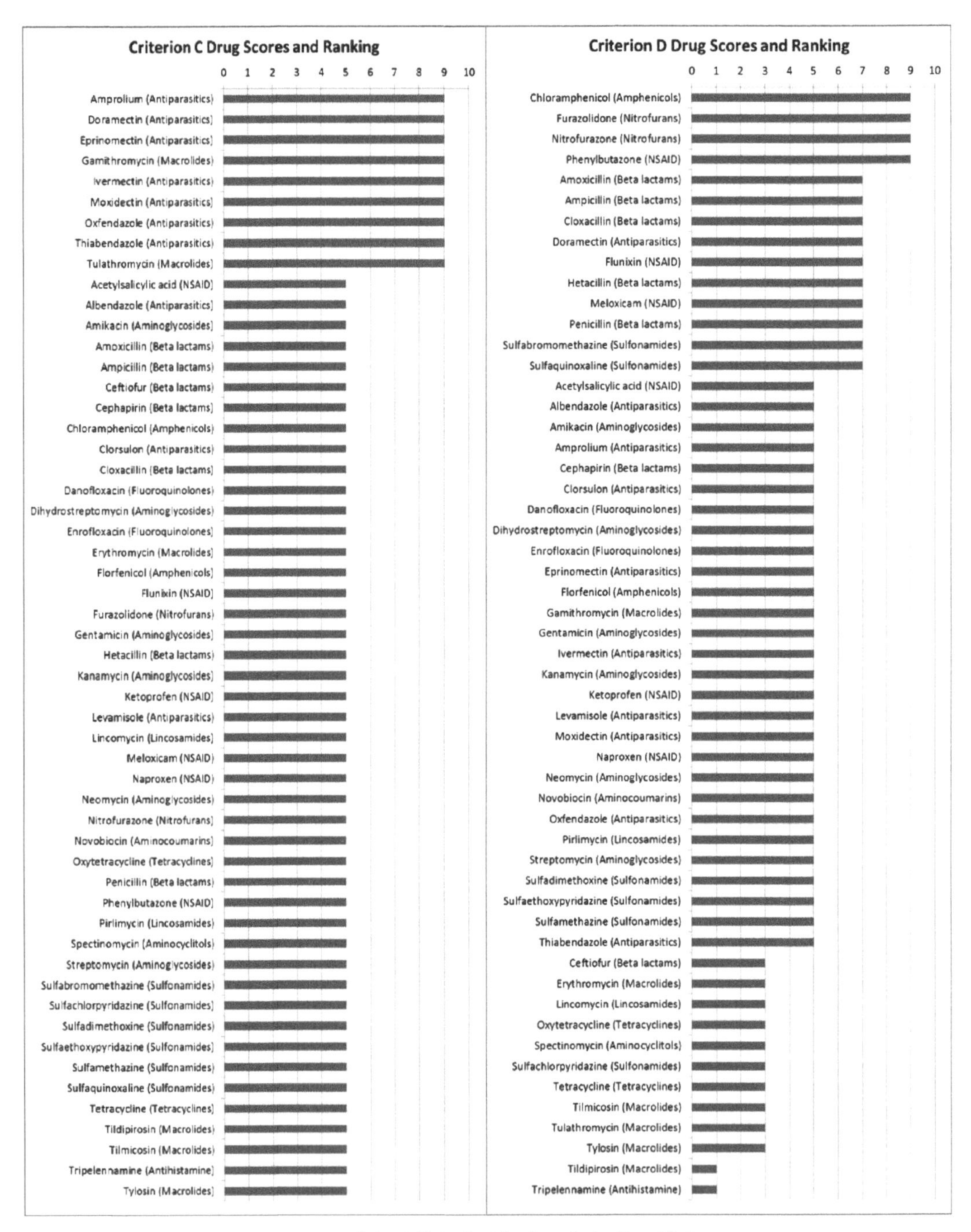

图 6.3　各标准的评分及标准 C 与标准 D 排序

定性、赋予的权重、用于评估每个标准的数据类型的不确定性以及评分方案或用于组合次级标准和标准的汇总方法的不确定性。基于多准则的排序标准，所使用的数据类型、评分方案和聚合方法在外部同行评审期间由专家审阅，本模型包括由外部同行评审反馈所产生的原始模型结构的变化。采用专家启发法确定标准和次级标准权重（适用时）。

模型结构不确定度将在附录 6.4 进一步讨论和探讨。

6.3 设置问题的答案

一、在美国，哪些药物最有可能用于哺乳期的奶牛？

预计评分最高的药物最有可能在美国哺乳期的奶牛中服用。这些药物包括几种 β-内酰胺类药物（头孢噻呋，头孢匹林和青霉素），NSAID（氟尼辛）和四环素（奥昔布林）。

二、给哺乳期的奶牛服用哪种药物，可能会导致牛奶中存在药物残留（运输车奶罐）？

具有最高 B 标准评分的药物预计是最有可能作为药物残留物存留在牛奶中的药物（或主要代谢产物）（运输车奶罐）。这其中包括五类药物：β-内酰胺类（氨苄西林和青霉素），氟喹诺酮类（达氟沙星和恩诺沙星），氨基糖苷类（庆大霉素），磺胺类药物（磺胺氯哒嗪和磺胺乙氧基哒嗪）和四环素类（四环素）。安非尼酮（氟苯尼考），非甾体抗炎药和大环内酯很可能是下一个在牛奶中发现的持续存在的药物种类。

三、如果存在于牛奶（贮奶罐或运输车奶罐）中，这些药物残留物在处理和制造各种乳制品过程中（即在哪些乳制品中会发现这些药物残留物）会怎么处理？

一般来说，初始存在于“原料”奶中的所有药物（贮奶罐或运输车奶罐）的残留物可以预期在成品乳及乳制品中存在一定水平，包括四环素（四环素和土霉素）和红霉素在内的一些药物受到轻微的热量影响，相对于某些类型的成品牛奶中的“原料”奶（散装罐或散装牛奶罐），在牛奶产品中其浓度可能略有下降（附录 6.2）。预计亲脂性药物在高脂乳制品中浓度会更高，相对于“生”乳（贮奶罐或运输车奶罐）中的初始浓度而言，亲水性药物预计不会集中在这些高脂奶中。

四、牛奶中存在的药物残留物（贮奶罐或运输车奶罐），在乳制品中有潜在的浓度？

正如对设置问题Ⅲ的答案所述，疏水/亲脂性药物预计会相对于“生”乳（贮奶罐或运输车奶罐）中的初始浓度在高脂乳制品中变得更加高度集中。

五、乳及乳制品中药物残留污染对消费者的相对接触是什么？

标准 C 药品评分提供了乳及乳制品中药物残留污染物相对于消费者的相对暴露量，基于多标准的排序考虑的 12 种选定乳及乳制品的终生平均每日摄入量，并假设所有药物都是最初以相同的浓度存在于贮奶罐内牛奶中。

六、这些药物中有哪一种对公共健康有特殊的影响，为什么呢？

此风险评估的目的不是为了评估与所选药物相关的绝对风险。相反，它旨在从食品安全角度对兽药进行排序，以帮助重新评估哪些兽药残留应考虑纳入牛奶监测计划。

七、从公共卫生角度评估的兽药的排序是什么？

基于多标准的排序模型结果见 6.1.1。多标准的排序模型基于四个总体标准，这些标准都有与药物在组内的得分和排序相关：①它将被估计用于哺乳期奶牛的可能性；②给药后，牛奶中存在药物残留（贮奶罐或运输车奶罐）的可能性；③消费者可能通

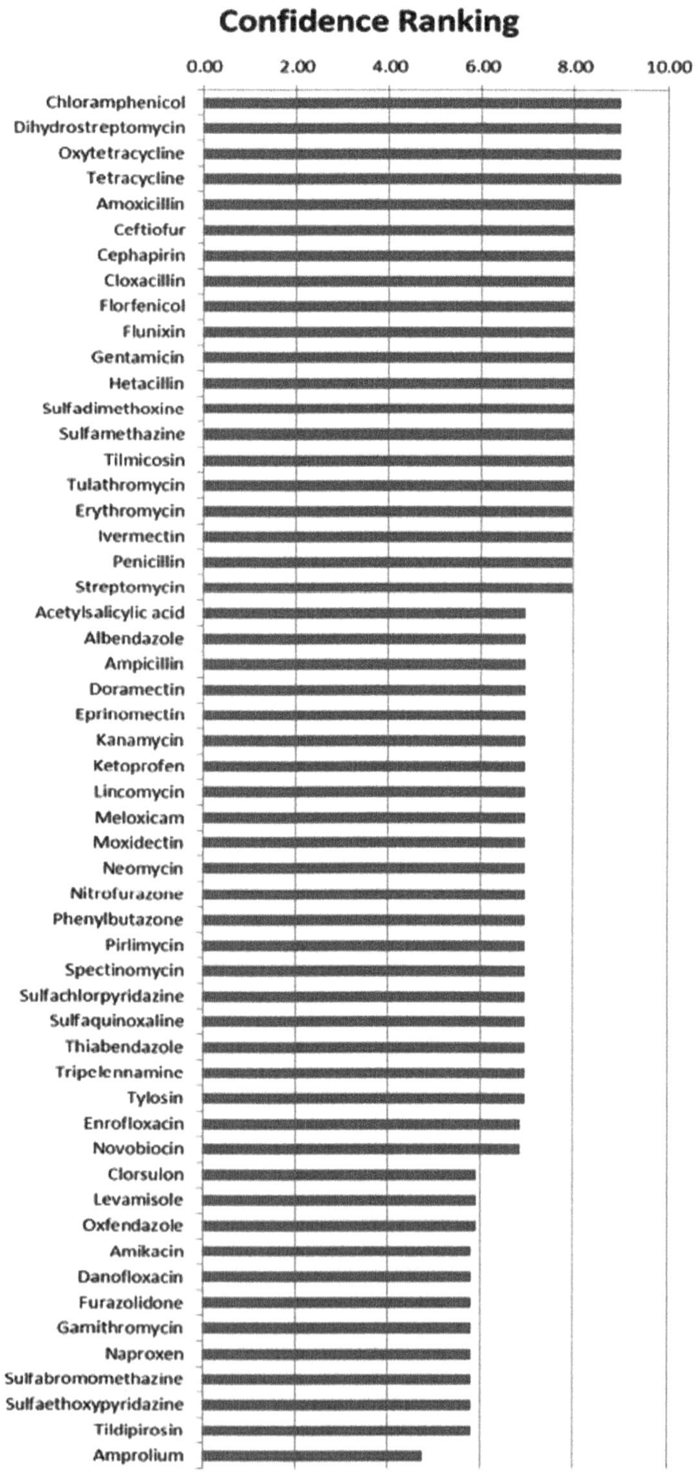

图 6.4　数据置信度评分及根据多标准排序模型评估的 54 种药物的排序

过食用乳及乳制品而受到药物残留的相对程度；④人类暴露于药物残留物可能会对健康造成危害。以下 8 种不同药物类别中的药物位列前 20 名最高得分药物：β-内酰胺类、阿维菌素类、大环内酯类、氨基糖苷类、非甾体抗炎药、磺胺类、四环素类和安神药。

八、为了更准确地评估贮奶罐牛奶及乳制品中药物残留对公众健康的影响，需要哪些关键数据或研究需求？

这些在 6.4“数据差距和研究需求”中有介绍。

6.4 数据差距和研究需求

（1）目前的科学数据确定了美国在哺乳奶牛中使用的药物配方、每年的基础和定量数据的给药频率和规模。

（2）额外的牛奶检测数据可以更全面、更定量地估计贮奶罐牛奶中 54 种药物和相关代谢产物的流行率和水平。

（3）实验数据表征了 54 种药物各自在乳及乳制品中的相对浓度，其中每种药物最初以“美国牛奶供应”典型水平的“原料”牛奶存在。

（4）毒理学数据可以更好地表征所有药物中牛奶中药物残留的危害（包括微生物学数据以表征给人类肠道菌群带来的危害），特别是对于没有综合数据的旧药及用于奶牛的未经批准的药物。

（5）表征每种药物和相关人类健康终点的低剂量—反应关系。

（6）表征乳及乳制品中药物残留或主要代谢物蛋白结合特性的实验数据，以及热稳定性和热处理对 54 种药物中每种药物的残留水平的影响。

7 结论

在进行风险评估时，我们为乳及乳制品中兽药残留的风险管理建立了基于多准则的排序模型。该风险评估提供了一种基于科学的分析方法，可整理和整合相关的可用数据和信息，并作为决策支持工具，协助重新评估哪些兽药残留应考虑纳入牛奶检测计划。多标准的模型基于四个标准评估每种选择的兽药的总体评分。共同促成药物评分和等级的四项总体标准（评估组内）包括：①它被施用于泌乳奶牛的可能性；②给药后，牛奶中存在药物残留（贮奶罐或运输车奶罐）的可能性；③消费者可能通过食用乳及乳制品而受到药物残留的相对程度；④暴露于药物残留物可能对人类健康造成的潜在危害。

β-内酰胺类药物不是唯一得分高的药物。不同类别的药物中都有得分高的药物，8个不同类的药物中占据了得分排名前 20 的药物。这 8 类包括 β-内酰胺类抗生素、抗寄生虫药、大环内酯类、氨基糖苷类、非类固醇类抗炎药（非甾体抗炎药）、磺胺类、四环素类和安神药。基于三种不同的分析（每个类别中得分最高的药物的排序，模型中评估的每种药物的排序以及每个类别中排序前 20 的最高得分药物中的药物数量），β-内酰胺类抗生素和抗寄生虫药（尤其是阿维菌素类）是两个排序最高的药物类别。

风险评估的结果为美国食品药品监督管理局、国家州际奶品贸易协会和其他利益相关方提供的关于巴氏奶法案（PMO）潜在变化的信息。风险评估报告记录了开发模型的方法、模型结构和模型结果。该报告还收集、提供和分析了本次风险评估中 54 种兽药中的每种现有数据和信息。风险评估也可以用来确定研究需求并确定优先顺序。

8 参考文献

Adetunji, V. 2011. Effects of processing on antibiotic residues (Streptomycin, Penicillin-G and Tetracycline) in soft cheese and yoghurt processing lines. Pakistan J. Nutr. 10 (8): 792-795.

Al-Nahary, T. T., M. A. N. El-Ries, G. G. Mohamed, A. K., Attia, Y. N. Mabkhot, M. Haroun and A. Barakat. 2013. Multiclass analysis on repaglinide, flubendazole, robenidine hydrochloride and danofloxacin drugs. Arabian J. Chem. 6 (1): 131-144.

Ambros, L., Montoya, L., V. Kreil, S. Waxman, G. Albarellos, M. Rebuelto, R. Hallu, and M. I. San Andres. 2007. Pharmacokinetics of erythromycin in nonlactating and lactating goats after intravenous and intramuscular administration. J. Vet, Pharm. Ther. 30 (1): 80-85.

Anastasio, A., V. Veneziano, E. Capurro, L. Rinaldi, M. Cortesi, R. Rubino, M. Danaher, and G. Cringoli. 2005. Fate of Eprinomectin in goat milk and cheeses with diffent ripening times following pout-on administration. JFP. 68 (5): 1 097-1 101.

Anderson, M., L. -A. Jaykus, S. Beaulieu, and S. Dennis. 2011. Pathogen - produce pair attribution risk ranking tool to prioritize fresh produce commodity and pathogen combinations for further evaluation (P3ARRT). Food Control 22 (12): 1 865-1 872.

Andrew, S. M, K. M. Moyes, A. A. Borm, L. K. Fox, K. E. Leslie, J. S. Hogan, S. P. Oliver, Y. H. Schukken, W. E. Owens, and C. Norman. 2009. Factors associated with the risk of antibiotic residues and intramammary pathogen presence in milk from heifers administered prepartum intramammary antibiotic therapy. Vet. Microbiol. 134: 150-156.

Bajwa, N. S., B. K. Bansal, A. K. Srivastava and R. Ranjan. 2007. Pharmacokinetic profile of Erythromycin after intramammary administration in lactating dairy cows with specific mastitis. Vet Res. Comm. 31 (5): 603-610.

Baoliang, P., W. Yuwan, P. Zhende, A. L. Lifschitz and W. Ming. 2006. Pharmacokinetics of Eprinomectin in plasma and milk following subcutaneous administration to lactating dairy cows. Vet Res. Comm. 30 (3): 263-270.

Bargeman, G. 2003. Chapter 17. Separation technologies to produce dairy ingredients. *In*: dairy processing - improving quality. Available at: http://app. knovel. com/hotlink/pdf/id: kt003BI7K2/dairy - processing - improving/separation - technologies - 2. Accessed Jan. 2015.

Barkema, H. W., Y. H. Schukken, and R. N. Zadoks. 2006. Invited review: The role of cow, pathogen, and treatment regimen in the therapeutic success of bovine staphylococcus aureus mastitis. J. of Dairy Sci. 89 (6): 1 877-1 895.

Bassette, R. and J. S. Acosta. 1988. Chapter 2-Composition of milk products. *In* Fundamentals of dairy chemistry. p. 39 - 79. 8. References | FDA Multicriteria - based Ranking Model for Risk Management of Animal Drug Residues in Milk and Milk Products.

Baynes, R. E., M. Payne, T. Martin - Jimenez, A. Abdullah, K. L. Anderson, A. I. Webb, A. Craigmill, J. E. Riviere. 2000. FARAD Digest: Extralabel use of ivermectin and moxidectin in food animals. JAVMA 217 (5): 668-671.

Belton, V., and T. Stewart. 2002. Multiple criteria decision analysis: An integrated approach. United Kingdom: Kluwer Academic Publishers, 2002.

Blanchard, E., P. Zhu, L. de Montaigu, and P. Schuck. 2013. Chapter 18: Infant formula powders. *In*: Handbook of food powders-proceses and properties. Available at: http://app. knovel. com/hotlink/pdf/id: kt00C5BHD1/handbook - food - powders/infant-formula-powders. Accessed Jan. 2015.

Brookes, V. 2014. A stakeholder-driven framework for exotic disease prioritisation and investigation, in the context of the domestic pig industry in Australia. Available at http://australianpork. com. au/wp-content/uploads/2013/11/Brookes_Thesis_2sided. pdf Accessed Oct. 2014.

Burrows, G. E., D. D. Griffin, A. Pippin and K. Harris. 1989. A comparison of the various routes of administration of erythromycin in cows. J. Vet. Pharmacol. Thera. 12 (3): 289-295.

Carroll, S. M., E. J. DePeters, S. J. Taylor, M. Rosenberg, H. Perez - Monti, and V. A. Capps. 2006. Milk composition of Holstein, Jersey, and Brown Swiss cows in response to increasing levels of dietary fat. Anim. Feed Sci. Tech. 131 (3): 451-473.

Cassimiro, D. L., C. A. Ribeiro, J. M. V. Capela, M. S. Crespi, and M. V. Capela. 2011. Kinetic parameters for thermal decomposition of supramolecular polymers derived from flunixin-meglumine adducts. J. Therm. Anal. Calorim. 105 (2): 405-410.

Cayle, T., J. H. Guth, J. T. Hynes, E. P. Kolen, and M. L. Stern. 1986. Penicillin distribution during cheese manufacture and membrane treatment of whey. J. Food Prot. 49: 796-798.

Centers for Disease Control and Prevention (CDC). 2011. National health and nutrition examination survey data 2005-2010. Available at: http://www. cdc. gov/nchs/nhanes/nhanes_questionnaires. htm. Accessed Jan. 2015.

Cerkvenik, V., B. Perko, I. Rogelj, D. Z. Doganoc, V. Skubic, W. Beek, and H. J. Keukens. 2004. Fate of ivermectin residues in ewes′ milk and derived products. J. Dairy Res. 71 (1): 39-45.

Chandan, R. C. and K. M. Shahani. 1993. Chapter 1. Yogurt. *In*: Dairy science and technology handbook: Product Manufacturing, Vol 2..

Chaudhuri, N. K., O. A. Servando, M. J. Manniello, R. C. Luders, D. K. Chao, and M. F. Bartlett. 1976. Metabolism of tripelennamine in man. Drug Metab. Dispos. 4 (4): 372 - 378. 8. References | FDA Multicriteria - based Ranking Model for Risk Management of Animal Drug Residues in Milk and Milk Products.

Chiesa, O. A., H. Li, P. J. Kijak, J. X. Li, V. Lancaster, M. L. Smith, D. N. Heller, M. H. Thomas and J. von Bredow. 2012. Tissue/fluid correlation study for the depletion of sulfadimethoxine in bovine kidney, liver, plasma, urine, and oral fluid. J. Vet. Pharmacol. Ther. 35 (3): 249-258.

Chiu, S. H. L., F. P. Baylis, R. Taub, M. Green, B. A. Halley, and R. M. Bodden. 1989. Depletion of [14C] -clorsulon in cows' milk. J. Agric. Food Chem. 37 (3): 819-823.

Chu, P. S., and M. I. Lopez. 2007. Determination of Nitrofuran residues in milk of dairy cows using liquid chromatography-tandem mass spectrometry. J. Agric. Food Chem. 55 (6): 2 129-2 135.

Codex Alimentarius. 2011. CODEX STAN 72 - 1981. Standard for infant formula and formulas for special medical purposes intended for infants. Available at: http://www.codexalimentarius.org/standards/list - of - standards/en/? provide = standards&orderField=fullReference&sort=asc&num1=CODEX Accessed Sept. 2014.

Codex Alimentarius Commission. 1999. Principles and guidelines for the conduct of microbial risk assessment. CAC/GL-30. Food and Agriculture Organization of the United Nations, Rome. Available at: http://www.fao.org/docrep/004/Y1579E/y1579e05.htm. Accessed Nov. 2014.

Cooper, K. M. and D. G. Kennedy. 2007. Stability studies of the metabolites of nitrofuran antibiotics during storage and cooking. Food Addit. Contam. 24 (9): 935-942.

Cooper, K. M., J. Le, C. Kane and D. G. Kennedy. 2008. Kinetics of semicarbazide and nitrofurazone in chicken eggs and egg powders. Food Addit. Contam. Part A 25 (6): 684-692.

Cooper, K. M., M. Whelan, M. Danaher, and D. G. Kennedy. 2011. Stability during cooking of anthelmintic veterinary drug residues in beef. Food Addit. Contam. Part A 28 (2): 155-165.

Damian, P., A. L. Craigmill, J. E. Riviere. 1997. FARAD Digest: Extralabel us of nonsteroidal anti-inflammatory drugs. JAVMA 211 (7): 860-861.

Das, H. and A. S. Bawa. 2010. Reduction in spiked sulphadimidine levels in milk by common storage and processing techniques. J. Food Processing Preserv. 34: 328-345.

Delaney, R. A., S. L. Mikkelsen and M. B. Jackson. 1992. Effects of heat treatment on selected plasma therapeutic drug concentrations. Ann Pharmacother 26 (3): 338-340.

De Liguoro, M., F. Longo, G. Brambilla, A. Cinquina, A. Bocca and A. Lucisano.

1996. Distribution of the anthelmintic drug albendazole and its major metabolites in ovine milk and milk products after a single oral dose. J. Dairy Res. 63 （4）：533－542. 8. References | FDA Multicriteria-based Ranking Model for Risk Management of Animal Drug Residues in Milk and Milk Products.

Department for Communities and Local Government. 2009. Multi-criteria analysis：a manual. In. London：Crown. Available at：https://www.gov.uk/government/uploads/system/uploads/attachment_data/file/7612/1132618.pdf. Accessed Oct.2014.

Department of Health and Human Services（HHS）. 2011. Grade "A" Pasteurized Milk Ordinance. Available at：http://www.fda.gov/downloads/Food/GuidanceRegulation/UCM291757.pdf Accessed Dec. 2013.

Eppel，J. G.，and J. J. Thiessen. 1984. Liquid chromatographic analysis of sulfaquinoxaline and its application to pharmacokinetic studies in rabbits. J. Pharm Sci. 73（11）：1 635－1 638.

European Medicines Agency（EMA）. 1995a. Committee for Veterinary Medicinal Products. Clorsulon. Summary Report（1）. Available at at：http://www.ema.europa.eu/docs/en_GB/document_library/Maximum_Residue_Limits_-_Report/2009/11/WC500012623.pdf. Accessed Aug 2014.

European Medicines Agency（EMA）. 1995b. Committee for Veterinary Medicinal Products. Ketoprofen. Summary Report. Available at：http://www.ema.europa.eu/docs/en_GB/document_library/Maximum_Residue_Limits_-_Report/2009/11/WC500014541.pdf. Accessed Jul 2014.

European Medicines Agency（EMA）. 1995c. Committee for Veterinary Medicinal Products. Oxytetracycline，Tetracycline，Chlortetracycline. Summary Report（3）. Available at at：http://www.ema.europa.eu/docs/en_GB/document_library/Maximum_Residue_Limits_-_Report/2009/11/WC500015378.pdf. Accessed Aug 2014.

European Medicines Agency（EMA）. 1996a. Committee for Veterinary Medicinal Products. Eprinomectin. Summary Report（1）. Available at：http://www.ema.europa.eu/docs/en_GB/document_library/Maximum_Residue_Limits_-_Report/2009/11/WC500014177.pdf. Accessed Jul 2014.

European Medicines Agency（EMA）. 1996b. Committee for Veterinary Medicinal Products. Levamisole. Summary Report（2）. Available at：http://www.ema.europa.eu/docs/en_GB/document_library/Maximum_Residue_Limits_-_Report/2009/11/WC500014675.pdf. Accessed Sept. 2014.

European Medicines Agency（EMA）. 1997. Committee for Veterinary Medicinal Products. Tylosin. Summary Report（3）. Available at：http://www.ema.europa.eu/docs/en_GB/document_library/Maximum_Residue_Limits_-_Report/2009/11/WC500015764.pdf. Accessed Jul 2014.

European Medicines Agency（EMA）. 1998. Committee for Veterinary Medicinal

Products. Lincomycin. Summary Report (1). Available at: 8. References | FDA Multicriteria-based Ranking Model for Risk Management of Animal Drug Residues in Milk and Milk Products http://www.ema.europa.eu/docs/en_GB/document_library/Maximum_Residue_Limits_-_Report/2009/11/WC500014748.pdf. Accessed Jul 2014.

European Medicines Agency (EMA). 1999a. Committee for Veterinary Medicinal Products. Acetylsalicylic acid, Sodium acetylsalicylate, Acetylsalicylic acid DL-Lysine and Carbasalate Calcium. Summary Report (1). Available at: http://www.ema.europa.eu/docs/en_GB/document_library/Maximum_Residue_Limits_-_Report/2009/11/WC500011371.pdf. Accessed Jul 2014.

European Medicines Agency (EMA). 1999b. Committee for Veterinary Medicinal Products. Meloxicam. Summary Report (2). Available at: http://www.ema.europa.eu/docs/en_GB/document_library/Maximum_Residue_Limits_-_Report/2009/11/WC500014941.pdf. Accessed Jul 2014.

European Medicines Agency (EMA). 1999c. Committee for Veterinary Medicinal Products. Novobiocin. Summary Report. Available at: http://www.ema.europa.eu/docs/en_GB/document_library/Maximum_Residue_Limits_-_Report/2009/11/WC500015197.pdf. Accessed Jul 2014.

European Medicines Agency (EMA). 2000a. Committee for Veterinary Medicinal Products. Spectinomycin (Cows, pigs and poultry). Summary Report (3). Available at: http://www.ema.europa.eu/docs/en_GB/document_library/Maximum_Residue_Limits_-_Report/2009/11/WC500015989.pdf. Accessed Jan. 2015.

European Medicines Agency (EMA). 2000b. Committee for Veterinary Medicinal Products. Tilmicosin (Extension to milk). Summary Report (4). Available at: http://www.ema.europa.eu/docs/en_GB/document_library/Maximum_Residue_Limits_-_Report/2009/11/WC500015591.pdf. Accessed Jul 2014.

European Medicines Agency (EMA). 2001a. Committee for Veterinary Medicinal Products. Amprolium. Summary Report (2). Available at: http://www.ema.europa.eu/docs/en_GB/document_library/Maximum_Residue_Limits_-_Report/2009/11/WC500010566.pdf. Accessed Jul 2014.

European Medicines Agency (EMA). 2001b. Committee for Veterinary Medicinal Products. Cefapirin. Summary Report (2). Available at: http://www.ema.europa.eu/docs/en_GB/document_library/Maximum_Residue_Limits_-_Report/2009/11/WC500011777.pdf. Accessed Jul 2014.

European Medicines Agency (EMA). 2001c. Committee for Veterinary Medicinal Products. Spectinomycin. Summary Report (4). Available at: http://www.ema.europa.eu/docs/en_GB/document_library/Maximum_Residue_Limits_-_Report/2009/11/WC500015987.pdf. Accessed Jul 2014.

European Medicines Agency (EMA). 2004a. Committee for Veterinary Medicinal Products for Veterinary Use. Thiabendazole (Extrapolation to goats). Summary report (3). Available at: 8. http://www.ema.europa.eu/docs/en_GB/document_library/Maximum_Residue_Limits_-_Report/2009/11/WC500015482.pdf. Accessed Jul 2014.

European Medicines Agency (EMA). 2004b. Committee for Veterinary Medicinal Products for Veterinary Use. Tulathromycin. Summary Report (2). Available at: http://www.ema.europa.eu/docs/en_GB/document_library/Maximum_Residue_Limits_-_Report/2009/11/WC500015754.pdf. Accessed Aug 2014.

European Medicines Agency (EMA). 2008. Committee for Veterinary Medicinal Products. Penicillins. Summary report. Available at: http://www.ema.europa.eu/docs/en_GB/document_library/Maximum_Residue_Limits_-_Report/2009/11/WC500015568.pdf. Accessed Aug 2014.

European Medicines Agency (EMA). 2009a. Committee for Veterinary Medicinal Products. Chloramphenicol. Summary Report. Available at: http://www.ema.europa.eu/docs/en_GB/document_library/Maximum_Residue_Limits_-_Report/2009/11/WC500012060.pdf. Accessed Jul 2014.

European Medicines Agency (EMA). 2009b. Committee for Veterinary Medicinal Products. Erythromycin-Erythromycin Thiocyante-Erythromycin Stearate. Summary Report (1). Available at: http://www.ema.europa.eu/docs/en_GB/document_library/Maximum_Residue_Limits_-_Report/2009/11/WC500014182.pdf. Accessed Jul 2014.

European Medicines Agency (EMA). 2009c. Committee for Veterinary Medicinal Products. Furazolidone. Summary Report. Available at: http://www.ema.europa.eu/docs/en_GB/document_library/Maximum_Residue_Limits_-_Report/2009/11/WC500014332.pdf. Accessed Jul 2014.

European Medicines Agency (EMA). 2009d. Committee for Veterinary Medicinal Products. Levamisole (2). Summary Report. Available at: http://www.ema.europa.eu/docs/en_GB/document_library/Maximum_Residue_Limits_-_Report/2009/11/WC500014675.pdf. Accessed Jul 2014.

European Medicines Agency (EMA). 2009e. Committee for Veterinary Medicinal Products. Oxfendazole, Fenbendazole, Febantel. Summary Report (1). Available at: http://www.ema.europa.eu/docs/en_GB/document_library/Maximum_Residue_Limits_-_Report/2009/11/WC500014229.pdf. Accessed Jul 2014.

European Medicines Agency (EMA). 2009f. Committee for Veterinary Medicinal Products. Thiabendazole. Summary report (1). Available at: http://www.ema.europa.eu/docs/en_GB/document_library/Maximum_Residue_Limits_-_Report/2009/11/WC500015477.pdf. Accessed Jul 2014.

European Medicines Agency (EMA). 2009g. Committee for Veterinary Medicinal Products. Tylosin (2). Summary Report. Available at: 8. References | FDA Multicriteria-based Ranking Model for Risk Management of Animal Drug Residues in Milk and Milk

Products. http://www. ema. europa. eu/docs/en _ GB/document _ library/Maximum _ Residue_Limits_-_Report/2009/11/WC500015760. pdf. Accessed Jul 2014.

European Medicines Agency (EMA). 2010. European public MRL assessment report (EPMAR). Tildipirosin (bovine, procine and caprine species). Available at: http://www. ema. europa. eu/docs/en _ GB/document _ library/Maximum _ Residue _ Limits_-_Report/2010/10/WC500097539. pdf. Accessed Jul 2014.

Figueira, J., S. Greco, and M. Ehrgott, Multiple criteria decision analysis: State of the art surveys. 2005: Springer.

Fletouris, D. J., N. A. Botsoglou, I. E. Psomas and A. I. Mantis. 1998. Albendazole-related drug residues in milk and their fate during cheesemaking, ripening, and storage. J. Food Prot. 61 (11): 14 84-1 488.

Food and Agricultural Organization, World Health Organization (FAO/WHO). 2009. Principles and methods for the risk assessment of chemicals in food. Environmental health criteria 240. Available at: http://www. who. int/foodsafety/publications/chemical-food/en/. Accessed Jan. 2015.

Food and Agricultural Organization, World Health Organization (FAO/WHO). 2014. Preliminary report: Multicriteria-based ranking for risk management of foodborne parasites. Joint FAO/WHO Expert Meeting on Foodborne Parasites, 3-7 September 2012. Available at http://www. fao. org/fileadmin/user_upload/agns/news_events/Parasite%20report%20final%20draft-25October2012. pdf. Accessed Feb 2015.

Food and Agricultural Organization (FAO). 1992. Residues of some veterinary drugs in animals and foods: Monographs prepared by the fortieth meeting of the Joint FAO/WHO Expert Committee on Food Additives, Geneva, 9-18 June 1992. Available at: http://www. fao. org/docrep/014/t0721e/t0721e. pdf. Accessed Dec 2014.

Food and Agricultural Organization (FAO). 1994. Levamisole. Available at: ftp://ftp. fao. org/ag/agn/jecfa/vetdrug/41-3-levamisole. pdf. Accessed Jan. 2015.

Food and Agricultural Organization (FAO). 1995. Dihydrostreptomycin/streptomycin; addendum to the dihydrostreptomycin/streptomycin monograph prepared by the 43rd meeting of the Committee and published in FAO Food and Nutrition Paper 41/8, Rome 1995. Available at: http://www. fao. org/docrep/W8338E/w8338e08. htm. Accessed Aug. 2014.

Food and Agricultural Organization (FAO). 1997. Gentamycin. Available at: ftp://ftp. fao. org/ag/agn/jecfa/vetdrug/41-7-gentamicin. pdf. Accessed Aug. 2014.

Food and Agricultural Organization (FAO). 2003. Lincomycin. Available at: ftp://ftp. fao. org/es/esn/jecfa/vetdrug/41-13-Lincomycin. pdf. Accessed Jan 2015. 8. References | FDA Multicriteria-based Ranking Model for Risk Management of Animal Drug Residues in Milk and Milk Products.

Food Animal Residue Avoidance Databank (FARAD). 2015. Acetylsalicylic acid. Available at: http://www.farad.org/Accessed Jan 2015.

Food and Drug Administration (FDA). 1989. NADA 110-048 Valbazen. Available at: http://www.fda.gov/AnimalVeterinary/Products/ApprovedAnimalDrugProducts/FOIADrugSummaries/ucm070820.htm. Accessed Aug 2014.

Food and Drug Administration (FDA). 1990. NADA 140-841 IVOMEC pour-on for cows- original approval. Available at: http://www.fda.gov/AnimalVeterinary/Products/ApprovedAnimalDrugProducts/FOIADrugSummaries/ucm049940.html. Accessed Aug 2014.

Food and Drug Administration (FDA). 1991a. Supplemental new animal drug application NADA 136 - 742. Curatrem (clorsulon). Available at: http://www.fda.gov/downloads/AnimalVeterinary/Products/ApprovedAnimalDrugProducts/FOIADrugSummaries/ucm111198.pdf. Accessed Aug 2014.

Food and Drug Administration (FDA). 1991b. Federal register Vol 56, No. 164: 41902-41912, August 23, 1991. Nitrofurans: Withdrawal of approval of new animal drug applications.

Food and Drug Administration (FDA). 1996. NADA 141 - 061 Dectomex injectable solution-original approval. Available at: http://www.fda.gov/AnimalVeterinary/Products/ApprovedAnimalDrugProducts/FOIADrugSummaries/ucm116684.htm. Accessed Aug 2014.

Food and Drug Administration (FDA). 1998. NADA 140-890 Excenel sterile suspension (ceftiofur hydrochloride injection). Available at: http://www.fda.gov/downloads/AnimalVeterinary/Products/ApprovedAnimalDrugProducts/FOIADrugSummaries/ucm059122.pdf. Accessed Jan. 2015.

Food and Drug Administration (FDA). 1999. Supplemental new animal drug application. NADA 141 - 099 Cydectin (moxidectin) Pour - on for beef and dairy cows. Available at: http://www.fda.gov/downloads/AnimalVeterinary/Products/ApprovedAnimalDrugProducts/FOIADrugSummaries/ucm117119.pdf. Accessed Aug 2014.

Food and Drug Administration (FDA). 2000. Environmental assessment. Danofloxacin 18% injectable solution for the treatment of respiratory disease in cows. Available at: http://www.fda.gov/ucm/groups/fdagov-public/@fdagov-av-gen/documents/document/ucm072389.pdf. Accessed Aug 2014.

Food and Drug Administration (FDA). 2002. Original new animal drug application. NADA 141-207. A180 Sterile antimicrobial injectable solution (danofloxacin mesylate). Available at: http://www.fda.gov/downloads/AnimalVeterinary/Products/ApprovedAnimalDrugProducts/FOIADrugSummaries/ucm117754.pdf. Accessed Aug 2014. 8. References | FDA Multicriteria-based Ranking Model for Risk Management of Animal Drug Residues in Milk and Milk Products.

Food and Drug Administration (FDA). 2004. Supplemental new animal drug application

NADA 101-479 Banamine injectable solution (flunixin meglumine). Available at: http://www. fda. gov/downloads/AnimalVeterinary/Products/ApprovedAnimalDrugProducts/FOIADrugSummaries/ucm064910. pdf. Accessed Aug 2014.

Food and Drug Administration (FDA). 2005. Original new animal drug application NADA 141-329 Spectramast DC sterile suspension (ceftiofur hydrochloride). Available at: http://www. fda. gov/downloads/AnimalVeterinary/Products/ApprovedAnimalDrug-Products/FOIADrugSummaries/ucm118053. pdf. Accessed Sept. 2014.

Food and Drug Administration (FDA). 2011. Original new animal drug application NADA 141-328 Zactran (Gamithromycin Injectable solution-Beef and non-lactating dairy cows). Available at: http://www. fda. gov/downloads/AnimalVeterinary/Products/ApprovedAnimalDrugProducts/FOIADrugSummaries/UCM277806. pdf. Accessed Aug 2014.

Food and Drug Administration (FDA). 2014. FDA farm inspection data for October 1, 2008-December 31, 2014. Not publicly available data.

Food and Drug Administration (FDA). 2015a. Milk drug residue sampling survey. Available at: http://www. fda. gov/downloads/AnimalVeterinary/GuidanceComplianceEnforcement/ComplianceEnforcement/UCM435759. pdf Accessed March 2015.

Food and Drug Administration (FDA). 2015b. Milk drug residue sampling survey-consolidated data. Available at: http://www. fda. gov/downloads/AnimalVeterinary/GuidanceComplianceEnforcement/ComplianceEnforcement/UCM426354. xlsx Accessed March 2015.

Food and Drug Administration, Center for Veterinary Medicine (CVM). 2003. Guidance for industry, evaluating the safety of antimicrobial new animal drugs with regard to their microbiological effects on bacteria of human health concern. Available at: http://www. fda. gov/downloads/AnimalVeterinary/GuidanceComplianceEnforcement/GuidanceforIndustry/ucm052519. pdf. Accessed June 2014.

Food and Drug Administration, Center for Veterinary Medicine (CVM). 2006. Guidance for industry: General principles for evaluating the safety of compounds used in food-producing animals. July 25, 2006. Available at: http://www. fda. gov/downloads/AnimalVeterinary/GuidanceComplianceEnforcement/GuidanceforIndustry/ucm052180. pdf. Accessed Jan. 2015.

Food and Drug Administration, Center for Veterinary Medicine (CVM). 2008. Guidance for industry: FDA approval of new animal drugs for minor uses and for minor species. Available at: http://www. fda. gov/downloads/AnimalVeterinary/GuidanceComplianceEnforcement/GuidanceforIndustry/ucm052375. pdf. Accessed Jan. 2015. 8. References | FDA Multicriteria-based Ranking Model for Risk Management of Animal Drug Residues in Milk and Milk Products.

Food and Drug Administration, Center for Veterinary Medicine (CVM). 2009. Guidance for industry: Studies to evaluate the safety of residues of veterinary drugs in human food: general approach to testing VICH GL33. Available at: http://www.fda.gov/downloads/AnimalVeterinary/GuidanceComplianceEnforcement/GuidanceforIndustry/ucm052521.pdf. Accessed Jan. 2015.

Food and Drug Administration, Center For Veterinary Medicine. (CVM). 2013a. Guidance for industry: studies to evaluate the safety of residues of veterinary drugs in human food: general approach to establish a microbiological ADI. Available at: http://www.fda.gov/downloads/AnimalVeterinary/GuidanceComplianceEnforcement/GuidanceforIndustry/UCM124674.pdf Accessed Dec. 2013.

Food and Drug Administration, Center for Veterinary Medicine (CVM). 2013b. Animal and veterinary, animal drugs at FDA: Available at: http://www.accessdata.fda.gov/Scripts/Animaldrugsatfda/. Accessed June 2014.

Food Safety Authority of Ireland2014. Risk-based approach to developing the national residue sampling plan. Available at: http://www.lenus.ie/hse/bitstream/10147/321745/1/Risk - based% 20Approach% 20to% 20Sampling% 202014% 20FINAL% 20.pdf. Accessed Oct. 2014.

Fox, P. F., T. P. Guinee, T. M. Cogan, and P. L. H. McSweeney. 2000a. Chapter 16. Fresh acid - curd cheese varieties. *In*: Fundamentals of cheese science: p. 363-379.

Fox, P. F., T. P. Guinee, T. M. Cogan, and P. L. H. McSweeney. 2000b. Chapter 18. Processed cheese and substitute or imitation cheese products. *In*: Fundamentals of cheese science. p. 429-443.

Fox, P. F. and P. L. H. Mcsweeney. Dairy chemistry and biochemistry. New York: Blackie Academic & Professional, 1998.

Franje, C. A., S. K. Chang, C. L. Shyu, J. L. Davis, Y. W. Lee, R. J. Lee, C. C. Chang and C. C. Chou. 2010. Differential heat stability of amphenicols characterized by structural degradation, mass spectrometry and antimicrobial activity. J. Pharm. Biomed. Anal. 53 (4): 869-877.

Frelich, J., M. Slachta, O. Hanus, J. Spicka, and E. Samkova. 2009. Fatty acid composition of cow milk fat produced on low-input mountain farms. Czech J. Anim. Sci. 54 (12): 532-539.

Friar, P. M. and S. L. Reynolds. 1991. The effects of microwave-baking and oven-baking on thiabendazole residues in potatoes. Food Addit. Contam. 8 (5): 617-626.

Gehring, R., S. R. Haskell, M. A. Payne, A. L. Craigmill, A. I. Webb, and J. E. Riviere. 2005. FARAD Digest: Aminoglycoside residues in food and animal origin. JAVMA 227 (1): 63-66.

GLH, Inc. 2000 - 2013. National milk drug residue data base, fiscal year 2000 - 2013. Available at: http://www.kandc - sbcc.com/nmdrd/Accessed Feb. 2015. 8. References | FDA Multicriteria-based Ranking Model for Risk Management of Animal Drug Residues in Milk and Milk Products.

Goetting, V. , K. A. Lee, and L. A. Tell. 2011. Pharmacokinetics of veterinary drugs in laying hens and residues in eggs: a review of the literature. J. Vet. Pharmacol Ther. 34 (6): 521-556.

Grieve, D. G. , S. Korver, Y. S. Rijpkema, and G. Hof. 1986. Relationship between milk - composition and some nutritional parameters in early lactation. Livestock Prod. Sci. 14 (3): 239-254.

Grunwald, L. and M. Petz. 2003. Food processing effects on residues: penicillins in milk and yoghurt. Analytica Chimica Acta 483 (1-2): 73-79.

Hakk, H. 2015. United States Department of Agriculture/Agricultural Research Service. Experimental data on animal drug partitioning among cream and skim milk during laboratory model milk processing. Personal Communicaton. Available from FDA upon request.

Haritova, A. , and L. Lashev. 2004. Pharmacokinetics of Amikacin in Lactating Sheep. Vet. Res. Comm. 28 (5): 429-435.

Haskell, S. R. R. , R. Gehring, M. A. Payne, A. L. Craigmill, A. I. Webb, R. E. Baynes, and J. E. Riviere. 2003. FARAD Digest: Update on FARAD food animal drug withholding recommendations. JAVMA, 223 (9): 1 277-1 278.

Hassani, M. , R. Lazaro, C. Perez, S. Condon, and R. Pagan. 2008. Thermostability of oxytetracycline, tetracycline, and doxycycline at ultrahigh temperatures. J. Agric. Food Chem. 56 (8): 2 676-2 680.

Hemond, H. F. and E. J. Fechner-Levy. 2000. Chemical fate and transport in the environment. Second ed. Academic Press 2000.

Hettinga, K. , H. J. F van Valenberg, T. J. G. M. Lam, A. C. M. and van Hooijdonk. 2008. Detection of mastitis pathogens by analysis of volatile bacterial metabolites. J. Dairy Sci. 91 (10): 3 834-3 839.

Hill, A. E. , A. L. Green, B. A. Wagner, and D. A. Dargatz. 2009. Relationship between herd size and annual prevalence of and primary antimicrobial treatments for common diseases on dairy operations in the United States. Prev. Vet. Med. 88 (4): 264-277.

Hsieh, M. K. , C. L. Shyu, J. W. Liao, C. A. Franje, Y. J. Huang, S. K. Chang, P. Y. Shih, and C. C. Chou. 2011. Correlation analysis of heat stability of veterinary antibiotics by structural degradation, changes in antimicrobial activity and genotoxicity. Veterinarni Medicina 56 (6): 274-285.

Huang, R. A. , L. T. Letendre, N. Banav, J. Fischer and B. Somerville. 2010. Pharmacokinetics of gamithromycin in cows with comparison of plasma and lung tissue concentrations and plasma antibacterial activity. J. Vet. Pharmacol. Thera. 33 (3): 227 - 237. 8. References | FDA Multicriteria-based Ranking Model for Risk Management of Animal Drug Residues in Milk and Milk Products.

Ibraimi, Z., A. Sheihi, Z. Hajrulai, E. Mata, and A. Murtezani. 2013. Detection and risk Assessment of beta - lactam residues in Kosovo's milk using Elisa method. Int. J. Pharm Pharm Sci. 5 (4): 446-450.

Idowu, O. R., J. O. Peggins, R. Cullison, and J. von Bredow. 2010. Comparative pharmacokinetics of enrofloxacin and ciprofloxacin in lactating dairy cows and beef steers following intravenous administration of enrofloxacin. Res. Vet. Sci. 89 (2): 230-235.

Imperiale, F. A., M. R. Busetti, V. H. Suarez and C. E. Lanusse2004a. Milk excretion of ivermectin and moxidectin in dairy sheep: assessment of drug residues during cheese elaboration and ripening period. J. Agric. Food Chem. 52 (20): 6 205-6 211.

Imperiale, F., A. Lifschitz, J. Salovitz, G. Virkel and C. Lanusse. 2004b. Comparative depletion of ivermectin and moxidectin milk residues in dairy sheep after oral and subcutaneous administration. J. Dairy. Res. 71: 427-433.

Imperiale, F. A., C. Farias, A. Pis, J. M. Sallovitz, A. Lifschitz and C. Lanusse. 2009. Thermal stability of antiparasitic macrocyclic lactones milk residues during industrial processing. Food Addit. Contam. 26 (1): 57-62.

International Agency for Research on Cancer (IARC). 1977. IARC monographs on the evaluation of carcinogenic risk of chemicals to man: some miscellaneous pharmaceutical substances. Vol. 13. Available at: http://monographs. iarc. fr/ENG/Monographs/vol1-42/mono13. pdf. Accessed Jan. 2015.

Ismail - Fitry, M. R., S. Jinap, B. Jamilah and A. A. Saleha. 2011. Effect of different time and temperature of various cooking methods on sulfonamide residues in chicken balls. *In*: Survival and sustainability. Springer Berlin Heidelberg: p. 607-613.

Jimenez-Flores, R., N. J. Klipfel, and J. Tobias. 2006. Chapter 2. Ice cream and frozen desserts. *In*: Dairy science and technology handbook: product manufacturing, vol. 2.

Kang, J. H., J. H. Jin, and F. Kondo. 2005. False-positive outcome and drug residue in milk samples over withdrawal times. J. Dairy Sci. 88 (3): 908-913.

Kang'ethe, E. K., Aboge, G. O., Arimi, S. M., Kanja, L. W., A. O. Omore, and J. J. McDermott. 2005. Investigation of the risk of consuming marketed milk with antimicrobial residues in Kenya. Food Control. 16 (4): 349-355.

Karzis, J., E. F. Donkin, and I. M. Petzer. 2007. Intramammary antibiotics in dairy goats: withdrawal periods of three intramammary antibiotics compared to recommended withdrawal periods for cows. Onderstepoort J. Vet Res. 74 (3): 217-222.

Kepro. 2015. Amprolium. Available at: http://www. kepro. nl/catalogus/product - 107. html? ref = adv&ingredient = 0&animal = 0&type = 0&cat = 3 Accessed Jan 2015. 8. References | FDA Multicriteria-based Ranking Model for Risk Management of Animal Drug Residues in Milk and Milk Products.

Korpimäki, T., V. Hagren, E. C. Brockmann, and M. Tuomola. 2004. Generic lanthanide fluoroimmunoassay for the simultaneous screening of 18 sulfonamides using an engineered antibody. Anal. Chem. 76 (11): 3 091-3 098.

Kosikowski, F. V. and R. Jimenez - Flores. 1985. Removal of Penicillin G from contaminated milk by ultrafiltration. J. Dairy Sci. 68: 3 224-3 233.

Lawrence, R. C., J. Gilles and L. K. Creamer. 1999. Chapter 1. Cheddar cheese and related dry - salted cheese varieties. *In*: Cheese: Chemistry, physics and microbiology. Vol 2. Major cheese groups. p. 1-38.

Ledford, R. A. and F. V. Kosikowski. 1965. Inactivation of Penicillin by cheese. J. Dairy Sci. 48: 541-543.

Lifschitz, A., G. Virkel, A. Pis, F. Imperiale, S. Sanchez, L. Alvarez, R. Kujanek, and C. Lanusse. 1999. Ivermectin disposition kinetics after subcutaneous and intramuscular administration of an oil - based formulation to cows. Vet Parasitol. 86 (3): 203-215.

Linkov, I., and E. Moberg. 2012. Multi-criteria decision analysis: environmental applications and case studies. CRC Press.

Linkov, I., and J. Stevens. 2008. Chapter 35 Appendix A: Multi-criteria decision analysis. cyanobacterial harmful algal blooms: State of the Science and Research Needs. 619: 815-829.

Livingston, R. C. 1991. Febantel, Fenbendazole and Oxfendazole. CVM. Available at: ftp://ftp. fao. org/ag/agn/jecfa/vetdrug/41 - 11 - febantel _ fenbendazole _ oxfendazole. pdf. Accessed Jan. 2015.

Lolo, M., S. Pedreira, J. M. Miranda, B. I. Vazquez, C. M. Franco, A. Cepeda and C. Fente. 2006. Effect of cooking on enrofloxacin residues in chicken tissue. Food Addit. Contam. 23 (10): 988-993.

Malik, S., S. E. Duncan, J. R. Bishop and L. T. Taylor. 1994. Extraction and detection of sulfamethazine in spray-dried milk. J. Dairy Sci. 77 (2): 418-425.

Martin - Jimenez, T., A. L. Craigmill, and J. E. Riviere. 1997. FARAD Digest: Extralable use of oxytetracycline. JAVMA 211 (1): 42-44.

Mccarthy, O. J. 2002. Milk: Physical and physicochemical properties. *In*: Encyclopedia of dairy sciences, Roginski, H., Editor, Oxford. p. 1 812-1 821.

Medford Veterinary Clinic. 2015. Meat and milk withholds. Available at: http://medford-vet. com/uploads/3/0/5/7/3057765/meat _ and _ milk _ withholds. pdf. Accessed Jan. 2015. 8. References | FDA Multicriteria-based Ranking Model for Risk Management of Animal Drug Residues in Milk and Milk Products.

Menge, M., M. Rose, C. Bohland, E. Zschiesche, S. Kilp, W. Metz, M. Allan, R. Ropke and M. Nurnberger. 2012. Pharmacokinetics of tildipirosin in bovine plasma, lung tissue, and bronchial fluid (from live, nonanesthetized cows). J. Vet. Pharmacol. Therap. 35 (6): 550-559.

Mestorino, N., M. L. Marchetti, E. Turic, J. Pesoa, and J. Errecalde. 2009. Concentrations of danofloxacin 18% solution in plasma, milk and tissues after subcutaneous injection in dairy cows. Anal Chim Acta. 637 (1-2): 33-39.

Middleton, J. R., and C. D. Luby. 2008. Escherichia coli mastitis in cows being treated for staphylococcus aureus intramammary infection. Vet. Rec. 162 (5): 156-157.

Ministry of Agriculture and Forestry (MAF). 2012. National programme for monitoring and surveillance of chemical residues in raw milk. Available at: http://www.foodsafety.govt.nz/elibrary/industry/monitoring-chemical-residues-raw-milk-july-2011-june-2012.pdf. Accessed Oct. 2014.

Mishra, A., S. K. Sigh, Y. P. Sahni, T. K. Mandal, S. Chopra, V. N. Gautam, and S. R. Qureshi. 2011. HPLC determination of Cloxacillin residue in milk and effect of pasteurization. Res. J. Pharm. Biol. Chem. Sci. (RJPBCS) 2 (3): 11.

Moats, W. A. 1988. Inactivation of antibiotics by heating in foods and other substrates: A review. J. Food Prot. 51 (6): 491-497.

Moore, D. A. 2010. Residues? I thought we took care of that! Or have we? Ag animal health spotlight, Veterinary Medicine Extension. Washington State University Extension and Washington Statue University College of Veterinary Medicine. Available at: http://extension.wsu.edu/vetextension/Documents/Spotlights/Residues_Oct2010.pdf. Accessed Dec. 2013.

Moreno, L., F. Imperiale, L. Mottier, L. Alvarez, and C. Lanusse. 2005. Comparison of milk residue profiles after oral and subcutaneous administration of benzimidazole anthelmintics to dairy cows. Anal Chimica Acta. 536 (1-2): 91-99.

Moretain, J. P., and J. Boisseau. 1993. Elimination of aminoglycoside antibiotics in milk following intramammary administration. Vet. Q. 15 (3): 112-117.

National Conference on Interstate Milk Shipments (NCIMS). Appendix "N" Modification Study Committee (Proposal 05-243 and Letter to FDA), NCIMS Appendix N Sub-Committee Report, January 9, 2008. Background information, PMO Appendix N., National Conference On Interstate Milk Shipments (NCIMS), 2008, Varies.

National Institutes of Health (NIH). 2002. TOXNET. Furazolidone. CASRN: 67-45-8. Available at: http://toxnet.nlm.nih.gov/cgi-bin/sis/search/a? dbs+hsdb: @term+@DOCNO+7036 Accessed Aug 2014. 8. References | FDA Multicriteria-based Ranking Model for Risk Management of Animal Drug Residues in Milk and Milk Products.

National Institutes of Health (NIH). 2006. TOXNET. Novobiocin. CASRN: 303-81-1. Available at: http://toxnet.nlm.nih.gov/cgi-bin/sis/search/a? dbs+hsdb: @term+@DOCNO+7443). Accessed Aug 2014.

National Institutes of Health (NIH). 2011. TOXNET. Phenylbutazone. CASRN: 50-33-9. Available at: http://toxnet.nlm.nih.gov/cgi-bin/sis/search/a? dbs+hsdb: @term+@DOCNO+3159. Accessed July 2014.

National Milk Producers Federation (NMPF). 2011. Milk and dairy beef drug residue prevention. Producer manual of best management practices. Available at: http://www. agri. ohio. gov/divs/dairy/docs/Milk% 20Drug% 20Residue% 20Prevention% 20Manual. pdf. Accessed June 2014.

National Toxicology Program (NTP). 1988. Toxicology and carcinogenesis studies of Nitrofurazone (cas no. 59 - 87 - 0) in F344/N rats and B6C3f1 mice (feed studies). Technical Report series No. 337. Available at: http://ntp. niehs. nih. gov/ntp/htdocs/lt_rpts/tr337. pdf. Accessed Jan. 2015.

National Toxicology Program (NTP). 2014. 13th Report on carcinogens, 2014. Available at: http://ntp. niehs. nih. gov/ntp/roc/content/profiles/chloramphenicol. pdf. Accessed Jan. 2015.

Nickerson, S. C. 2009. Control of heifer mastitis: Antimicrobial treatment - an overview. Vet. Microbiol. 134 (1): 128-135.

Nouws, J. F., D. Mevius, T. B. Vree, M. Baakman, and M. Degen. 1988. Pharmacokinetics, metabolism, and renal clearance of sulfadiazine, sulfamerazine, and sulfamethazine and of their N4 - acetyl and hydroxy metabolites in calves and cows. Am. J. Vet. Res. 49 (7): 1 059-1 065.

Owens, W. E., S. C. Nickerson, R. L. Boddie, G. M. Tomita, and C. H. Ray. 2001. Prevalence of mastitis in dairy heifers and effectiveness of antibiotic therapy. J. Dairy Sci. 84 (4): 814-817.

Owens, W. E., J. L. Watts, R. L. Boddie, and S. C. Nickerson. 1988. Antibiotic treatment of mastitis comparison of intramammary and intramammary plus intramuscular therapies. J. Dairy Sci. 71 (11): 3 143-3 147.

Palmer, G. H., R. J. Bywater, and A. Stanton. 1983. Absorption in calves of amoxicillin, ampicillin, and oxytetracycline given in milk replacer, water, or an oral rehydration formulation. Am. J. Vet. Res. 44 (1): 68-71.

Pandit, N. K. 2006. Introduction to the pharmaceutical sciences. Wolters Kluwer Health, 2006.

Papapanagiotou, E. P., D. J. Fletouris, and E. I. Psomas. 2005. Effect of various heat treatments and cold storage on sulphamethazine residues stability in incurred piglet muscle and cow milk samples. Analytica Chimica Acta 529 (1-2): 305-309 8. References | FDA Multicriteria-based Ranking Model for Risk Management of Animal Drug Residues in Milk and Milk Products.

Paulson, G. D., V. J. Feil, P. J. Sommer, and C. H. Lamoureux. 1992. Chapter 13. Sulfonamide drug in lactating dairy cows. *In*: Xenobiotics and food-producing animals. p. 190-202.

Ribeiro, Y. A., A. C. F. Caires, N. Boralle, and M. Ionashiro. 1996. Thermal decomposition of acetylsalicylic acid (aspirin). Thermochimica Acta 279 (0): 177-181.

Ribeiro, Y. A., J. D. S. de Oliveira, M. I. G. Leles, S. A. Juiz and M. Ionashiro. 1996. Thermal decomposition of some analgesic agents. J. Thermal Anal. 46 (6): 1645–1655.

Roca, M., M. Castillo, P. Marti, R. L. Althaus, and M. P. Molina. 2010. Effect of heating on the stability of quinolones in milk. J. Agric. Food Chem. 58 (9): 5 427–5 431.

Roca, M., L. Villegas, M. L. Kortabitarte, R. L. Althaus, and M. P. Molina. 2011. Effect of heat treatments on stability of beta–lactams in milk. J. Dairy Sci. 94 (3): 1 155–1 164.

Rodrigues, C. A., C. A. Hussni, E. S. Nascimento, C. Esteban and S. H. V. Perri. 2010. Pharmacokinetics of tetracycline in plasma, synovial fluid and milk using single intravenous and single intravenous regional doses in dairy cows with papillomatous digital dermatitis. J. Vet. Pharmacol Ther. 33 (4): 363–370.

Rolinski, Z. and M. Duda. 1984. Pharmacokinetic analysis of the level of sulfonamide–trimethoprim combination in calves. Pol. J. Pharmacol Pharm. 36 (1): 35–40.

Romanet, J., G. W. Smith, T. L. Leavens, R. E. Baynes, S. E. Wetzlich, J. E. Riviere, and L. A. Tell. 2012. Pharmacokinetics and tissue elimination of tulathromycin following subcutaneous administration in meat goats. AJVR 73 (10): 1 634–1 640.

Rose, M. D., L. C. Argent, G. Shearer and W. H. H. Farrington. 1995. The effect of cooking on veterinary drug residues in food: 2. Levamisole. Food Addit. Contam. 12 (2): 185–194.

Rose, M. D., J. Bygrave, W. H. H. Farrington and G. Shearer. 1996. The effect of cooking on veterinary drug residues in food: 4. Oxytetracycline. Food Addit Contam 13 (3): 275–286.

Rose, M. D., W. H. H. Farrington, and G. Shearer. 1995. The effect of cooking on veterinary drug residues in food: 3. Sulphamethazine (sulphadimidine). Food Addit. Contam. 12 (6): 739–750.

Rose, M. D., L. Rowley, G. Shearer, and W. H. H. Farrington. 1997. Effect of cooking on veterinary drug residues in food. 6. Lasalocid. J. Agric. Food Chem. 45 (3): 927–930.

Rose, M. D., G. Shearer and W. H. H. Farrington. 1997. The effect of cooking on veterinary drug residues in food; 5. Oxfendazole. Food Addit. Contam. 14 (1): 15–26.

Roos, Y. H. 2011. Water in Dairy Products: Significance. *In*: Encyclopedia of Dairy Sciences, 2nd Edition. Fuquay, J. W., Editor – In – Chief, San Diego, CA. P. 707 – 714. 8. References | FDA Multicriteria–based Ranking Model for Risk Management of Animal Drug Residues in Milk and Milk Products.

Ruiz, J., M. Zapata, C. Lopez, and F. Gutierrez. 2010. Florfenicol concentrations in milk of lactating cows postreated by intramuscular or intramammary routes. Rev. MVZ

Cordoba. 15 (2): 2 041-2 050.

Sato, K., P. C. Bartlett, L. Alban, J. F. Agger, and H. Houe. 2008. Managerial and environmental determinants of clinical mastitis in danish dairy. Acta Vet. Scand. 50 (1): 4.

Science Lab. com. 2014. Material safety data sheet. Tripelennamine Hydrochloride MSDS. Available at: http://www.sciencelab.com/msds.php? msdsId = 9925339. Accessed Aug 2014.

Shahani, K. M., I. A. Gould, H. H. Weiser, and W. L. Slatter. 1956. Stability of small concentrations of penicillin in milk as affected by heat treatment and storage. J. Dairy Sci. 39 (7): 971-977.

Shargel, L., S. Wu-Pong and A. Yu. 2005. Applied biopharmaceutics and pharmacokinetics, Fifth Ed. McGraw Hill, 2005.

Sinha, K. C., V. Patidar, L. Zongzhi, S. Labi and P. Thompson. 2009. Establishing the weights of performance criteria: Case studies in transportation facility management. J. Transp. Eng. 135 (9): 619-631.

Sisodia, C. S., V. S. Gupta, R. H. Dunlop and O. M. Radostits. 1973. Chloramphenicol concentrations in blood and milk of cows following parenteral administration. Can. Vet. J. 14 (9): 217-220.

Smiddy, M. A., A. L. Kelly and T. Huppertz. 2009. Chapter 4. Cream and related products. *In*: Dairy fats and related products. p. 61-85.

Smith, G. W., J. L. Davis, L. A. Tell, A. I. Webb and J. E. Riviere. 2008. FARAD Digest: Extralabel use of nonsteroidal anti-inflammatory drugs in cows. JAVMA 232 (5): 697-701.

Smith, G. W., R. Gehring, A. L. Craigmill, A. I. Webb, and J. E. Riviere. 2005. FARAD Digest: Extralabel intramammary use of drugs in dairy cows. JAVMA. 226 (12): 1 994-1 996.

Smith, D. J., G. D. Paulson, and G. L. Larsen. 1998. Distribution of radiocarbon after intramammary, intrauterine, or ocular treatment of lactating cows with carbon-14 nitrofurazone. J. Dairy Sci. 81: 979-988.

Sol Morales, M., D. L. Palmquist, and W. P. Weiss. 2000. Milk fat composition of holstein and jersey cows with control or depleted copper status and fed whole soybeans or tallow. J. Dairy Sci. 83 (9): 2 112-2 119.

Sovizi, M. R. 2010. Thermal behavior of drugs: Investigation on decomposition kinetic of naproxen and celecoxib. J. Therm. Anal Calorim. 102 (1): 285-289. 8. References | FDA Multicriteria-based Ranking Model for Risk Management of Animal Drug Residues in Milk and Milk Products.

Stewart, T. 1992. A critical survey on the status of multiple criteria decision-making theory and practice. Omega-International J. of Management Sci. 20 (5-6): 569-586.

Sundlof, S. F. 1989. Drug and chemical residues in livestock. Vet. Clin. North Am. Food

Anim. Pract. 5 (2) 411-449.

Sundlof, S. F. 1995. Human health risks associated with drug residues in animal-derived foods. J. Agromedicine. 1 (2): 5-20.

Sundlof, S. F. 1998a. Legal and responsible drug use in the cows industry: The animal drug availability Act. Vet. Med. 93 (7): 681-684.

Sundlof, S. F. 1998b. Legal and responsible drug use in the cows industry: Extra-label use. Vet. Med. 93 (7): 673.

Sundlof, S. and J. Cooper. 1996. Human health risks associated with drug residues in animal-derived foods. Vet. Drug Res. 636: 5-17.

Sundlof, S. F., J. B. Kaneene, and R. A. Miller. 1995. National survey on veterinarian-initiated drug use in lactating dairy-cows. J. Am. Vet. Med. Assoc. 207 (3): 347-352.

Sundlof, S. F. and T. W. Whitlock. 2008. Clorsulon pharmacokinetics in sheep and goats following oral and intravenous administration. J. Vet Pharmacol Ther. 15 (3): 282-291.

Tamime, A. Y., and R. K. Robinson. 1999. Chapter 5. Traditional and recent developments in yoghurt production and related products. *In*: Yoghurt science and technology (2nd Ed). Available at: http://app. knovel. com/web/view/swf/show. v/rcid: kpYSTE0001/cid: kt0017T5Q1/viewerType: pdf/root_slug: yoghurt-science-technology? cid=kt0017T5Q1&page=1. Accessed Jan. 2015.

Thokala, P. 2011. Multiple criteria decision analysis for health technology assessment. Report by the decision support unit, February 2011. School of health and related research, University of Sheffield, UK. Available at: http://www. nicedsu. org. uk/MCDA%20for%20HTA%20DSU. pdf Accessed Dec. 2014.

Tiţa, D., A. Fuliaş, and B. Tita. 2011. Thermal stability of ketoprofen—active substance and tablets. J. Thermal Anal. Calorimetry 105 (2): 01-508.

Traub, W. H., and B. Leonhard. 1995. Heat stability of the antimicrobial activity of sixty-two antibacterial agents. J. Antimicrob. Chemother. 35 (1): 149-154.

Tsuji, A., Y. Itatani, and T. Yamana. 1977. Hydrolysis and epimerization kinetics of hetacillin in aqueous solution. J. Pharm. Sci. 66 (7): 1 004-1 009.

Tversky, A., and D. Kahneman. 1974. Judgment under uncertainty: Heuristics and biases. Science. 185 (4157): 1124-1131. 8. References | FDA Multicriteria-based Ranking Model for Risk Management of Animal Drug Residues in Milk and Milk Products.

U. S. Dairy Export Council (USDEC). 2009. Nonfat dry milk and skimmed milk powder. Available at: http://www. usdec. org/Products/content. cfm? ItemNumber = 82654. Accessed Oct. 2014.

U. S. Government Accountability Office (GAO). Report to the chairman, Human resources and intergovernment relations subcommittee, Committee on government operations, House of Representatives, Food safety and quality. FDA strategy needed to address animal drug residues in milk. 1992. Available at: http://www.gao.gov/assets/160/152158.pdf Accessed Dec. 2013.

U. S. Department of Agriculture (USDA), APHIS, Veterinary Services, National Animal Health Monitoring System (NAHMS). 2007. Dairy 2007; Part I: Reference of dairy cows health and management practices in the United States, 2007. Available at: http://www.aphis.usda.gov/animal_health/nahms/dairy/downloads/dairy07/Dairy07_dr_PartI.pdf Accessed Dec. 2013.

U. S. Department of Agriculture (USDA), APHIS., Veterinary Services, National Animal Health Monitoring System (NAHMS). 2008. Dairy 2007: Part III: Reference of dairy cows health and management practices in the United States, 2007. Available at: http://www.aphis.usda.gov/animal_health/nahms/dairy/downloads/dairy07/Dairy07_dr_PartIII_rev.pdf Accessed Dec. 2013.

U. S. Department of Agriculture (USDA), APHIS., Veterinary Services, National Animal Health Monitoring System (NAHMS). 2009. Dairy 2007: Part V: Changes in dairy cows health and management practices in the United States, 1996 - 2007. Available at: http://www.aphis.usda.gov/animal_health/nahms/dairy/downloads/dairy07/Dairy07_dr_PartV_rev.pdf. Accessed Jan. 2015.

U. S. Department of Agriculture (USDA), Agricultural Research Service (ARS). 2011. USDA National nutrient database for standard reference. Available at: http://ndb.nal.usda.gov/. Accessed Jan. 2015.

U. S. Department of Agriculture (USDA), Economic Research Service (ERS). 2011. Food availability (Per Capita) data system. Available at: http://www.ers.usda.gov/data-products/food-availability-(per-capita)-data-system.aspx. Accessed Jan. 2015.

U. S. Department of Agriculture (USDA), Food Safety and Inspection Service (FSIS). 2010a. Nutrient intakes from food: Mean amounts consumed per individual, by gender and age, what we eat in America, NHANES 2005-2006. Available at: www.ars.usda.gov/ba/bhnrc/fsrg. Accessed Jan. 2015.

U. S. Department of Agriculture (USDA), Food Safety and Inspection Service (FSIS). 2010b. Nutrient intakes from food: Mean amounts consumed per individual, by gender and age, what we eat in America, NHANES 2007 - 2008. Available at: www.ars.usda.gov/ba/bhnrc/fsrg. Accessed Jan. 2015. 8. References | FDA Multicriteria-based Ranking Model for Risk Management of Animal Drug Residues in Milk and Milk Products.

U. S. Department of Agriculture (USDA), Food Safety and Inspection Service (FSIS). 2012a. USDA food and nutrient database for dietary studies, 5.0. Food surveys research group. Available at: http://ars.usda.gov/Services/docs.htm?docid = 12068 Accessed Jan. 2015.

U. S. Department of Agriculture (USDA), Food Safety and Inspection Service (FSIS) 2012b. Nutrient intakes from food: Mean Amounts consumed per individual, by gender and age, what we eat in America, NHANES 2009-2010. Available at: www. ars. usda. gov/ba/bhnrc/fsrg Accessed Jan. 2015.

U. S. Department of Agriculture (USDA), Food Safety and Inspection Service (FSIS). 2012c. United States national residue program for meat, poultry, and egg products. 2010 Residue sample results. Available at: http://www. fsis. usda. gov/PDF/2010_Red_Book. pdf. Accessed Dec. 2013.

U. S. Department of Agriculture (USDA), Food Safety and Inspection Service (FSIS), Office of Public Health Science. 2013. National residue program for meat, poultry, and egg products, 2011 Residue sample results. Available at: http://www. fsis. usda. gov/wps/wcm/connect/f511ad0e - d148 - 4bec - 95c7 - 22774e731f7c/2011 _ Red_Book. pdf? MOD=AJPERES. Accessed. Feb. 2015.

US Pharmacopeia (USP). 2003a. USP veterinary pharmaceutical information monographs-antibiotics. aminopenicillins veterinary - systemic. J. Vet. Pharmacol. Ther. 26 (s2): 36-45.

US Pharmacopeia (USP). 2003b. USP veterinary pharmaceutical information monographs-antibiotics. pirlimycin veterinary—intramammary-local. J. Vet. Pharmacol. Ther. 26 (s2): 161-163.

US Pharmacopeia (USP). 2003c. USP veterinary pharmaceutical information monographs-antibiotics. tetracyclines veterinary-systemic. J. Vet. Pharmacol. Ther. 26 (s2): 225-252.

US Pharmacopeia (USP). 2003d. USP veterinary pharmaceutical information monographs-antibiotics. aminopenicillins veterinary-intramammary-local. Available at: http://aavpt. affiniscape. com/associations/12658/files/aminopenicillins_in. pdf. Accessed Sept. 2014.

US Pharmacopeia (USP). 2007a. USP veterinary pharmaceutical information monographs. aminopenicillins (veterinary - systemic). Available at: http://reemoshare. com/files/www. alkottob. com-Aminopenicillins. pdf. Accessed Sept. 2014.

US Pharmacopeia (USP). 2007b. USP veterinary pharmaceutical information monographs. florfenicol (veterinary - systemic). Available at: http://aavpt. affiniscape. com/associations/12658/files/florfenicol. pdf. Accessed Sept. 2014.

Versar. 2014. Appendix A technology assessment. FDA milk risk expert elicitation. Report. 8. References | FDA Multicriteria-based Ranking Model for Risk Management of Animal Drug Residues in Milk and Milk Products.

Veterinary Residues Committee (VRC). 2001. Annual report on surveillance for veterinary residues in 2001. Available at: http://www. noah. co. uk/papers/vrcar2001. pdf. Accessed Oct. 2014.

Veterinary Residues Committee (VRC). 2004. Annual report on surveillance for veterinary residues in the UK, 2004. Available at: http://collections. europarchive. org/tna/

20100927130941/vmd. gov. uk/vrc/reports/nonstat2004. pdf Accessed Nov. 2014.

Veterinary Residues Committee (VRC). 2005. Annual Report on surveillance for veterinary residues in food in the UK 2005. Available at: http://collections. europarchive. org/tna/20100907111047/vmd. gov. uk/vrc/reports/vrcar2005. pdf. Accessed Oct. 2014.

Veterinary Residues Committee (VRC). 2007. Annual report on surveillance for veterinary residues in food in the UK 2007. Available at: http://www. official - documents. gov. uk/document/other/9780108507656/9780108507656. pdf Accessed Dec. 2013.

Veterinary Residues Committee (VRC). 2008. Annual report on surveillance for veterinary residues in food in the UK, 2008. Available at: http://www. vmd. defra. gov. uk/vrc/pdf/reports/vrcar2008. pdf Accessed: Dec. 2013.

Veterinary Residues Committee (VRC). 2010. Annual report on surveillance for veterinary residues in food in the UK, 2010. Available at: http://tna. europarchive. org/20130513091226/http:/www. vmd. defra. gov. uk/vrc/pdf/reports/vrcar2010. pdf Accessed: Dec. 2014.

Vragovic, N., D. Bazulic, and B. Njari. 2011. Risk assessment of streptomycin and tetracycline residues in meat and milk on Croatian market. Food Chem Tox. 49: 352-355.

Vree, T. B., M. Van Den Biggelaar-Martea, C. P. Verwey-Van Wissen, M. L. Vree and P. J. Guelen. 1993. The pharmacokinetics of naproxen, its metabolite O-desmethylnaproxen, and their acyl glucuronides in humans. Effect of cimetidine. Br. J. Clin. Pharmacol. 35 (5): 467-472.

Waltner-Toews, D., and S. A. McEwen. 1994. Residues of antibacterial and antiparasitic drugs in foods of animal origin - A Risk Assessment. Preventive Vet. Med. 20 (3): 219-234.

Whelan, M., C. Chirollo, A. Furey, M. L. Cortesi, A. Anastasio, and M. Danaher. 2010. Investigation of the persistence of levamisole and oxyclozanide in milk and fate in cheese. J. Agric. Food Chem. 58: 12 204-12 209.

Wilbey, R. A. 2009. Chapter 5. Butter. *In*: Dairy fats and related products, p. 86-107.

World Health Organization (WHO). 1998. Evaluation of certain veterinary drug residues in food; Fiftieth report of the Joint FAO/WHO Expert Committee on Food Additives. WHO Technical Report Series; 888. Available At: http://whqlibdoc. who. int/trs/WHO_TRS_888. pdf Accessed Dec. 2013. 8. References | FDA Multicriteria-based Ranking Model for Risk Management of Animal Drug Residues in Milk and Milk Products.

World Health Organization (WHO). 2002. Evaluation of certain veterinary drug residues in food. Fifty-eighth report of the Joint FAO/WHO Expert Committee on Food Additives. World Health Organ Tech Rep Ser. 911: 1 - 66. Available at: http://whqlibdoc. who. int/trs/WHO_TRS_911. pdf Accessed Dec. 2013.

World Health Organization (WHO). 2004. Evaluation of certain veterinary drug residues in food. Sixty-second report of the Joint FAO/WHO Expert Committee on Food Additives. World Health Organ Tech Rep Ser. 925: 1-72. Available at: http://whqlibdoc. who. int/trs/WHO_TRS_925. pdf Accessed Dec. 2013.

World Health Organization (WHO). 2012. Evaluation of certain veterinary drug residues in food. World Health Organ Tech Rep Ser, 969: 1-101. Available at: http://whqlibdoc. who. int/publications/2012/9789241209694_eng. pdf Accessed Dec. 2013.

Wren, G. Editor. 2012. FSIS residue sample results. Bovine Veterinarian. Available at: http://www. bovinevetonline. com/bv-magazine/FSIS-residue-sample-results-172356191. html. Accessed Dec. 2013.

Yoe C. 2002. Trade-off analysis planning and procedures guidebook. U. S. Army Institute for Water Resources. Available at: http://www. iwr. usace. army. mil/Portals/70/docs/iwrreports/02-R-2. pdf. Accessed Dec. 2014.

Ziv, G. and F. Rasmussen. 1975. Distribution of labeled antibiotics in different components of milk following intramammary and intramuscular administrations. J. Dairy Sci. 58 (6): 938-946.

Zoetisus. 2006. Spectgramast LC brand of ceftiofur hydrochloride sterile suspension. Available at: https://www. zoetisus. com/dairy/avoidresidues/PDF/Spectramast _ LC _ Full_7. 23. 10. pdf. Accessed Jan. 2015.

Zoetisus. 2014. Naxcel brand of cetiofur sodium sterile powder. Available at: https://www. zoetisus. com/dairy/avoidresidues/PDF/NAXCEL _ Compliance _ Rev _ 2006. pdf. Accessed Jan 2015.

Zorraquino, M. A., R. L. Althaus, M. Roca, and M. P. Molina. 2009. Effect of heat treatments on aminoglycosides in milk. J. Food Prot. 72 (6): 1 338-1 341.

Zorraquino, M. A., R. L. Althaus, M. Roca, and M. P. Molina. 2011. Heat treatment effects on the antimicrobial activity of macrolide and lincosamide antibiotics in milk. J. Food Prot. 74 (2): 311-315.

Zorraquino, M. A., M. Roca, M. Castillo, R. L. Althaus, and M. P. Molina. 2008a. Effect of thermal treatments on the activity of quinolones in milk. Milchwissenschaft. Milk Science International 63 (2): 192-195. 8. References | FDA Multicriteria-based Ranking Model for Risk Management of Animal Drug Residues in Milk and Milk Products.

Zorraquino, M. A., M. Roca, N. Fernandez, M. P. Molina, M. P., and R, Althaus. 2008b. Heat inactivation of B-lactam antibiotics in milk. J. Food Prot. 71 (6): 1 193-1 198.

附录 1.1　NCIMS 对 FDA 的要求

全国州际牛奶运输会议
585 蒙蒂塞洛，农场路，IL 61856
电话/传真：217-762-2656
电子邮箱：NCIMS. Bordson@ gmail. com
2008. 12. 5

尊敬的 Childers：

作为全国州际牛奶协会会议（NCIMS）的主席，我写这篇文章的目的是正式要求美国食品药品监督管理局（FDA）在 2008 年 11 月 3 日向 NCIMS 执行委员会提交 NCIMS 附录 N 修改委员会建议的兽药残留风险分析。NCIMS 执行委员会批准了该委员会的建议，并认为在对《巴氏灭菌奶条例》附录 N 做出修改之前，需要进行兽药残留风险分析。

NCIMS 执行委员会进一步要求 FDA 在设计、实施、分析和报告基于兽药残留风险评估结果的任何结论或建议的过程中，继续与 NCIMS 附录 N 修改委员会合作，因为它与附录 N 有关。

我附上了一份共四页的文件，标题为《兽药残留风险分析》，由 NCIMS 附录 N 修改委员会提交给 NCIMS 执行委员会，其中包含了该研究的范围和目的更详细的细节。

NCIMS 执行委员会感谢您和 FDA 对 NCIMS 附录 N 修改委员会的参与、合作和支持。请告知我们 NCIMS 执行委员会是否可以协助 FDA 完成兽药残留风险分析。

真诚地，

John A. Beers

JohnA. Beers，Chair
全国州际牛奶运输会议
抄送：NCIMS 执行委员会
兽药残留风险分析
2008 年 7 月 21 日

附录：兽药残留风险分析

背景资料

PMO 附录 N

历史资料

• 自 1924 年以来，美国食品药品监督管理局（FDA）发布的《巴氏灭菌奶条例》（PMO）是一份由美国食品药品监督管理局（FDA）颁布的、旨在执行国家“A 级”牛奶安全计划的示范文件，其中包含了检测兽药残留的要求。直到 1991 年，要求原料奶每 6 个月至少取样 4 次，用嗜热脂肪芽孢杆菌测试方法，检测青霉素只使用枯草芽孢杆菌，若结果为阳性则牛奶生产者的许可证被暂停，直到测试结果显示为阴性。

1988 年 5 月，为回应发表论文和研究人员警告，FDA 配合国家执行委员会会议上国家州际奶品贸易协会（NCIMS）发布了一份信息备忘录（Memorandum of information，M-I）（注：NCIMS 是自愿联盟，与 FDA 管理全国“A 级”牛奶安全计划）。这份信息提供了三份文件。第一个是 FDA 接受了高压液相色谱法（HPLC）分析牛奶中磺胺甲嗪的含量，以确定牛奶中是否含有磺胺甲嗪残留。第二个是 FDA 消费者的一篇文章，“牛奶中的磺胺残留”，它叙述了一项小调查：在 10 个城市地区测试的 49 个样品其中有 36 个（73%）检测到的磺胺类药物残留。第三个是 NCIMS 信息通报，它提醒养殖户，磺胺甲嗪是禁止在泌乳奶牛中使用的。作为此项目的一部分，1988 年 6 月，FDA 发布了一份 M-I 转递给 NCIMS 会议主席的信，其中 FDA 声明他们的立场是禁止在哺乳期的乳牛中使用磺胺甲嘧啶。1988 年 11 月，FDA 发布了并且在 1989 年 1 月，更新了一个M-I，向各州提供了更近期的调查信息，显示了牛奶药物残留的显著下降。1989 年 1 月的报告以下列文字结尾：总结，本报告中所载的结果证明了 FDA、各州和业界共同努力以确保产品安全的有效性。

1989 年 12 月。《华尔街日报》报道了两项关于牛奶中兽药残留的调查结果，一份由报纸赞助，另一份由科学与公益中心赞助，后者是一家消费者食品安全与营养组织。这两项调查显示，经检测的零售牛奶样本中，有 20%和 38%可能含有兽药残留，可能包括磺胺甲嗪和其他未经 FDA 批准用于奶牛的药物。国会听证会是为了探索 1990 年 11 月发布的一份会计总会（GAO）报告。这篇 GAO 报告，“FDA 的调查不足以证明牛奶供应的安全性”否定了 1989 年 1 月 FDA 的报告和结论。GAO 的报告提到了 FDA 调查方法的局限性，排除了所有的结论。GAO 的报告还指出，FDA 没有分析方法来检测和确认用于生产牛奶的一些药物。

1990 年 11 月。FDA 发布了一项全国药物残留监控计划（NDRMMP）。该项目于 1991 年 2 月生效，并一直持续到 2004 年。NDRMMP 的设计目的是提供一种方法，表明牛奶中可能存在兽药残留，并确定养殖户、分销商和兽医遵守联邦食品规定的程度。药品和化妆品法案（简称 FFDCA）及其实施条例和适用政策。当程序开始时，对磺胺类、四环素和氯霉素的样品进行分析。该项目从 500~5000 的年度样本进行了扩展，并在美国食品药品管理局实验室对氯霉素、氟苯酚、氯四环素、氧四环素、四环素、磺胺氯哒嗪、磺胺地托锌、磺胺嘧啶、磺胺甲基嘧啶、磺胺甲嘧啶、磺胺嘧啶、磺胺喹噁啉、磺胺噻唑、新生霉素、伊维菌素和氯舒隆进行了分析。抽样的目的是为了表示在每一个取样的牛奶厂每天收到至少 10%的牛奶罐卡车。在这个程序中，测试结果可以追溯到生产者，并可以追溯到成品。

NCIMS 在 1991 年 4 月会议上，FDA、美国、和行业修订 PMO 包括定义“药物”这个词，修改几个 PMO 部分关于药品储存和使用在农场和药物残留抽样和监管积极应对药物残留的发现，和授权状态报告第三方数据库。在这次会议上，PMO 的文件 N，药物残留检测和农场监视被采用（NCIMS 1991 提案 232）。文件 N 的规定是为了增加分析的牛奶样品的数量，测试的药物残留，以及国家和工业可以用于牛奶监测和监管的方法。第一次，工业被要求在所有的牛奶罐卡车进入牛奶厂时，从所有的牛奶罐车中取样和测试原奶。之所以选择这类药物是因为 FDA 当时提供的信息表明，内酰胺类药物是最常用的治疗泌乳奶牛的药物，因此被认为最有可能导致药物残留。此外，对这类兽药的有效筛选试验也很容易获得。此外，该行业需要保持和提供所有检测的记录，牛奶若检测出兽药需要从人类食物链中移除的方式处理。在得到兽药残留阴性结果前，检出阳性结果中的牛奶不允许运送。

1992 年，GAO 再次评估了美国食品药品监督管理局（FDA）为消除牛奶中的药物残留所做的努力。在这份报告中，GAO 质疑 FDA 的超标签使用政策，承认 FDA 和 NCIMS 采取的几个步骤，并指出问题尚未解决。报告中指出，在 FFDCA 和 FDA 的政策下，“在当时，含有未经批准或有害的兽药残留的食品被认为是掺假的，并被强制执行。”和“一些国际研究已经得出结论，在食品中少量的兽药残留不太可能对人类造成严重的健康危害……一些科学家认为，在几年的时间里，即使是微小的一些兽药残留，其潜在的健康风险都是未知的。”

美国食品药品监督管理局向各州和乳制品行业提供了大量的信息，用于消除牛奶供应中的兽药残留。自 1988 年以来。美国食品药品监督管理局专门针对与兽药残留有关的问题已经发布了 69 个 M-Is。其中 20 个 M-Is 仍然活跃。FDA 也发布了 29 份解释备忘录（M-a)。其中的 3 个测试方法已经可以使用，且保持活跃。一些不活跃的 M-Is 和 M-as 已经被纳入 NCIMS 文件。文件 N 已被修改为以包含其中一些备忘录所包含的信息。其他不活跃的备忘录已经过时，不再有效。FDA 也发布了许多通用的 M-Is 问题和回答格式。其中大部分包含关于兽药储存、使用和残留检测的问题和答案。多年来，许多 NCIMS 会议做出的变更信息都陆续收入到了文件 N 和其他 PMO 部分，以处理与兽药有关的检查和测试要求。这些变化的有效日期和措辞可以在会议行动备忘录（ims-a）中找到，该文件记录了 NCIMS 的行动。自 1991 年以来，针对各州和乳品企业关于如何清除牛奶运输链中各方面兽药残留的培训已经并将继续成为 FDA 重点关注点。目前，美国乳制品行业已经对在美国的奶牛场的兽药进行了筛选和确认测试。

目前的情况

来自“A 级”奶牛场的牛奶占全国农场牛奶供应的 90%以上。这些级别的奶牛场的牛奶以一级（38%），二级（12%）和三级（50%）的价格出售。第一类牛奶被普遍制成“A级”的成品，如液态奶。二级牛奶的一部分也被制成像酸奶的优质“A级”产品。当前“A级”和类似的美国农业部规则规定，每一辆运送牛奶到奶牛厂的罐车，无论其用途如何，都必须进行检测。一级的奶牛农场每6个月至少检测4次。巴氏灭菌牛奶和牛乳制品，也有经过验证的内酰胺测试方法，也必须每6个月至少测试4次。有些购买牛奶的人需要对其他类型的药物进行检测。FDA评估并验证测试方法。奶牛场经常检查药品的储存和使用情况，以及是否存在非法或错误的药物。定期对牛奶厂进行审查，以确保它们正在检测每一个罐车，处理任何检测到阳性的牛奶。发现不符合文件N的牛奶，工厂将会立即从托运人名单中删除可接受的清单，标题为“IMS卫生法规遵循和州际牛奶托运人的执法等级”。由于接收辖区将不接受未上市来源的牛奶，这有效地阻止了工厂在州际贸易中运输乳及乳制品。

从1991年开始的第三方国家牛奶药物残留数据库，每年发布一份财政年度报告。该数据收集和报告系统包括所有牛奶、“A级”和非“A级”的数据，通常被称为制造级牛奶。最近的财政报告显示，在2007年度，在牛奶中较少的发现药物残留。在48个州收集了4 002 185个样本的试验结果。对43 851个经巴氏灭菌的液体牛奶样本进行的测试，共进行了4 026 485个测试，有0.005%结果为阳性，导致4万磅的牛奶被按要求处理（下表）。

样本结果

样本来源	总样本数	阳性样本数	阳性样本百分比	牛奶处理数（磅）
贮奶罐中牛奶	3 303 479	1 052	0.032%	83 121 000
巴氏杀菌乳	43 851	2	0.005%	40 000
生产商	570 011	616	0.108%	2 752 000
其他	84 844	11	0.013%	307 000
总数	4 002 185	1 681	*	86 220 000

药物残留检测类型

检测药物残留的类型	检测数量	检测阳性数量	阳性百分比
β-内酰胺	3 963 569	1 677	0.042%
氨基糖苷类	36	0	0.0%
新霉素	604	2	0.331%
酰胺醇类	34	0	0.0%
恩诺沙星	1 579	0	0.0%
大环内酯类	860	1	0.116%
奇霉素	14	0	0.0%

（续表）

检测药物残留的类型	检测数量	检测阳性数量	阳性百分比
磺胺类（通用）	33 377	3	0.009%
磺胺甲嘧啶	14 538	2	0.014%
四环素	11 847	2	0.017

NCIMS 药物残留委员会正在讨论这个国家的公共卫生需求是否最符合目前的测试协议，该协议要求各州和受监管的行业执行如此多的内酰胺类药物残留测试（2007 年进行的 4 026 485项测试中的 3 963 569项）。这代表了超过 98%的测试样本。国家牛奶药物残留数据库数据显示，用于非 β-内酰胺类药物残留检测的样本总数要少得多（上表）。例如，β-内酰胺类药物阳性结果为 0.042%（在 3 963 569个样本的测试中发现了 1 677个阳性结果）。相比之下，Neomycin 的研究结果为 0.331%（604 个试验中发现 2 个阳性结果），大环内酯类为 0.116%（在 860 个试验中发现 1 个阳性结果），磺胺嘧啶为 0.014%（14 533个试验中发现 2 个阳性结果）。值得注意的是，这些其他残留物的阳性检测结果的数量太有限，无法得出任何有意义的结论，但它们确实表明，重新评估和可能重新影响这一结果的可能是正确的。此外，其他用于奶牛的药物，如氟尼锌，也没有在液态奶中检测。

大约从 20 年前开始，加强了对乳及乳制品中兽药残留的预防。在随后的几年里，这种努力在一定程度上是基于科学，部分是基于惯性。在此期间，对这一努力进行了一些重新审查。几年前，应国家的要求重新审查了国家药物残留监测计划的需要，经该机构审查后，该项目被暂停。

NCIMS 药物残留委员会要求 FDA 进行风险分析。这种风险分析可能包括但不限于：

1. 根据在农场上的使用情况，哪些药物残留可能会出现在牛奶中？

2. 如果有的话，这其中有什么特别的公共健康问题？为什么？需要考虑的问题。

○ 在泌乳牛中使用的药物可能存在于贮奶罐内牛奶中，特定药物残留的频率和水平是什么？

○ 在贮奶罐内牛奶中残留的药物残渣中，在各种牛奶产品的加工/制造过程中，这些残留物的去向是哪里？这些产品在哪里以及在什么浓度下会在牛奶产品中发现这些残留物？

○ 在贮奶罐内牛奶和牛乳制品中发现的药物残留在什么水平下不会引起人类的不良反应。什么是“安全”级别？

○ 在现有文献中，在处理大量乳及乳制品中的药物残留的公共卫生环境时，存在哪些数据差距或研究需要？

3. 有哪些风险管理方法可以使风险最小化或消除风险（基于每个剩余的基础）？

4. 在每个残留物的基础上推荐哪些风险管理方法，为什么？

5. 需要分析：有哪些方法可以用于筛选和确认的目的，以及需要哪些额外的方法？

NCIMS 药物残留委员会提出的风险分析似乎是一种谨慎且合理的方法，即重新评估。通过这种风险分析的结果，FDA 应该更好地识别可能引发风险管理问题或风险评估的做法或问题，识别并陈述具体问题，并制定适当的风险管理方法。这将使 FDA 能够审查这个机构，他们的国家合作伙伴，以及受监管的乳制品行业现在正在做的，目的是使这个至关重要的州/联邦公共卫生努力更集中于最小化目前由 FDA 风险管理程序确定的风险。值得注意的是，由于有关除 β-内酰胺以外的药物的牛奶残留物的信息数量有限，可能需要在评估风险之前进行额外的监测取样。同样重要的是要注意到，风险评估的结果将需要与在联邦食品、药品和化妆品法案下可能构成掺假牛奶（生产或零售）的法律考虑相平衡，特别是在州际运转时期。

附录 2.1 文献综述

为了确定在乳及乳制品中对药物残留进行了哪些风险评估研究，我们对现有文献进行了研究，使用了谷歌搜索和表 2.1。

搜索策略

为了确定在乳及乳制品中对药物残留进行了哪些风险评估研究，我们对现有文献进行了系统的回顾，使用谷歌搜索和表 1 中列出的关键信息。我们仔细回顾了谷歌搜索结果的前 20 页，分别搜索了 18 个不同的结果。这一策略搜索出了 152 篇文章，都值得进一步研究，我们随后对这些文章进行了筛选，以确定它们是否符合以下入选标准：

1. 评估或风险评估研究或基于风险的监视研究；

2. 乳及乳制品中评估兽药残留的研究；

3. 或定性地评估与乳及乳制品中残留的药物残留有关的公共健康风险或基于风险的检查结果。

排除标准

研究应该被排除，如果它们存在以下情况：

- 评估药物残留的安全性或毒理学风险，或旨在设定最大残留限量（MRL）或耐受水平，或仅评估一种药物；
- 仅对农场和生产者的药物残留违规风险进行评估；
- 只讨论一般的风险评估方法或政策考虑；
- 关注农药、重金属或其他非兽药残留的污染物；
- 评估肉类或其他非乳制品食品中的药物残留（或广泛比较不同食品的危害，包括且不仅限于乳制品）；
- 仅评估与药物使用有关的环境风险；
- 为避免药物残留违法行为提供一般指导文件；
- 评估供应链风险；
- 仅评估抗生素耐药性风险；
- 提供牛奶、乳制品和/或其他食品中药物残留的调查结果，而无须描述基于风险的检查；
- 仅评估经济风险；
- 只审查现有的风险排序、风险评估或监视计划；
- 报告与药物残留风险相关的流行病学或专业推断式研究；
- 只评估被曝光的评估；
- 仅根据人类健康影响对风险进行排序；
- 评估与饲料相关的残留物和污染物；或

- 评估“生奶”中微生物病原体潜在存在的风险。

结果

文献综述法为最终分析生成了 10 个独特的研究方法，总结如下。其中，有四份文件是关于英国食品中兽药残留监测的年度报告，其中包括因为它们是基于风险信息优先化（测兽药残留物委员会 2001 年，2004 年，2005 年和 2007 年）。在这四项研究中，牛奶被分析为没有 MRL 可以设置的物质，因此被禁止（欧洲委员会第 37/2010 号规则表 2），抗生素（即：根据欧盟立法，理事会第 96/23/EC 号决议，一般筛选和磺胺类药物、四环素、非甾体抗炎药和非治疗性残留）。

第五份文件描述了新西兰农业和林业部开发的“原始”牛奶中的化学残留物监测和监测的国家计划，并被纳入其中，因为它依赖于有针对性的监测，并被认为具有重要的兽药成分（农业部和林业部，2012）。程序考虑许多因素，包括毒性、良好农业规范，使用范围和模式，接触的路线，误用或滥用潜力，坚持环境、先前的监测频率，实际监管的可用性分析方法，国际残留化合物的检测以及国际市场的监管要求。该文件指出，下列物质在新西兰不被认为是有风险的：芪及其衍生物、盐和酯；二羟基苯甲酸内酯类；类固醇；乙型受体素。该文件的结论是，MRL 不能被设置，氯霉素、氯丙嗪、秋水仙碱、氨苯砜、迪美唑、灭滴灵、硝基呋喃、罗硝唑和马兜铃属植物都被纳入抽样计划，或者即使目前不包括在内，但在以后的年份中，它们在以后也可能被选中。文件提供抗菌物质的包含或排除的理由（包括磺酰胺类和喹诺酮类），驱虫剂，抗球虫药，氨基甲酸盐和拟除虫菊酯，镇静剂，非甾体类抗炎药（非甾体抗炎药）和其他药物活性物质，根据监管部门的批准状态在新西兰等地区考虑使用的可行性。

第六份文件描述了爱尔兰食品安全管理局（Food Safety Authority）采取的一种基于风险评估的方法，来制定在国内动物生产中对兽药产品和药物饲料添加剂进行国家剩余抽样计划的方法（爱尔兰食品安全管理局，2014）。该文件根据一种物质的性质，讨论了物质的风险等级、性质、效能/可接受的每日摄取量，一种物质的使用（即处理动物的数量和每只动物的处理量），残留物的发生（即可检测残留物的证据）和饮食摄入（即食物对饮食的贡献，以及因饮食而摄入较高的消费者群体）。然后，该文件继续讨论这些因素，并讨论风险等级制度的发展。最后，该文件得出结论，物质可以分为 5 个不同的群体，每一个物种，取决于食物中残留物的风险，并为牛、绵羊、山羊、猪、家禽和奶牛提供兽药风险排序。对于奶牛来说，下列药物被确定为两种最高等级的药物残留：三氯苯咪唑阿莫西林，阿苯达唑，芬苯达唑和土霉素并列第三。

第七份文件是由两位加拿大作家在学术机构担任教授时发表的，综述了食品中抗生素和抗寄生虫药物的残留，并被纳入其中，因为它为风险评估提供了一种实用的方法（Walter-Toews 和 McEwen，1994）。在剂量反应和危险品识别部分，本文件讨论了许多兽药，包括四环素、β-内酰胺、氯霉素、磺胺类药物、氨基糖苷和抗寄生虫药。曝光评估讨论了监控研究的结果以及这些数据的局限性。风险描述和风险规避部分讨论了潜在的缓解方案，并讨论了最终产品（如乳制品、肉类、蛋类）的药物残留调查结果以及这些数据的局限性。

第八份文件是在克罗地亚的肉、奶市场，基于采样数据和食品消费数据研究链霉素和四环素残留的风险评估（Vragovićet et al.，2011）。相似地，第九项研究基于监测数据和曝光数据，评估了在肯尼亚使用具有抗生素残留的市场牛奶的风险（Kang'ethe et al.，2005）。最后的研究基于 elisa 的监测数据和药物管理数据（Ibraimi et al.，2013），评估了科索沃牛奶中内酰胺残留的风险。

附录 2.2　风险评估方法

概要

全面的定量风险评估通常涉及对特定食品/污染物组合进行数学模拟的模型的开发，或在较大的深度和细节上对少量此类组合进行数值模拟，以生成风险和风险变化的数值估计。我们不采用这种方法进行这种风险评估的原因如下：首先，在科学文献中，我们需要大量的数量证据来开发和填充一个完全定量的风险评估模型，这使得我们不能采取这种方法。如果有数据，这种方法仍将被证明是不切实际的；即它将涉及对选定的 54 种药物进行定量风险评估，并比较结果（即去评估每一种药物所产生风险，比较每种药物产生的结果，这是一种劳动力和资源密集型的方法，超过了实现我们的目标所需要的）。第二，完全定量风险评估的一个关键工具是它们能估计增加或减少的疾病的具体数值，会发生各种数学模拟的变化（例如，食品的生产过程），但这风险评估并不是旨在评价或比较干预措施的有效性。第三，我们需要同时考虑多种危险因子（大量不同的兽药）和商品（牛奶和各种乳制品），以应对这种多因子的排序，而这些潜在的大量的危险商品对可能会使全面的定量分析变得非常复杂。

注意，采用贝叶斯网络模型的定量风险评估可能是适合于类似我们的情况；但是，由于数据有限，我们认为这种方法是不可行的。需要考虑的大量药品、配方和乳制品；再者，我们的量化模型的可能性变得太复杂了。

另一方面，定性风险评估可以产生更广泛的、不精确的结果，如将风险列为“低”“中等”或“高”，而非数字；例如，当缺乏数据时，禁止进行定量评估。定性风险评估的结果很大程度上是基于对问题的隐性理解，例如主观专家的意见，而不是明确表述的、可量化的数据。这种方法在很大程度上对以此方式评估的 54 种药物进行了广泛的分类。我们没有选择这种方法的一个关键原因是，它不能生成一个更精确的、更客观的对每一种药物进行记录和重复的排序，以便更好地告知优先级的决定。

为什么我们选择基于多中心的排序方法

• 风险管理问题

风险管理问题（由 FDA 风险管理人员提出）要求对兽药残留进行排序，而不是通过乳及乳制品对不同药物残留的绝对风险进行估计。MCDA 风险排序方法实现了这一目标。正如“风险评估费用和范围”（1.4）所述，其中一个重要问题是“评估药物残留的排序是什么以及其潜在的风险程度?”这个问题与我们研究的目的特别相关，因为 NCIMS 打算使用本报告的结果来重新评估目前的牛奶采样要求，包括用于测试的兽药种类（1.2）。因此，我们的目标是制作一份兽药的排序，这些药物对于 NCIMS 来说非常重要，包括在它的牛奶取样要求中。MCDA 的风险排序为我们提供了一份兽药的优先清单，如果这些药物（或它们的代谢物）存在于乳及乳制品中，可能会引起消费者的担忧。

• 各种类型证据的可用性和整合性（例如，定量和定性）

MCDA 提供了不同类型的科学证据，这些证据是定性的或定量的。虽然我们缺乏进行传统风险评估的充分数量信息，但我们有足够的定性和定量数据的混合，足以进行半定量评估。在这个基于多标准的排序中使用的科学证据列表，请参见本报告的第 5 部分。通过结合相关的定量和定性的信息，我们可以假设我们的标准（即与乳及乳制品中的药物残留有关的健康风险）充分考虑到排序。具体地说，我们可以通过考虑美国奶牛场的药物使用和相关药物的特定药效学和药代动力学特性，来获得数据，从而使我们能够从定性的角度评估贮奶罐内牛奶中药物存在的可能性和频率。我们还可以估计乳制品加工对乳及乳制品中药物残留浓度的影响，并量化乳制品消费的规模。我们还可以对人类暴露的人类健康危害估计（ADI 或类似的值）进行半定量描述。因此，通过客观地考虑可量化的和不可量化的因子，我们可以开发并整合以下四个标准，以优先考虑兽药，如果这些药物（或它们的代谢物）存在于牛奶或乳制品中，可能会引起消费者的担忧。

○ 向泌乳奶牛施用药物的可能性；

○ 药物存在于奶中（贮奶罐或运输车奶罐）的可能性；

○ 乳及乳制品中药物残留的相对暴露；

○ 潜在的人类健康危害。

基于多标准的排序包括多个不同的标准。

如前所述，基于定性和定量数据的混合，我们选择了包括在 MCDA 风险排序中的四个完全不同的标准。

• 基于多标准的排序是透明和可再生的。

我们使用的基于多标准的排序的一个额外好处是，因为我们记录了分配给各种标准的权重和分数，我们的排序是透明和可再生的。值得注意的是，我们可以在其他场景或“假设”场景中探索权重和得分的影响。例如，当有更多的科学信息可用时，我们可以通过进一步细化它们的权重或尺度/分数或添加更多的标准来修改现有的标准；或者，我们可以添加更多的药品或乳制品来进行评估。

• 文献综述

我们的文献综述（附录 2.1）揭示了基于多标准的半定量风险排序已经被其他试图解决类似风险管理问题的机构成功地使用。比如，开发一个包括在国家或国际的抽样计划中的优先的药物清单。矩阵排序的成功实施，其他国家（例如英国）采用的类似方法，表明了针对当前问题的基于多标准的排序的适当性。此外，我们所使用的基于多标准的排序与其他方法所使用的方法一致，用于处理与抽样计划相关的风险评估问题；例如，一个将新鲜农产品和病原体的风险排序（Anderson et al.，2011）、食源性寄生虫（FAO/WHO 2014）和猪的外来疾病（Brookes，2014）的组合排序，再次说明了基于多标准的排序方法的实用性。

附录 3.1　药物列表

表 A3.1　抗生素列表

#	药物	药物种类	剂型	适应症或适用动物	被排除原因
1.1	阿莫西林三水酸-1	抗生素	皮下注射/静脉注射	牛呼吸道疾病，腐蹄病	—
1.2	阿莫西林三水酸-2	抗生素	口服液	细菌性肠炎	—
1.3	阿莫西林三水酸-3	抗生素	IMAM	乳腺炎/泌乳期乳牛	—
2.1	氨苄西林三水酸-1	抗生素	皮下注射，静脉注射	牛呼吸道疾病，细菌性肠炎	—
2.2	氨苄青霉素钠	抗生素	肌肉注射，皮下注射	牛呼吸道疾病	—
2.3	氨苄西林三水酸-2	抗生素	口服液	细菌性肠炎	—
2.4	氨苄西林三水酸-3	抗生素	皮下注射	细菌性肠炎，呼吸道感染（肺炎）	—
3.1	杆菌肽	抗生素（多肽）	饲料添加剂	—	给药途径
3.2	亚甲基双水杨酸杆菌肽（BMD）	抗生素（多肽）	饲料添加剂	—	给药途径
3.3	杆菌肽锌	抗生素（多肽）	饲料添加剂	—	给药途径
4	班贝霉素	抗生素	饲料添加剂	—	给药途径
5.1	头孢噻呋结晶型游离酸	抗生素（头孢菌素）β-内酰胺类	皮下注射，静脉注射	牛呼吸道疾病，腐蹄病，急性子宫炎	—
5.2	头孢噻呋盐酸盐-1	抗生素	皮下注射/静脉注射	牛呼吸道疾病，腐蹄病，急性子宫炎	—
5.3	头孢噻呋盐酸盐-2	抗生素	IMAM	子宫炎/泌乳期乳牛子宫炎/非泌乳期乳牛	—
5.4	头孢噻呋钠	抗生素	皮下注射/静脉注射	牛呼吸道疾病，腐蹄病	—

（续表）

#	药物	药物种类	剂型	适应症或适用动物	被排除原因
6.1	苄星头孢匹林	抗生素（头孢菌素）β-内酰胺类	IMAM	子宫炎/非泌乳期乳牛	—
6.2	头孢匹林钠	抗生素	IMAM	子宫炎/泌乳期乳牛	—
7.1	氯四环素	抗生素（四环素）	饲料添加剂，可溶性粉剂	—	给药途径
7.2	盐酸金霉素	（四环素）	片剂，丸剂	—	给药途径
7.3	金霉素磺胺二甲嘧啶	抗生素（四环素）	饲料添加剂	—	复方药，给药途径
8.1	苄星邻氯青霉素	抗生素β-内酰胺类	IMAM	子宫炎/非泌乳期乳牛	—
8.2	氯苯唑青霉素钠	抗生素	IMAM	子宫炎/泌乳期乳牛	—
9.1	红霉素-1	抗生素	皮内注射	牛呼吸道疾病	—
9.2	红霉素-2	抗生素	IMAM	链球菌致亚临床乳腺炎	—
9.3	硫氰酸红霉素	抗生素	口服	促进生长提高饲料利用率	给药途径
10	加米霉素	抗生素（大环内酯物）	子宫内，皮内注射，Intrasy-novval	呼吸道感染	—
11.1	硫酸庆大霉素-1	抗生素	眼科	传染性角膜炎	—
11.2	硫酸庆大霉素-2	抗生素	子宫内注射	子宫炎	—
12	海他西林钾	抗生素β-内酰胺类	IMAM	子宫炎/泌乳期乳牛	—
13	莱特洛霉素	抗生素（离子载体）	饲料添加剂	—	—
14	拉沙里菌素	抗生素（离子载体）	饲料添加剂	—	—
15	莫能菌素	抗生素（离子载体）	饲料添加剂	增加产奶量	给药途径
16	新生霉素	抗生素	IMAM	子宫炎/泌乳期乳牛子宫炎/非泌乳期乳牛	—
17.1	土霉素盐酸盐-1	抗生素	口服	细菌性肠炎，呼吸道感染（肺炎），大肠杆菌病	—

（续表）

#	药物	药物种类	剂型	适应症或适用动物	被排除原因
17.2	土霉素盐酸盐-2	抗生素	静脉注射，或SC	呼吸道感染，腐蹄病，炭疽病，边虫病，百川钩端螺旋体病，急性子宫炎	
17.3	土霉素-3	抗生素	肌内注射，皮内注射或静脉注射	呼吸道感染，腐蹄病，炭疽病，边虫病，白喉，百川钩端螺旋体病，急性子宫炎，木舌病	—
17.4	霉素、多黏菌素	抗生素	局部用药	眼部感染	复方药
18.1	普鲁卡因青霉素、新生霉素	抗生素β-内酰胺类	IMAM	子宫炎/泌乳期乳牛子宫炎/非泌乳期乳牛	复方药
18.2	普鲁卡因青霉素G、双氢链霉素	抗生素β-内酰胺类	IMAM	子宫炎/非泌乳期乳牛	复方药
18.3	普鲁卡因苄青霉素-1	抗生素β-内酰胺类	皮内注射	牛呼吸道疾病	—
18.4	普鲁卡因苄青霉素-2	抗生素β-内酰胺类	IMAM	子宫炎/泌乳期乳牛及非泌乳期乳牛	—
18.5	普鲁卡因苄青霉素-3	抗生素β-内酰胺类	皮内注射	马腺疫	—
19	盐酸吡利霉素	抗生素（林肯（酰）胺）	IMAM	显性及隐性乳腺炎/泌乳期乳牛	—
20	磺胺溴二甲嘧啶钠	抗生素（磺胺药物）	丸剂	腐蹄病，痢疾，乳腺炎及子宫炎	—
21.1	硫酸庆大霉素-1	抗生素（磺胺药物）	口服，丸剂	呼吸系统感染（肺炎，运输热），腐蹄病，犊牛白喉，大肠杆菌病	—
221.2	硫酸庆大霉素-2	抗生素（磺胺药物）	静脉注射	呼吸系统感染（肺炎，运输热），腐蹄病，犊牛白喉，急性乳腺炎，急性子宫炎	—
21.3	硫酸庆大霉素-3	抗生素（磺胺药物）	口服，丸剂	呼吸系统感染，腐蹄病，犊牛白喉	—
22	磺胺乙氧哒嗪	抗生素（磺胺药物）	口服，片剂，肌肉注射	牛呼吸道疾病，腐蹄病，痢疾，败血症，乳腺炎、子宫炎	—

（续表）

#	药物	药物种类	剂型	适应症或适用动物	被排除原因
22.1	磺胺乙氧哒嗪-1	抗生素（磺胺药物）	口服	呼吸系统感染，腐蹄病，犊牛白喉	—
22.2	磺胺乙氧哒嗪-2	抗生素（磺胺药物）	肌肉注射	呼吸系统感染，腐蹄病，急性子宫炎	—
22.3	磺胺乙氧哒嗪-3	抗生素（磺胺药物）	口服	腐蹄病及感染，运输热	—
23	杆菌肽	抗生素（多肽）	饲料添加剂	育肥肉牛；脓肿引起的肝 condemnations 减少；生长母牛体重增加/饲料效率（WG/FE）	给药途径
23.1	亚甲基双水杨酸杆菌肽（BMD）	抗生素	饲料添加剂	育肥肉牛；脓肿引起的肝 condemnations 减少	给药途径
23.2	杆菌肽锌	抗生素	饲料添加剂	生长母牛体重增加/饲料效率（WG/FE）	给药途径
24	班贝霉素	抗生素	饲料添加剂	母牛（屠宰用，牧场母牛及后备牛犊）：（WG/FE）	给药途径
25	氯四环素-1	抗生素（四环素）	饲料添加剂，可溶性粉剂，片剂，丸剂	母牛（牛犊，肉用/非泌乳期乳牛）：犊牛大肠杆菌性腹泻；料肉比，肺炎，沙门氏菌；呼吸系统疾病病牛体重增益的维持	给药途径
25.1	氯四环素-2	抗生素	饲料添加剂，可溶性粉剂	母牛（牛犊，肉用/非泌乳期乳牛）：犊牛大肠杆菌性腹泻；料肉比，无形体病，肺炎	给药途径
25.2	盐酸金霉素	抗生素	片剂，丸剂	母牛（牛犊，肉用/非泌乳期乳牛）：犊牛大肠杆菌性腹泻，肺炎	给药途径
25.3	金霉素，磺胺嘧啶	抗生素	饲料添加剂	母牛（肉用）：呼吸系统疾病病牛体重增益的维持	复方药，给药途径

（续表）

#	药物	药物种类	剂型	适应症或适用动物	被排除原因
26	甲磺酸达氟沙星	抗生素	静脉注射	母牛（肉用/非泌乳期乳牛）：呼吸系统疾病治疗	—
27	硫酸双氢链霉素	抗生素（氨基糖苷类）	皮内注射，口服混悬剂，片剂	母牛（肉用/非泌乳期乳牛）：细螺旋体病治疗，牛犊细菌性腹泻	—
28	恩氟沙星	抗生素（氟喹诺酮）	静脉注射	母牛（肉用/非泌乳期乳牛）：呼吸系统疾病治疗	—
29.1	氟苯尼考-1	抗生素（胺酰醇）	皮内注射或静脉注射	母牛（肉用/非泌乳期乳牛）：呼吸系统疾病防治/牛呼吸道疾病，腐蹄病治疗及相关发热	—
29.2	氟苯尼考-2	抗生素	口服	牛呼吸道疾病	—
29.3	氟苯尼考-3	抗生素	静脉注射	—	—
29.4	氟苯尼考，氟尼辛	抗生素	皮内注射或静脉注射	母牛（肉用/非泌乳期乳牛）：呼吸系统疾病防治/牛呼吸道疾病，及相关发热	复合药
30	莱特洛霉素	抗生素（载体）	饲料添加剂	母牛（屠宰用）：WG/FE	给药途径
31	拉沙里菌素	抗生素（载体）	饲料添加剂	母牛（肉用，后备乳牛牛犊，牛犊）：球虫抑制药	给药途径
32	新霉素	抗生素（氨基糖苷类）	口服颗粒，眼病	母牛：大肠杆菌病；传染性角膜炎治疗	—
32.1	硫酸新霉素	抗生素	口服颗粒	母牛：大肠杆菌病（细菌性肠炎）	—
32.2	新霉素、制霉菌素、硫链丝菌素，氟羟氢化泼尼松	抗生素	眼病	母牛：传染性角膜炎治疗	复方药
33	硫酸奇放线菌素	抗生素	静脉注射	母牛（肉用/非泌乳期乳牛）：呼吸系统疾病治疗	—
33.1	盐酸奇放线菌素	抗生素	皮内注射，静脉注射或口服	呼吸系统感染（肺炎），细菌性肠炎，体重增加	—

（续表）

#	药物	药物种类	剂型	适应症或适用动物	被排除原因
34	链霉素硫酸盐	抗生素，氨基糖苷类	口服溶液剂	母牛（牛犊）：细菌性肠炎，牛犊腹泻，细螺旋体病，放线菌病、乳腺炎，牛犊肺炎	—
35.1	磺胺氯达嗪	抗生素（磺胺药物）	可溶性粉末，肌肉注射	母牛（牛犊）：大肠杆菌病	—
35.2	磺胺氯达嗪	抗生素，磺胺药物	口服	牛犊：大肠杆菌病	
36.1	磺胺甲嘧啶-1	抗生素，磺胺药物	肌内注射	呼吸系统疾病，腐蹄病，大肠杆菌病，急性子宫炎	
36.2	磺胺甲嘧啶-2	抗生素，磺胺药物	口服-SR 丸	呼吸系统疾病，腐蹄病，细菌性肠炎犊牛白喉，急性乳腺炎，急性子宫炎	
36.3	磺胺甲嘧啶-3	抗生素，磺胺药物	口服溶液剂	呼吸系统疾病，腐蹄病，细菌性肠炎犊牛白喉，球虫病，急性乳腺炎，急性子宫炎	
37	磺胺喹噁啉	抗生素，磺胺药物	可溶性粉剂，口服溶液剂	母牛（肉用/非泌乳期乳牛）：球虫病	
38.1	盐酸四环素-1	抗生素，四环素	丸剂，可溶性粉末	母牛（牛犊）：细菌性肠炎（腹泻），细菌性肺炎	—
38.2	盐酸四环素-2	抗生素，四环素	局部用药	尚未明确	—
39	替米考星磷酸盐	抗生素，大环内酯类	静脉注射/I-MAM	母牛（肉用/非泌乳期乳牛）：呼吸系统疾病	—
40	泰地罗新	抗生素（大环内酯类）	静脉注射	母牛（肉用/非泌乳期乳牛）	—
41	泰拉霉素	抗生素（大环内酯类）	静脉注射	母牛（肉用/非泌乳期乳牛）：呼吸系统疾病，传染性角膜炎，腐蹄病	—
42.1	泰洛星磷酸盐-1	抗生素	饲料添加剂	肉用母牛：肝脓肿复位术	给药途径

（续表）

#	药物	药物种类	剂型	适应症或适用动物	被排除原因
42.2	泰洛星磷酸盐-2	抗生素	皮内注射	肉用/非泌乳期乳牛：呼吸系统疾病，腐蹄病，白喉、子宫炎	—
43	维及霉素	抗生素（链霉杀阳菌素）	饲料添加剂	母牛（屠宰用）：料肉比，肝脓肿复位术	给药途径
44	安普霉素硫酸盐	抗生素（氨基糖苷类）	可溶性粉末，饲料添加剂	猪大肠杆菌病	给药途径
45	对氨苯基胂酸	抗生素（砷剂）	饲料添加剂	猪：料肉比，猪痢疾；火鸡：料肉比、改善色素沉着	给药途径
46	卡巴多司	抗生素	饲料添加剂	猪——料肉比、猪痢疾、肠炎	给药途径
47	黏菌素甲磺钠	抗生素	血管注射剂	鸡——*E. coli* mortality	物种专用
48	依罗霉素	抗生素	饲料添加剂	猪——料肉比	给药途径
49	罗氏潮霉素 B	抗生素（氨基糖苷类）	饲料添加剂	鸡，猪肠道寄生虫的控制	给药途径
50.1	盐酸林可霉素	抗生素（林肯（酰）胺）	饲料添加剂，可溶性粉末，血管注射剂	猪：猪痢疾，肠炎；鸡：坏死性肠炎、关节炎、支原体性肺炎	
50.2	盐酸林可霉素—水合物	抗生素	血管注射剂	猪关节炎、支原体性肺炎	
51	马度米星铵	抗生素（离子载体）	饲料添加剂	鸡——球虫抑制药	给药途径，物种专用
52	甲基盐霉素	抗生素（离子载体）	饲料添加剂	鸡——球虫抑制药	给药途径，物种专用
53	硝苯胂酸	抗生素（砷）	饲料添加剂	鸡，火鸡——黑头病预防	给药途径，物种专用
54	竹桃霉素	抗生素（大环内酯物）	饲料添加剂	猪，鸡，火鸡：料肉比	给药途径，物种专用
55	罗贝胍	抗生素	饲料添加剂	鸡——球虫抑制药	给药途径，物种专用

（续表）

#	药物	药物种类	剂型	适应症或适用动物	被排除原因
56	罗沙胂	抗生素（砷）	饲料添加剂，可溶性粉末，片剂，口服溶液剂	猪——（饲料）料肉比，（SP，片剂）猪痢疾；鸡，火鸡——料肉比，改善色素沉着，（片剂，鸡）球虫抑制药	给药途径，物种专用
57	盐霉素	抗生素（离子载体）	饲料添加剂	鸡，鹌鹑——球虫抑制药	给药途径，物种专用
58	生度米星	抗生素（离子载体）	饲料添加剂	鸡——球虫抑制药	给药途径，物种专用
59.1	磺胺甲基嘧啶	抗生素（磺胺类）	饲料添加剂	鱼——疗疮控制	给药途径，物种专用
59.2	磺胺甲基嘧啶、磺胺二甲嘧啶、磺胺喹噁啉	抗生素（磺胺类）	可溶性粉末	鸡，火鸡——球虫病，霍乱	复方药，给药途径，物种专用
60	磺黏菌素	抗生素（磺胺类）	血管注射剂	鸡，火鸡——大肠杆菌病，慢性呼吸道疾病	物种专用
61	硫黏菌素	抗生素（截短侧耳素）	饲料添加剂，可溶性粉末	猪——（饲料）料肉比，（SP，片剂）猪痢疾；肠炎；猪痢疾，猪呼吸道疾病	给药途径，物种专用
62.1	硫酸阿米卡星-1	抗生素（氨基糖苷类）	子宫内用药	母马生殖道感染	—
62.2	硫酸阿米卡星-2	抗生素	皮内注射，静脉注射	泌尿生殖道感染（膀胱炎）	—
63	头孢羟氨	抗生素（头孢类）	片剂	狗，猫	给药途径，物种专用
64	头孢维星	抗生素（头孢类）	血管注射剂	狗，猫	给药途径，物种专用
65	头孢泊肟	抗生素（头孢类）	片剂	狗	给药途径，物种专用
66.1	氯霉素-1	抗生素（胺酰醇）	片剂，胶囊血管注射剂，眼部	狗，猫	—
66.2	棕榈酸氯霉素	抗生素	口服混悬剂	狗，呼吸系统感染，细菌性肠炎，尿路感染	—

（续表）

#	药物	药物种类	剂型	适应症或适用动物	被排除原因
66.3	氯霉素-3	抗生素	肌肉注射，皮内注射	呼吸道感染，细菌性肠炎，尿路感染	—
66.4	氯霉素、醋酸泼尼松龙	抗生素	眼病	狗，猫	S，类固醇
67	氯林可霉素	抗生素（林可酰胺）	片剂，胶囊，口服溶液剂	狗，猫	给药途径，物种专用
68	铜迈克星	抗生素（抗真菌）	局部用药	马，狗，猫	给药途径
69	单水双氯西林钠	抗生素（β-内酰胺）	胶囊	狗	复合药，给药途径，物种专用
70	二氟沙星	抗生素（氟喹诺酮）	片剂	狗	给药途径，物种专用
71	海克多西环素	抗生素（四环素类抗生素）	血管注射剂	狗	物种专用
72	呋喃唑酮	抗生素（硝基呋喃）	局部用药	马，狗	—
73	碘氯羟喹	抗生素	丸剂	马	物种专用
74.1	卡那徽素	抗生素（氨基糖苷类）	眼部	狗	—
74.2	硫酸卡那霉素	抗生素（氨基糖苷类）	血管注射剂	狗，猫	—
74.3	硫酸卡那霉素、安福霉素钙、醋酸氢化可的松	抗生素（氨基糖苷类）	局部用药	狗	复合药
74.4	卡那霉素、碱式碳酸铋、活性凹凸棒石	抗生素（氨基糖苷类）	口服混悬剂	狗	复合药
75	马波沙星	抗生素（氟喹诺酮）	片剂	狗，猫	给药途径
76	莫匹罗星	抗生素	局部用药	狗	给药途径，物种专用
77.1	呋喃西林	抗生素（硝基呋喃）	局部用药	马，狗，猫	
77.2	呋喃西林、硫酸布大卡因	—	局部用药	马，狗，猫	复合药
78.1	奥比沙星	抗生素（氟喹诺酮）	口服混悬剂，片剂	狗，猫	给药途径

（续表）

#	药物	药物种类	剂型	适应症或适用动物	被排除原因
78.2	奥比沙星、糠酸莫米松—水合物，泊沙康唑	—	局部用药	狗	复合药，给药途径
79	磺胺嘧啶/乙嘧啶	抗生素（磺胺药物）	口服混悬剂	马	复合药
80	磺胺、扁桃酸乌洛托品	抗生素（磺胺药物）	片剂	狗	复合药，给药途径，物种专用
81	硫代异—唑	抗生素（磺胺药物）	片剂	狗，猫	给药途径
82	α-替卡西林	抗生素（β-内酰胺）	宫内输液	马	物种专用
83	甲氧苄氨嘧啶、磺胺嘧啶	抗生素（磺胺药物）	血管注射剂，糊剂，内服散剂，片剂，口服混悬剂	马，狗	复合药
84	苄星青霉素 G	抗生素（β-内酰胺）	血管注射剂	肉用母牛	复合药
85	地美环素	抗生素（四环素）	片剂	狗	给药途径，物种专用
86	迪美唑	抗生素（硝基咪唑）	饲料或饮用水	火鸡及猪的肠肝炎治疗	给药途径，物种专用
87	异丙硝哒唑	抗生素（硝基咪唑）	饲料	火鸡及猪的组织滴虫病治疗	给药途径，物种专用
88	甲烯土霉素	抗生素（硝基咪唑）	胶囊，口服混悬剂	伴生动物用药	美国市场无售
89	二甲胺四环素	抗生素（四环素）	胶囊，片剂，口服混悬剂	狗，猫，马	给药途径，物种专用
90	沙氟沙星	抗生素（氟喹诺酮）	—	—	美国市场无售
91	磺胺甲噁唑	抗生素（磺胺药物）	—	—	美国市场无售
92	磺胺	抗生素（磺胺药物）	—	—	美国市场无售
93	磺胺吡啶	抗生素（磺胺药物）	—	—	美国市场无售
94	磺胺塞唑	抗生素（磺胺药物）	—	—	给药途径
95	万古霉素	抗生素（糖肽）	—	—	美国市场无售
96	头孢呋辛酯、头孢呋肟	抗生素（头孢菌素）	—	—	复合药

表 A3. 2　抗真菌药列表

#	药物	药物种类	剂型	适应症或适用动物	被排除原因
97	双环己基铵烟曲霉素	抗真菌药	可溶性粉剂	蜜蜂——疾病预防	物种专用
98	克霉唑	抗真菌药	局部用药	狗，猫	给药途径，物种专用
99	环烷酸铜	抗真菌药	局部用药	马	给药途径，物种专用
100	灰黄霉素	抗真菌药	内服散剂	马，狗，猫	物种专用
101. 1	霉康唑	抗真菌药	局部用药	狗，猫	给药途径，物种专用
101. 2	咪康唑、多黏菌素 B、强的松龙	抗真菌药，抗生素，类固醇	局部用药	狗	复合药，给药途径，物种专用
102	托萘酯	抗真菌药	局部用药	狗猫	给药途径，物种专用

表 A3. 3　抗组织胺药列表

#	药物	药物种类	剂型	适应症或适用动物	被排除原因
103	异丁嗪酒石酸、醋酸泼尼松龙	抗组织胺药，类固醇	片剂，胶囊	狗	复合药，给药途径，类固醇，物种专用
104	琥珀酸杜克西拉明	抗组织胺药	片剂，血管注射剂	马，狗，猫	泌乳期乳牛禁用，物种专用
105	氯苯吡胺	抗组织胺药	—	—	泌乳期乳牛禁用
106	顺丁烯二酸吡纳明	抗组织胺药	血管注射剂	马	泌乳期乳牛禁用，物种专用

表 A3. 4　抗炎症药物列表

#	药物	药物种类	剂型	适应症或适用动物	被排除原因
107. 1	地塞米松	抗炎症药物/类固醇	皮内注射，肌肉注射，内服散剂，丸剂	酮病，对炎症性疾病，休克和应激反应辅助性治疗	类固醇
107. 2	地塞米松、三氯	抗炎症药物/类固醇/利尿剂	口服丸剂	乳房水肿	复合药，类固醇
108. 1	氟尼辛葡胺-1	抗炎症药物/非类固醇抗炎药	肌肉注射	热病，呼吸道相关性感染，炎症控制；内毒素血症与乳腺炎；内毒素血症炎症控制	—

（续表）

#	药物	药物种类	剂型	适应症或适用动物	被排除原因
108.2	氟尼辛葡胺-2	抗炎症药物/非类固醇抗炎药	皮内注射，肌肉注射或口服	炎症控制及肌肉骨骼（并发）疼痛等	—
109	醋异氟龙	抗炎症药物/类固醇	皮内注射	牛醋酮血病，疼痛缓解，关节炎等引起的跛行，过敏反应的 TX，严重感染辅助治疗	类固醇
110	盐酸特赖皮伦胺	抗炎症药物/抗组织胺药	皮内注射/肌肉注射	在希望应用抗组胺药缓解某些病症情况下的 TX	—
111	明胶溶液	休克疗法/抗炎症药物	肌肉注射	治疗休克动物，使其恢复血量循环	其他
112	醋酸去甲雄三烯醇酮	类固醇	植入剂	牛（备用公母牛犊专用）：料肉比	类固醇
113	右环十四酮酚	类固醇	植入剂	母牛（肉用）：料肉比	类固醇
114	沙丁胺醇	类固醇	吸入剂	马	泌乳期乳牛禁用，类固醇
115.1	醋酸倍他米松，倍他米松磷酸钠	类固醇	血管注射剂	马	复合药，泌乳期乳牛禁用，类固醇
115.2	二丙酸倍他米松，倍他米松磷酸钠	类固醇	血管注射剂	马，狗	复合药，泌乳期乳牛禁用，类固醇
116	勃地酮	类固醇	血管注射剂	马	泌乳期乳牛禁用，类固醇
117	卡洛芬	非类固醇抗炎药	片剂，血管注射剂	狗	物种专用
118	氯苯甘油氨酯	抗炎症药物	片剂	狗	给药途径，物种专用
119	克仑特罗	类固醇	口服糖浆	马	泌乳期乳牛禁用
120	地拉考昔	非类固醇抗炎药	片剂	狗	给药途径
121	双氯芬酸	非类固醇抗炎药	局部用药	马	物种专用
122	二甲亚砜	抗炎症药物	局部用药	马，狗	物种专用
123	依托度酸	非类固醇抗炎药	片剂，血管注射剂	狗	物种专用
124	非罗考昔	非类固醇抗炎药	片剂，血管注射剂，糊剂	马，狗	物种专用

（续表）

#	药物	药物种类	剂型	适应症或适用动物	被排除原因
125	氟米松	类固醇	血管注射剂，片剂	马，狗，猫	类固醇
126	氟美沙松、硫酸新霉素、多黏菌素B硫酸盐	类固醇，抗生素	局部用药	狗，猫	复合药，给药途径
127.1	氟新诺龙丙酮	类固醇	局部用药	狗，猫	给药途径，类固醇，物种专用
127.2	氟轻松酮，二甲基亚砜	类固醇，抗炎症药物	局部用药	狗	复合药，给药途径
127.3	醋酸氟轻松，硫酸新霉素	类固醇，抗生素	局部用药	狗，猫	复合药，给药途径，类固醇，物种专用
128	苯酮苯丙酸	非类固醇抗炎药	肌肉注射	马	—
129	甲氯灭酸	抗炎症药物	口服颗粒剂，片剂	马，狗	给药途径，物种专用
130	美洛昔康	非类固醇抗炎药	口服混悬剂，血管注射剂	马，狗	—
131.1	甲基强的松龙	类固醇	血管注射剂，片剂	马，狗，猫	类固醇，物种专用
131.2	甲基强的松龙，阿司匹林	类固醇，非类固醇抗炎药	片剂	狗	复合药，其他
132	萘普生	非类固醇抗炎药	肌肉注射，或口服颗粒剂	马	—
133	奥古蛋白	抗炎症药物	血管注射剂	马	物种专用
134.1	保泰松-1	非类固醇抗炎药	肌肉注射	肌肉骨骼炎症缓解	—
134.2	保泰松-2	非类固醇抗炎药	口服	肌肉骨骼炎症缓解	—
135.1	泼尼松龙	类固醇	片剂	狗	类固醇，物种专用
135.2	醋酸氢化泼尼松	类固醇	血管注射剂	马，狗，猫	给药途径，类固醇，物种专用
135.3	醋酸泼尼松龙，硫酸新霉素	类固醇，抗生素	局部用药	狗，猫	复合药，给药途径，类固醇，物种专用
135.4	泼尼松龙磷酸钠	类固醇	血管注射剂	狗	类固醇，物种专用
135.5	泼尼松龙磷酸钠硫酸新霉素	类固醇，抗生素	眼部	狗，猫	复合药，类固醇，物种专用

（续表）

#	药物	药物种类	剂型	适应症或适用动物	被排除原因
135.6	琥珀酸钠泼尼松龙	类固醇	血管注射剂	马，狗，猫	类固醇，物种专用
135.7	强的松龙叔丁乙酯	类固醇	血管注射剂	马，狗，猫	类固醇，物种专用
135.8	泼尼松龙，硫酸新霉素	类固醇，抗生素	眼部	狗，猫	复合药，类固醇，物种专用
136	泼尼松	类固醇	血管注射剂	马，狗，猫	类固醇，物种专用
137	羟甲雄烷吡唑	类固醇	血管注射剂，片剂	马，狗，猫	泌乳期乳牛禁用
138	替泊沙林	非类固醇抗炎药	片剂	马，狗，猫	给药途径
139	氟羟氢化泼尼松	类固醇	内服散剂，血管注射剂，局部用药	马，狗，猫	类固醇，物种专用
140	米勃龙	类固醇	口服溶液剂，饲料添加剂	狗	给药途径，物种专用
141	阿司匹林（水杨酸）	非类固醇抗炎药	口服	炎症处理	—
142	水杨酸钠	非类固醇抗炎药	—	—	其他

表 A3.5 抗寄生虫药物列表

#	药物	药物种类	剂型	适应症或适用动物	被排除原因
143	香豆磷	抗寄生虫药物	饲料添加剂	胃肠道蛔虫的防治	给药途径
144.1	乙酰氨基阿维菌素-1	抗寄生虫药物	局部用药	体内外寄生虫；胃肠道蛔虫，肺线虫，蠕虫防治	—
144.2	乙酰氨基阿维菌素-2	抗寄生虫药物	静脉注射	体内外寄生虫；胃肠道蛔虫，肺线虫，蠕虫防治	—
145	芬苯哒唑	抗寄生虫药物	饲料添加剂	体内寄生虫防治及祛除	给药途径
146	酒石酸莫仑太尔	抗寄生虫药物	饲料添加剂	体内寄生虫防治	给药途径
147.1	莫昔克丁-1	抗寄生虫药物	局部用药	体外寄生虫控制及治疗	—
147.2	莫昔克丁-2	抗寄生虫药物	静脉注射	体外寄生虫控制及治疗	
148	噻苯咪唑	抗寄生虫药物	口服	胃肠道寄生虫	

（续表）

#	药物	药物种类	剂型	适应症或适用动物	被排除原因
149	阿苯达唑	抗寄生虫药物	口服混悬剂，糊剂	母牛（肉用/非泌乳期乳牛）：体内寄生虫防治	
150.1	安普罗利	抗寄生虫药物/球虫抑制药	口服溶液剂	母牛（小牛）：球虫病治疗/预防	
150.2	安普罗利	抗寄生虫药物/球虫抑制药	饲料添加剂	母牛（小牛）：球虫病治疗/预防	给药途径
151	氯舒隆	抗寄生虫药物	口服液体药剂	母牛（肉用/非泌乳期乳牛）：偶然性寄生虫害	—
152	地可喹酯	抗寄生虫药物/球虫抑制药	饲料添加剂，可溶性粉剂	母牛（肉用，非泌乳期乳牛，牛犊）：球虫抑制药	给药途径
153	多拉克丁	抗寄生虫药物	皮内注射，静脉注射，局部用药	母牛（肉用/非泌乳期乳牛）：蛔虫病治疗；体内外寄生虫防治	—
154	氨磺磷	抗寄生虫药物	饲料添加剂，局部用药	肉牛/非泌乳期乳牛：体外寄生虫防治（虱子/蜱螬）	给药途径
155	倍硫磷	抗寄生虫药物	局部用药	母牛（肉用/非泌乳期乳牛）：体外寄生虫防治（虱子/蜱螬）	给药途径
156	哈洛克酮	抗寄生虫药物	口服液体药剂，丸剂	母牛（肉用/非泌乳期乳牛）：体内寄生虫防治及祛除	给药途径
157.1	双氢除虫菌素-1	抗寄生虫药物	皮内注射	胃肠道及体外寄生虫	—
157.2	双氢除虫菌素-2	抗寄生虫药物	口服	胃肠道及体外寄生虫	—
157.3	双氢除虫菌素-3	抗寄生虫药物	静脉注射	胃肠道及体外寄生虫	—
157.4	双氢除虫菌素-4	抗寄生虫药物	口服	胃肠道及体外寄生虫	—
157.5	双氢除虫菌素-5	抗寄生虫药物	局部用药	胃肠道及体外寄生虫	—
157.6	双氢除虫菌素-6	抗寄生虫药物	口服	胃肠道及体外寄生虫	—

（续表）

#	药物	药物种类	剂型	适应症或适用动物	被排除原因
157.7	双氢除虫菌素，氯舒隆	抗寄生虫药物	静脉注射	母牛（肉用/非泌乳期乳牛）：体内/外寄生虫防治	复合药
158.1	左咪唑	抗寄生虫药物	静脉注射，内服散剂，局部用药，丸剂，口服凝胶	母牛（肉用/非泌乳期乳牛）：体内寄生虫防治	—
158.2	盐酸左旋四咪唑	抗寄生虫药物	口服	胃肠道寄生虫，驱虫药	—
158.3	磷酸左旋咪唑	抗寄生虫药物	静脉注射	胃肠道寄生虫，驱虫药	—
158.4	树脂酸左旋咪唑	抗寄生虫药物	糊剂	母牛（肉用/非泌乳期乳牛）：体内/外寄生虫防治	复合药
159	N-（巯基甲基）邻苯二甲酰亚胺S-（O,O-二甲基二硫代磷酸酯）	抗寄生虫药物	局部用药	母牛（肉用）：体外寄生虫防治	复合药，给药途径
160	奥芬达唑-1	抗寄生虫药物	口服混悬剂，糊剂	母牛（肉用/非泌乳期乳牛）：体内寄生虫防治	—
160.1	奥芬达唑-2	抗寄生虫药物	口服	体内寄生虫防治	—
161	氯吡多	抗寄生虫药物	饲料添加剂	鸡：球虫抑制药；火鸡：白细胞球虫病预防	给药途径，物种专用
162	氯吡多	抗寄生虫药物	饲料添加剂	猪——体内寄生虫防治	给药途径，物种专用
163	地克珠利	抗寄生虫药物	饲料添加剂	鸡，火鸡——球虫抑制药	给药途径，物种专用
164	奈喹酯	球虫抑制药	饲料添加剂	鸡——球虫抑制药	给药途径，物种专用
165	氢溴酸卤夫酮	抗寄生虫药物	饲料添加剂	鸡，火鸡——球虫抑制药	给药途径，物种专用
166	双硝苯脲二甲嘧啶醇	球虫抑制药	饲料添加剂	鸡——球虫抑制药	给药途径，物种专用
167	哌嗪	抗寄生虫药物	可溶性粉剂，口服混悬剂	猪，鸡，火鸡——体内寄生虫防治	给药途径，物种专用
168	噻吩嘧啶酒石酸盐	抗寄生虫药物	饲料添加剂，内服散剂，小丸剂	猪，鸡，火鸡——体内寄生虫防治	给药途径，物种专用

（续表）

#	药物	药物种类	剂型	适应症或适用动物	被排除原因
169	阿米曲拉	抗寄生虫药物	局部用药	狗	给药途径，物种专用
170	砷酰胺钠	抗寄生虫药物	血管内注射剂	狗	物种专用
171	丁奈醚盐酸盐	抗寄生虫药物	片剂	狗，猫	给药途径，物种专用
172	盐酸丁咪唑	抗寄生虫药物	血管内注射剂	狗	物种专用
173	堪苯达唑	抗寄生虫药物	口服混悬剂，口服小丸剂，糊剂	马	给药途径，物种专用
174	卡硝唑	抗寄生虫药物	片剂	鸽子	给药途径，物种专用
175	赛灭磷	抗寄生虫药物	口服液，片剂	狗	给药途径，物种专用
176.1	双氯酚	抗寄生虫药物	胶囊	狗	给药途径，物种专用
176.2	二氯苯甲苯	抗寄生虫药物	胶囊	狗	复合药，给药途径，物种专用
177.1	枸橼酸乙胺嗪	抗寄生虫药物	片剂，糖浆，胶囊	狗，猫	给药途径，物种专用
177.2	枸橼酸乙胺嗪，奥苯达唑	抗寄生虫药物	片剂	狗	复合药，给药途径，物种专用
178.1	碘二噻宁	抗寄生虫药物	片剂，内服散剂	狗	给药途径，物种专用
178.2	二噻嗪碘化物，枸橼酸哌嗪	抗寄生虫药物	口服混悬剂	马	复合药，给药途径，物种专用
179	环庚三烯肽，吡喹酮	抗寄生虫药物	局部用药	猫	复合药，给药途径，物种专用
180	依西太尔	抗寄生虫药物	片剂	狗，猫	给药途径，物种专用
181.1	非班太	抗寄生虫药物	糊剂，口服混悬剂，片剂	马，狗，猫	给药途径，物种专用
181.2	吡苯太尔，吡喹酮	—	糊剂	狗，猫	复合药，给药途径，物种专用
182.1	吡虫啉、伊维菌素	抗寄生虫药物	局部用药	狗	复合药，给药途径，物种专用
182.2	吡虫啉、莫西汀	抗寄生虫药物	局部用药	狗，猫	复合药，给药途径，物种专用

（续表）

#	药物	药物种类	剂型	适应症或适用动物	被排除原因
183	咪多卡二丙酸盐	抗寄生虫药物	血管内注射剂	狗，猫	复合药，物种专用
184	氯芬奴隆	抗寄生虫药物	口服混悬剂，血管内注射剂，片剂	狗，猫	物种专用
185.1	甲苯咪唑	抗寄生虫药物	内服散剂，糊剂	马，狗	给药途径
185.2	甲苯咪唑，三氯磷酸酯	抗寄生虫药物	内服散剂，糊剂	马	复合药，给药途径
186	盐酸美沙林	抗寄生虫药物	血管内注射剂	狗	给药途径，物种专用
187.1	米尔贝肟	抗寄生虫药物	片剂，局部用药	狗，猫	给药途径，物种专用
187.2	米尔霉素肟	抗寄生虫药物	片剂	狗	复合药，给药途径，物种专用
188	氯丁烷	抗寄生虫药物	胶囊	狗，猫	给药途径，物种专用
189	烯啶虫胺	抗寄生虫药物	片剂	狗，猫	给药途径，物种专用
190	奥苯达唑	抗寄生虫药物	口服混悬剂，片剂	马	给药途径
191	泊那珠利	抗寄生虫药物	糊剂	马	给药途径
192.1	吡喹酮	抗寄生虫药物	血管内注射剂，片剂	狗，猫	给药途径，物种专用
192.2	吡喹酮，双羟萘酸噻吩嘧啶	抗寄生虫药物	片剂	狗，猫	复合药，给药途径，物种专用
192.3	吡喹酮，双羟萘酸噻吩嘧啶，非班太	抗寄生虫药物	片剂	狗，猫	给药途径，物种专用
193	司拉克丁	抗寄生虫药物	局部用药	狗，猫	给药途径，物种专用
194	多杀菌素	抗寄生虫药物	片剂	狗	给药途径，物种专用
195	氯苯磺酸噻苯氧铵	抗寄生虫药物	片剂	狗	给药途径，物种专用
196	噻昔达唑	抗寄生虫药物	口服颗粒剂，糊剂	马	给药途径
197.1	三氯磷酸酯	抗寄生虫药物	口服颗粒剂，丸剂	马	给药途径

（续表）

#	药物	药物种类	剂型	适应症或适用动物	被排除原因
197.2	敌百虫、阿托品	抗寄生虫药物	口服	实验小鼠	给药途径，物种专用
197.3	敌百虫、吩噻嗪、盐酸哌嗪	抗寄生虫药物	可溶性粉剂	马	复合药，给药途径

表 A3.6　杀菌剂列表

#	药物	药物种类	剂型	适应症或适用动物	被排除原因
198	秘鲁香油，蓖麻油，胰蛋白酶	杀菌剂等	局部用药	伤口护理	复合药，给药途径
199	洗必泰	杀菌剂	宫内输液	子宫炎，阴道炎	其他

表 A3.7　麻醉剂/SED 列表

#	药物	药物种类	剂型	适应症或适用动物	被排除原因
200	硫戊巴比妥钠	麻醉药	肌肉注射	麻醉	其他
201	硫烯丙巴比妥钠	麻醉药	肌肉注射	麻醉	其他
202	阿扎哌隆	镇静剂	血管注射剂	猪——易怒症控制	物种专用
203	盐酸美托舍酯	镇静剂	内服散剂	鸡——镇静剂，癔病防治	物种专用
204	三卡因间氨苯酸乙脂甲磺酸盐	麻醉药	水剂	鱼——暂时镇静	复合药，物种专用
205	乙酰丙嗪	镇静剂	血管注射剂，片剂	马，狗，猫	给药途径，物种专用
206	酒石酸布托啡诺	镇痛剂	血管注射剂，片剂	马，狗，猫	给药途径，物种专用
207	枸橼酸卡芬太尼	镇静剂	血管注射剂	鹿科	泌乳期乳牛禁用
208	地托咪定	镇痛剂，镇静剂	口服，血管注射剂	马	给药途径，物种专用
209	右旋美托咪啶	镇痛剂，镇静剂	血管注射剂	狗，猫	给药途径，物种专用
210	水合氯醛，戊巴比妥，硫酸镁	麻醉剂，镇静剂	肌肉注射	全身麻醉镇静松弛剂	复合药，其他
211	多沙普仑	麻醉剂（重复性刺激）	血管注射剂	马，狗，猫	给药途径，物种专用
212	氟哌利多，枸橼酸芬太尼	麻醉剂	血管注射剂	狗	复合药，给药途径，物种专用

（续表）

#	药物	药物种类	剂型	适应症或适用动物	被排除原因
213	盐酸异丁嗪	镇静剂	片剂，血管注射剂	狗	给药途径，物种专用
214	埃托啡盐酸盐	镇静剂	血管注射剂	野生/外来物种	给药途径，物种专用
215	格隆铵	麻醉药	血管注射剂	狗，猫	给药途径，物种专用
216	三氟溴氯乙烷	麻醉药	吸入剂	非食用性动物	给药途径
217	异氟醚	麻醉药	吸入剂	马，狗	给药途径
218. 1	盐酸氯胺酮	麻醉药	血管注射剂	猫，亚灵长类	给药途径，物种专用
218. 2	盐酸氯胺酮，盐酸丙嗪，胺戊酰胺硫酸氢盐	麻醉药	血管注射剂	猫	复合药，给药途径，物种专用
219	美托咪定盐酸盐	镇痛剂，镇静剂	血管注射剂	狗	给药途径，物种专用
220	马比佛卡因	麻醉药	血管注射剂	马	物种专用
221	甲氧氟烷	麻醉药	吸入剂	狗	给药途径，物种专用
222	盐酸羟吗啡酮	镇痛剂/麻醉药	血管注射剂	狗，猫	物种专用
223	乳酸镇痛新	麻醉药	血管注射剂	马	物种专用
224	吩噻嗪盐酸盐	镇静剂	血管注射剂	马，狗，猫	物种专用
226	盐酸丙酰丙嗪	镇静剂	血管注射剂，片剂	狗，猫	给药途径，物种专用
227	异丙酚	麻醉药	血管注射剂	狗，猫	给药途径，物种专用
228	罗米非定	无痛/麻醉药	血管注射剂	马，狗	给药途径，物种专用
229	七氟醚	麻醉剂	吸入剂	狗	给药途径
230	戊巴比妥钠	麻醉剂	血管注射剂，胶囊，片剂	马，狗，猫	美国市场无售
231. 1	硫喷妥钠	麻醉剂	血管注射剂	狗，猫	给药途径，物种专用
231. 2	硫喷妥钠，戊巴比妥钠，戊巴比妥钠	麻醉剂	血管注射剂	狗，猫	复合药，给药途径
232	盐酸替拉西泮，盐酸唑拉西泮	麻醉剂	血管注射剂	狗，猫	给药途径，物种专用，物种专用

（续表）

#	药物	药物种类	剂型	适应症或适用动物	被排除原因
233	盐酸三氟丙嗪	镇静剂	血管注射剂，片剂，口服混悬液	马，狗，猫	美国市场无售
234	木犀草素	镇静剂	血管注射剂	马，狗，猫，麋鹿，鹿	给药途径，物种专用
235	安乃近	镇痛剂/退烧药	—	—	泌乳期乳牛禁用
236	氯代丁醇	局部麻醉剂/镇静剂	局部用药	狗	美国市场无售

表 A3.8　麻醉剂解药列表

#	药物	药物种类	剂型	适应症或适用动物	被排除原因
237	盐酸烯丙吗啡	抗麻醉剂	血管注射剂	狗	给药途径，物种专用
238	盐酸烯丙羟吗啡酮	抗麻醉剂	血管注射剂	狗	给药途径，物种专用
239	盐酸纳曲酮	镇静剂逆转剂	血管注射剂	麋鹿，驼鹿	给药途径
240	盐酸二丙诺啡	镇静剂逆转剂	血管注射剂	野生/外来物种	给药途径，物种专用
241	阿替美唑	镇静剂逆转剂	血管注射剂	狗，用于甲苯嗪镇静作用的逆转剂	给药途径，物种专用
242	盐酸托拉佐林	麻醉逆转剂	血管注射剂	马	物种专用
243	育亨宾	麻醉逆转剂	血管注射剂	狗，麋鹿，鹿	物种专用

表 A3.9　利尿剂列表

#	药物	药物种类	剂型	适应症或适用动物	被排除原因
244	利尿磺胺	利尿剂	皮内注射，肌肉注射，丸剂，内服散剂	乳房水肿	其他
245	二氢氯噻	利尿剂	皮内注射，肌肉注射	乳房水肿	其他
246	乙酰唑胺钠	利尿剂	可溶性粉剂，血管注射剂	狗	给药途径，物种专用

表 A3.10　电解质列表

#	药物	药物种类	剂型	适应症或适用动物	被排除原因
247	葡萄糖/甘氨酸/电解质	电解质	可溶性粉剂	母牛（牛犊）：脱水（由腹泻引起）	泌乳期乳牛禁用

表 A3.11　激素/生殖列表

#	药物	药物种类	剂型	适应症或适用动物	被排除原因
248	绒毛膜促性腺激素	生殖/激素	皮内注射	卵巢囊肿引起的慕雄狂（常见持续发热）的治疗	生殖药物/激素
249	氯前列醇钠	生殖/激素	皮内注射	诱导黄体溶解；干预发情及排卵；终止意外妊娠；子宫积脓	生殖药物/激素
250	促肾上腺皮质激素	内分泌（腺）/激素	皮内注射/静脉注射	牛醋酮血病	生殖药物/激素
251	地诺前列素	生殖/激素	皮内注射	诱导黄体溶解；干预发情及排卵；终止意外妊娠；子宫积脓	生殖药物/激素
252	促卵泡激素	生殖/激素	皮内注射/静脉注射/肌肉注射	用于超数排卵的诱导；卵泡刺激素补充来源	生殖药物/激素
253	促性激素释放素	生殖/激素	皮内注射/肌肉注射	卵巢囊肿	生殖药物/激素
254	碘化酪蛋白	内分泌（腺）/激素	饲料添加剂	增加产奶量	生殖药物/激素
255	后叶催产素	内分泌（腺）/激素	皮内注射/静脉注射/肌肉注射	子宫收缩（分娩或产后子宫排空的诱导），催乳	生殖药物/激素
256	垂体黄体化激素	生殖/激素	静脉注射/肌肉注射	垂体功能低下引起的繁殖障碍的治疗	生殖药物/激素
257	孕酮	生殖/激素	阴道内用药	同期发情	生殖药物/激素
258	牛蛋氨生长素 锌	内分泌（腺）/激素	静脉注射	增加产奶量	生殖药物/激素
259.1	雌二醇	激素	植入剂，静脉注射	母牛（仅用于阉牛及小母牛）：料肉比	生殖药物/激素
259.2	雌二醇戊酸酯，诺孕美特	生殖	植入剂，静脉注射/皮内注射	发情及排卵同步	生殖药物/激素
260	芬前列素钠	生殖	静脉注射	育肥小母牛怀孕150天或少于150天的流产诱导。肉牛或非泌乳期母牛同期发情	生殖药物/激素

（续表）

#	药物	药物种类	剂型	适应症或适用动物	被排除原因
261	美仑孕酮	激素	饲料添加剂	母牛（肉用小母牛）：料肉比，发情抑制	给药途径，生殖药物/激素
262	烯丙孕素	生殖	口服	猪——同期发情	生殖药物/激素
263	醋酸氟孕酮	生殖	阴道内用药	绵羊——同期发情	生殖药物/激素
264	阿法前列醇	生殖	血管注射剂	马	给药途径
265	地洛瑞林	生殖	植入剂	马	给药途径
266	氟前列醇钠	生殖	血管注射剂	马	给药途径
267	鲁前列醇	生殖	血管注射剂	马	给药途径
268	前列他林	生殖	血管注射剂	马	给药途径
269	盐酸莱克多巴胺	β激动剂	饲料添加剂	母牛（屠宰用）：料肉比，胴体瘦弱	给药途径
270	齐帕特罗	β激动剂	饲料添加剂	母牛（屠宰用）：料肉比	给药途径
271	己烯雌酚（DES）	非甾体雌激素	—	历史上曾用于母牛料肉比率	泌乳期乳牛禁用
272	褪黑激素	激素	血管注射剂	水貂	泌乳期乳牛禁用，生殖药物/激素，物种专用

表 A3.12 其他药物列表

#	药物	药物种类	剂型	适应症或适用动物	被排除原因
273	泊洛沙林	表面活性剂	饲料添加剂，口服液体药剂，块剂	肿胀的治疗与防控	给药途径
274	甘氨酸铜	矿物质	静脉注射	母牛（肉牛）：铜缺乏/钼中毒，发情抑制	泌乳期乳牛禁用
275	聚氧乙烯月桂醚	表面活性剂	块剂	母牛（肉牛，非泌乳期乳牛）：减少腹胀的发生率	泌乳期乳牛禁用
276	硒、维生素E	矿物质	皮内注射，静脉注射	母牛（肉牛，牛犊）：白肌病，硒缺乏	泌乳期乳牛禁用
277	福尔马林	消毒剂	水剂	鱼——寄生虫及真菌感染防治	物种专用
278.1	右旋糖酐铁	矿物质	口服溶液剂	猪——缺铁症	物种专用

（续表）

#	药物	药物种类	剂型	适应症或适用动物	被排除原因
278.2	注射用铁	矿物质	口服溶液剂	猪——缺铁症	物种专用
279	新斯的明	抗胆碱酯酶	静脉注射	母牛（肉牛，非泌乳期乳牛）：瘤胃张力缺乏；促进肠排空的蠕动；膀胱排空；刺激骨骼肌收缩	泌乳期乳牛禁用
280	BC6 重组脱氧核糖核酸（rDNA）构建	重组体	滴鼻 喷鼻	山羊——在山羊乳腺中谱系祖细胞 155-92 引导抗凝血酶人基因的表达（用于人类治疗）	复合药
281	2-硫基苯并噻唑	伤口护理	局部用药	狗	给药途径，物种专用
282	胺戊酰胺硫酸氢盐	止痉挛剂	片剂，血管注射剂	狗，猫	给药途径，物种专用
283.1	硫酸富马酸氨基丙嗪	止痉挛剂	血管注射剂，片剂	马	泌乳期乳牛禁用，物种专用
283.2	硫酸富马酸氨基丙嗪，硫酸新霉素	止痉挛剂	片剂	狗，猫	复合药，泌乳期乳牛禁用，类固醇，类固醇
284	富马酸 β-氨基丙腈	腱鞘炎治疗	血管注射剂	马	物种专用
285	乙磺酸卡拉米芬，氯化铵	镇咳剂	片剂	狗	给药途径，物种专用
286	氯米帕明	抗抑郁药	片剂	狗	给药途径，物种专用
287	环孢霉素	免疫抑制剂	胶囊，眼药	狗	泌乳期乳牛禁用，给药途径
288	三甲醋酸去氧皮质酮	内分泌（腺）	血管注射剂	狗	泌乳期乳牛禁用，物种专用
289	泛影葡胺泛影葡胺钠	造影剂	口服溶液剂，血管注射剂	狗，猫	物种专用，泌乳期乳牛禁用，物种专用
290	二硝基酚	体重减轻	口服溶液剂	狗，猫	泌乳期乳牛禁用，物种专用
291	多潘立酮	羊茅毒素中毒	口服凝胶	狗	泌乳期乳牛禁用，物种专用

（续表）

#	药物	药物种类	剂型	适应症或适用动物	被排除原因
292	恩布曲米、氯喹和利多卡因溶液	安乐死	血管注射剂	狗	物种专用，泌乳期乳牛禁用，物种专用
293	依那普利	强心剂	片剂	狗	给药途径，物种专用
294	安乐死溶液（戊巴比妥、苯妥英钠、西替巴醇、地布卡因）	安乐死	血管注射剂	狗	泌乳期乳牛禁用，物种专用
295	氟西汀	抗抑郁药	片剂	狗	泌乳期乳牛禁用，给药途径，物种专用
296	甲吡唑	解毒剂（乙二醇托克斯）	血管注射剂	狗	泌乳期乳牛禁用，物种专用
297	愈创甘油醚	肌肉松弛药	血管注射剂	马	物种专用
298	谷氨酰胺 - 200（牛）血红蛋白	贫血症治疗	血管注射剂	狗	物种专用
299	玻璃酸钠	骨关节炎治疗	血管注射剂	马	物种专用
300	胰岛素	内分泌（腺）	血管注射剂	狗，猫	泌乳期乳牛禁用，物种专用
301	三碘甲状腺氨酸钠	内分泌（腺）	片剂	狗	给药途径，物种专用
302	马罗匹坦	止吐药	片剂，血管注射剂	狗	泌乳期乳牛禁用，物种专用
303	甲巯基咪唑	内分泌（腺）	片剂	猫	泌乳期乳牛禁用，生殖药物/激素，物种专用
304	美索巴莫	止痉挛药	血管注射剂，片剂	马，狗，猫	泌乳期乳牛禁用，物种专用
305	丁溴东莨菪碱	止痉挛药	血管注射剂	马	物种专用
306	油酸钠		血管注射剂	马	物种专用
307	奥美拉唑洛赛克	酶抑制剂（GI dz）	糊剂	马	给药途径
308	匹莫苯	强心剂	片剂	狗	给药途径，物种专用
309	多硫糖胺聚糖	骨性关节炎治疗	血管注射剂	马，狗	物种专用

（续表）

#	药物	药物种类	剂型	适应症或适用动物	被排除原因
310	氯化派姆	解毒剂	血管注射剂	马，狗	给药途径，物种专用
311	普里米酮	抗惊厥药	片剂	狗	给药途径，物种专用
312	丙氯哌嗪，异丙酰	止吐药	胶囊，血管注射剂	狗	复合药，泌乳期乳牛禁用，物种专用
312.1	丙氯哌嗪，异丙酰胺，新霉素	止吐药	胶囊	狗	复合药，泌乳期乳牛禁用，物种专用
313	盐酸司来吉兰	内分泌（腺）	片剂	狗	给药途径，物种专用
314	磷酸盐	肥大细胞瘤治疗	片剂	狗	给药途径，物种专用
315	曲洛司坦	内分泌（腺）	胶囊	狗	给药途径，生殖药物/激素，物种专用
316	葡萄糖酸锌	化学睾丸切除	血管注射剂	狗	泌乳期乳牛禁用，物种专用
317	腺苷（一磷）酸	核苷酸	—	—	美国市场无售
318	硫酸铵	化学品	—	用于母牛定量饲料	美国市场无售
319	印巴梯	类胆碱	—	—	美国市场无售
320	右旋泛醇（右旋泛醇）	类胆碱（功）能	—	—	美国市场无售
321	亚甲蓝	氰化物中毒的细菌染色、解毒剂	局部用药	氰化物中毒的细菌染色、解毒剂	给药途径

附录 3.2　选取 54 种药物（包括 99 种药物配方，审批情况，营销现状以及给药途径）

表 A3.13　选取的 54 种药物［包括多种药物配方（最多 99 种）、审批情况、营销现状以及给药途径］

#	54 种药物	药物配方	审批情况［1］	审批情况［2］	给药途径［3］
1	乙酰水杨酸	乙酰水杨酸	食品动物未批	OTC	口服
2	阿苯达唑	阿苯达唑	批准用于牛，哺乳期奶牛未批	OTC	口服
3	阿米卡星	阿米卡星硫酸盐-1	食品动物未批	Rx	子宫内给药
	阿米卡星	阿米卡星硫酸盐-2	食品动物未批	Rx	肌注或皮下注射
4.1	阿莫西林	阿莫西林三水合物-1	批准用于哺乳期奶牛	Rx	肌注或皮下注射
4.2	阿莫西林	阿莫西林三水合物-2	批准用于牛，哺乳期奶牛未批	Rx	淋洗
4.3	阿莫西林	阿莫西林三水合物-3	批准用于哺乳期奶牛	Rx	乳房内给药
5.1	氨比西林	氨比西林钠	食品动物未批	Rx	静注或肌注
5.2	氨比西林	氨比西林三水合物-1	批准用于牛（无使用声明）	Rx	肌注或皮下注射
5.3	氨比西林	氨比西林三水合物-2	批准用于牛，哺乳期奶牛未批	Rx	口服
5.4	氨比西林	氨比西林三水合物-3	批准用于牛，哺乳期奶牛未批	Rx	肌注
6	安普罗利	安普罗利	批准用于牛，哺乳期奶牛未批	OTC	口服
7.1	头孢噻呋	头孢噻呋水合游离酸	批准用于哺乳期奶牛	Rx	肌注或皮下注射
7.2	头孢噻呋	头孢噻呋盐酸盐-1	批准用于哺乳期奶牛	Rx	肌注或皮下注射
7.3	头孢噻呋	头孢噻呋盐酸盐-2	批准用于哺乳期奶牛	Rx	乳房内给药
7.4	头孢噻呋	头孢噻呋钠	批准用于哺乳期奶牛	Rx	肌注或皮下注射
8.1	头孢匹林	苄星头孢匹林	批准用于奶牛	OTC	乳房内给药
8.2	头孢匹林	头孢匹林钠	批准用于哺乳期奶牛	OTC	乳房内给药

（续表）

#	54 种药物	药物配方	审批情况 [1]	审批情况 [2]	给药途径 [3]
9.1	氯霉素	氯霉素-1	禁用于食品生产动物（兽药使用澄清法）	Rx	口服
9.2	氯霉素	氯霉素-2		Rx	静注或肌注
9.3	氯霉素	氯霉素-3		Rx	滴眼
10	氯舒隆	氯舒隆	批准用于牛，哺乳期奶牛未批	OTC	口服，淋洗
11.1	氯唑西林	苄星氯唑西林	批准用于哺乳期奶牛	Rx	乳房内给药
11.2	氯唑西林	氯唑西林钠	批准用于哺乳期奶牛	Rx	乳房内给药
12	达氟沙星	甲磺酸达氟沙星	禁用于食品生产动物（兽药使用澄清法）	Rx	皮下注射
13	二双氢链霉素	硫酸二双氢链霉素	批准用于牛，哺乳期奶牛未批准	OTC Rx	肌肉注射
14	多拉菌素	多拉菌素	批准用于牛，哺乳期奶牛未批准	OTC	皮下注射，肌注或局部给药
15	恩诺沙星	恩诺沙星	禁用于食品生产动物（兽药使用澄清法）	Rx	皮下注射
16.1	乙酰氨基阿维菌素	乙酰氨基阿维菌素-1	批准用于哺乳期奶牛	OTC	局部给药
16.2	乙酰氨基阿维菌素	乙酰氨基阿维菌素-2	批准用于牛，哺乳期奶牛未批准	Rx	皮下注射
17.1	红霉素	红霉素-1	批准用于牛，哺乳期奶牛未批准	OTC	肌肉注射
17.2	红霉素	红霉素-2	批准用于哺乳期奶牛	OTC	乳房内给药
18.1	氟苯尼考	氟苯尼考-1	批准用于牛，哺乳期奶牛未批准	Rx	肌肉注射或皮下注射
18.2	氟苯尼考	氟苯尼考-2	批准用于其他食品生产动物	Rx	口服
18.3	氟苯尼考	氟苯尼考-3	批准用于牛，哺乳期奶牛未批准	Rx	皮下注射
19.1	氟尼辛	甲葡胺氟尼辛-1	批准用于哺乳期奶牛	Rx	静脉注射
19.2	氟尼辛	甲葡胺氟尼辛-2	不批准用于食品生产动物	Rx	肌注/静脉注射或口服
20	呋喃唑酮	呋喃唑酮	禁用于食品生产动物（兽药使用澄清法）	OTC	局部给药
21	加米霉素	加米霉素	批准用于牛，哺乳期奶牛未批准	Rx	颈部皮下注射
22.1	庆大霉素	硫酸庆大霉素-1	批准用于哺乳期奶牛	OTC	滴眼
22.2	庆大霉素	硫酸庆大霉素-2	不批准用于食品生产动物	Rx	子宫，肌注或滑膜腔给药

（续表）

#	54 种药物	药物配方	审批情况［1］	审批情况［2］	给药途径［3］
23	海他西林	海他西林钾	批准用于哺乳期奶牛	Rx	乳房内给药
24.1	伊维菌素	伊维菌素-1	批准用于牛，哺乳期奶牛未批准	Rx	肌肉注射
24.2	伊维菌素	伊维菌素-2	不批准用于食品生产动物	Rx OTC	口服
24.3	伊维菌素	伊维菌素-3	批准用于牛，哺乳期奶牛未批准	OTC. Rx	皮下注射
24.4	伊维菌素	伊维菌素-4		OTC	口服
24.5	伊维菌素	伊维菌素-5	批准用于牛，哺乳期奶牛未批准	OTC	局部给药
24.6	伊维菌素	伊维菌素-6	批准用于牛，哺乳期奶牛未批准	OTC	口服
25.1	卡那霉素	卡那霉素	不批准用于食品生产动物	Rx	滴眼
25.2	卡那霉素	硫酸卡那霉素	不批准用于食品生产动物	Rx	皮下注射或肌肉注射
26	酮洛芬	酮洛芬	不批准用于食品生产动物	Rx	静脉注射
27.1	左旋咪唑	左旋咪唑	批准用于牛，哺乳期奶牛未批准	OTC	局部给药
27.2	左旋咪唑	盐酸左旋咪唑		OTC	口服
27.3	左旋咪唑	磷酸左旋咪唑	批准用于牛，哺乳期奶牛未批准	OTC	皮下注射
28.1	林可霉素	林可霉素	批准用于其他食品生产动物	OTC	口服
28.2	林可霉素	水合盐酸林可霉素	批准用于其他食品生产动物	Rx OTC	肌肉注射，静脉注射
29	美洛昔康	美洛昔康	不批准用于食品生产动物	Rx	口服，静脉注射，皮下注射
30.1	莫西菌素	莫西菌素-1	批准用于哺乳期奶牛	OTC	局部给药
30.2	莫西菌素	莫西菌素-1	批准用于牛，哺乳期奶牛未批准	OTC	皮下注射
31	萘普生	萘普生	不批准用于食品生产动物	Rx	口服或静脉注射
32	新霉素	硫酸新霉素	批准用于牛，哺乳期奶牛未批准	OTC	口服
33	呋喃西林	呋喃西林	禁用于食品生产动物（兽药使用澄清法）	OTC	局部给药

附录 3.2　选取 54 种药物（包括 99 种药物配方，审批情况，营销现状以及给药途径）

（续表）

#	54 种药物	药物配方	审批情况［1］	审批情况［2］	给药途径［3］
34	新生霉素	新生霉素钠	批准用于牛（奶牛），哺乳期奶牛未批准	Rx OTC	乳房内给药
35.1	奥芬达唑	奥芬达唑-1	不批准用于食品生产动物	Rx OTC	口服
35.2	奥芬达唑	奥芬达唑-2	批准用于牛，哺乳期奶牛未批准	Rx OTC	口服
36.1	土霉素	盐酸土霉素-1	批准用于牛，哺乳期奶牛未批准	OTC	口服
36.2	土霉素	盐酸土霉素-2	批准用于牛，哺乳期奶牛未批准	OTC Rx	静脉注射，肌肉注射或皮下注射
36.3	土霉素	土霉素-3	批准用于哺乳期奶牛	Rx OTC	静脉注射，肌肉注射或皮下注射
37.1	青霉素	普鲁卡因青霉素-1	批准用于哺乳期奶牛	OTC Rx	皮下注射
37.2	青霉素	普鲁卡因青霉素-2	批准用于哺乳期奶牛	OTC	乳房内给药
37.3	青霉素	普鲁卡因青霉素-3	不批准用于食品生产动物	OTC	肌肉注射
37.4	青霉素	苄星青霉素 & 普鲁卡因青霉素	批准用于牛，哺乳期奶牛未批准	Rx OTC	皮下注射或肌肉注射
38.1	保泰松	保泰松-1	禁用于食品生产动物（兽药使用澄清法）	Rx	静脉注射
38.2	保泰松	保泰松-2	禁用于食品生产动物	Rx	口服
39	吡利霉素	盐酸吡利霉素	批准用于哺乳期奶牛	Rx	乳房内给药
40.1	大观霉素	盐酸大观霉素 硫酸大观霉素	批准用于其他食品生产动物	Rx OTC	肌肉注射，皮下注射或口服
40.2	大观霉素		批准用于牛，哺乳期奶牛未批准		颈部皮下注射
41	硫酸链霉素	硫酸链霉素	批准用于牛，哺乳期奶牛未批准	OTC	口服
42	磺胺溴甲嘧啶	磺胺溴甲嘧啶钠	批准用于哺乳期奶牛	OTC	口服，单次快注
43.1	磺胺氯达嗪	磺胺氯达嗪-1	禁用于食品生产动物（兽药使用澄清法）	OTC	口服
43.2	磺胺氯达嗪	磺胺氯达嗪-2	禁用于食品生产动物（兽药使用澄清法）	OTC	静脉注射
44.1	磺胺地托辛	磺胺地托辛-1	批准用于哺乳期奶牛	OTC	口服，单次快注
44.2	磺胺地托辛	磺胺地托辛-2	批准用于哺乳期奶牛	OTC	静脉注射和皮下注射

（续表）

#	54 种药物	药物配方	审批情况［1］	审批情况［2］	给药途径［3］
44.3	磺胺地托辛	磺胺地托辛-3	批准用于牛，哺乳期奶牛未批准	Rx	口服，单次快注
45.1	磺胺乙氧哒嗪	磺胺乙氧哒嗪-1	批准用于哺乳期奶牛	Rx	口服
45.2	磺胺乙氧哒嗪	磺胺乙氧哒嗪-2	批准用于哺乳期奶牛	Rx	静脉注射
45.3	磺胺乙氧哒嗪	磺胺乙氧哒嗪-3	禁用于食品生产动物（兽药使用澄清法）	Rx	口服
46.1	磺胺二甲嘧啶	磺胺二甲嘧啶-1	批准用于牛，哺乳期奶牛未批准	OTC	静脉注射
46.2	磺胺二甲嘧啶	磺胺二甲嘧啶-2	批准用于牛，哺乳期奶牛未批准	OTC	口服
46.3	磺胺二甲嘧啶	磺胺二甲嘧啶-3	批准用于牛，哺乳期奶牛未批准	OTC	口服
47	磺胺喹噁啉	磺胺喹噁啉	禁用于食品生产动物（兽药使用澄清法）	OTC	口服，淋洗
48.1	四环素	盐酸四环素-1	不批准用于食品生产动物	OTC	口服
48.2	四环素	盐酸四环素-2	不批准用于食品生产动物	Rx	局部给药
49	噻苯咪唑	噻苯咪唑-2	批准用于哺乳期奶牛	OTC	口服，淋洗，涂抹，掺入饲料
50	泰地罗斯	泰地罗斯	批准用于牛，哺乳期奶牛未批准	Rx	皮下注射
51	磷酸替米考星	磷酸替米考星	批准用于牛，哺乳期奶牛未批准	Rx	皮下注射，乳房内给药
52	苄吡二胺	苄吡二胺	批准用于哺乳期奶牛	Rx	肌肉注射或静脉注射
53	泰拉菌素	泰拉菌素	批准用于牛，哺乳期奶牛未批准	Rx	皮下注射
54	泰乐菌素	泰乐菌素-2	批准用于牛，哺乳期奶牛未批准	OTC	肌肉注射

OTC：非处方药 Rx：处方药

［1］来源：21 CFR 500-599（检查）。

［2］来源：21 CFR 500-599，NADA。如果该药品未被批准，本次分析假定该药品是非处方药。

［3］Ibid.

附录 4.1　排除乳制品进行评估

由于缺乏蛋白质结合的数据，我们决定在模型中不评估富含蛋白质的乳制品，如小麦蛋白浓缩物和牛奶蛋白浓缩物。如果不对牛奶中不同蛋白质成分的绝对和相对结合特性进行适当的估计，将这些产品纳入基于多标准的排序模型可能会导致错误的结论。此外，对于像小麦蛋白粉这样的产品很难达到准确评估，因为它们通常不被纳入标准数据库，例如国家健康和营养调查（NHANES）（CDC，2011）。但是，有些产品在消费之前被重新组合；因此，浓缩产品的绝对消费量有可能很低，这促使我们决定将其排除在外。

我们也没有单独评估如希腊酸奶或强化产品等在模型的处理部分之外的“特殊”产品，因为这些产品包含在我们选择的 12 个类别，并且这些“典型”产品的潜在差异不能被基于多元素的排序模型所捕获。例如，在相同的脂肪层，希腊酸奶通常比传统酸奶含有更多的蛋白质（USDA/ARS 2011）（参见 http://www.diffen.com/difference/Greek_Yogurt_vs_Regular_Yogurt）。然而，由于我们不考虑模型中蛋白质结合的数据，不认为传统的酸奶和希腊酸奶在模型中相同的脂肪含量上药物浓度方面有显著的差异。

在我们的基于多标准的排序模型中我们决定不评估婴儿配方。虽然婴儿配方中药物残留可能存在公共健康风险，对此评估是很必要的，但是它被一个高度易感的子群体广泛使用，基于以下分析我们决定将其排除在我们的模型中。

在美国市场上，几乎所有基于乳制品的婴幼儿配方奶粉都是由植物油而非乳制品脂肪制成的（基于美国市场上婴儿配方奶粉成分的审查，以及与 FDA 的婴儿配方奶粉问题专家的内部沟通）（2012 年 11 月 9 日 FDA 内部会议的文件）。因此，对于大部分在牛奶脂肪中的药物残留，婴儿配方奶粉中药物残留的最小浓度是可以预期的。大多数以商用乳制品为基础的婴儿配方奶粉含有非脂肪的乳制品蛋白成分，如脱脂奶粉、乳清粉、牛奶蛋白浓缩物或水解牛奶蛋白浓缩物（基于美国市场上婴儿配方奶粉成分的审查，以及 FDA 婴幼儿配方奶粉专家的内部沟通）。

就蛋白质而言，重组或即食的婴儿配方奶粉通常含有大约 2% 的蛋白质（Codex2011）。蛋白质含量低于牛奶（约 3.3%）。牛奶中的小麦—酪蛋白比率约为 20：80，而在母乳中，这一比率约为 60：40（Blanchard et al.，2013）。大多数婴儿配方奶粉都含有多种牛奶蛋白成分，以模仿 60：40的酪蛋白—乳清比例（Blanchard et al.，2013）。因此，婴儿配方奶粉（即即食饮料）的蛋白质含量和蛋白质含量（即酪蛋白比例）都与牛奶的不同。

为了根据蛋白质含量和蛋白质剖面（例如，小麦—酪蛋白比）生成足够的药物残留浓度预测，药物与牛奶蛋白的结合的数据是至关重要的。然而，这些数据在文献中是非常有限的。此外，许多用于婴儿配方的非脂肪乳制品，如蛋白质水解物、酪蛋白酸盐、牛奶蛋白浓缩物和麦芽糖浓缩蛋白，都经过了广泛的加工（Bargeman，2003）。这些类型的加工条件对药物浓度的影响是非常有限的。一些对青霉素的有限研究（一种主要在牛奶中的水相划分的药物）表明，超滤和过滤（Cayle et al.，1986；Kosikowski 和 Jimenez-Flores，1985）是在制造乳清蛋白浓缩物和牛奶蛋白浓缩物（Bargeman，2003）中使用的典型加工步骤。

对于水溶性药物来说，脱脂奶粉可能是婴儿配方奶粉中唯一能导致药物残留的重要成分。然而，对于大多数婴儿配方奶粉，如果使用脱脂奶粉为原料，浓缩乳清蛋白通常是用来增加乳清与酪蛋白比率，模仿母乳中的比率（如上所述，牛奶中乳清与酪蛋白比率是 20：80，而在母乳中比例为 60：40）（Blanchard et al.，2013）。因此，除了少数例外，脱脂奶粉不太可能成为婴儿配方奶中唯一的乳制品成分。

因此，在最保守的假设下，即，所有的药物与牛奶蛋白有关系（对单个牛奶蛋白组分没有优先结合）——最大药物残留浓度在重组的婴儿配方奶粉会在大约 60%的水平（即在最初的“原始”牛奶，从 2%到 3.3%不等）。然而，在现实中，基于上述分析，其水平可能要低得多。由于缺乏与牛奶蛋白结合的药物数据；对婴儿配方中各种蛋白质成分的加工所产生的未知影响；与“生奶”相比，婴儿配方奶粉中蛋白质含量较低，我们将婴儿配方奶粉排除在这个基于多标准的排序中。

附录 5.1　总结专家抽取的结果

改进后的 Delphi 法，包括两轮专业推断和一个现场网络研讨会，来讨论每轮专业推断的结果，然后得出结论。两个小组，每组 9 名专业人士，一是解决药物管理的规模与发展有关的药物特异性方面的知识空白，以及农场上贮奶罐内牛奶中药物残留的可能性。二是解决药品食品监督管理局在多中心的排序模型中所包含的标准和次级标准的相对重要性，并告知模型中使用的权重。专家鉴定的方法、应用的选择标准以及这两个小组的组成在参考资料中详细列出（2014 年）。在参考文献中还包括对用于推导和测试两个回合的问题和过程的描述，对软件平台的描述和专业推断式的时间框架，在专业推断之前提供的背景资料摘要，对网络研讨会内容的描述，以及对网络研讨会讨论做的改变。简而言之，第一组总共被要求回答 6 个问题，其中 5 个问题需要针对多标准排序模型中包含的 54 种兽药进行回答；而第二组被要求回答 5 个关于整体模型的标准和次级标准模型的问题。在参考文献中，提供了两轮推断的详细结果，以及对两个组的第一轮和第二轮相对重要性的推断。下面提供了关于第 1 和第 2 组最相关的第二轮结果的简短摘要。

表 A5.1　9 位专家对模型相对重要性的回答[a]

标准模型	A	B	C	D	E	F	G	H	I
奶牛使用药物的可能性与规模	2	1	1	5	1	4	1	1	1
农场贮奶罐内牛奶中药物残留的可能性（提供奶牛药物管理）	1	2	2	1	3	1	3	5	2
处理对牛奶供应中药物残留的影响	5	5	5	3	2	5	4	4	5
乳制品消费规模	4	4	3	2	4	2	2	2	3
人类接触后对健康的影响	3	3	4	4	5	3	5	3	4

a：1 代表最重要的标准［参考 Versar（2014）关于次级标准的权重和附加信息］

结果分类的注释：
A=零概率；B=低概率（>0%~25%）；C=中等概率（>50%~75%）；
D=高概率（>75%）；E=非常高的概率（>75%）；F=无响应；
G=可忽略；H=稀少的（2~5x/年）；I=中等的（6~30x/年）；
J=高的（>30x/年）；K=无响应；
L=可忽略（<1%）；M=低的（1%~25%）；N=中等的（25%~50%）；
O=高的（50%~75%）；P=非常高的（>75%）；Q=无响应；
R=可忽略（<0.1%）；S：低的（0.1%~2%）；T：中等的（>2%~5%）；
U：高的（>5%~10%）；V：非常高的（>10%）；W：无响应。
第一轮结果和更多细节请参阅 Versar（2014）年文献。

表 A5.2　9位专家针对问题1中54种药物的意见汇总（每年被施用药物牛群的比例）

药物	A	B	C	D	E	F
乙酰水杨酸	—	3	4	—	1	1
阿苯达唑	—	4	1	—	—	4
阿米卡星	4	1	—	—	—	4
阿莫西林	—	6	—	1	1	1
氨比西林	—	—	5	2	2	—
安普罗利	3	2	—	—	—	4
头孢噻呋	—	—	1	3	5	—
头孢匹林	—	—	2	6	1	—
氯霉素	6	2	—	—	—	1
氯舒隆	—	3	—	—	—	6
氯唑西林	—	7	—	1	—	1
达氟沙星	2	3	1	—	—	3
二双氢链霉素	2	1	5	—	—	1
多拉菌素	1	3	1	—	—	4
恩诺沙星	2	6	—	—	—	1
乙酰氨基阿维菌素	—	2	2	2	—	3
红霉素	2	4	1	—	—	2
氟苯尼考	—	5	3	—	—	1
氟尼辛	—	—	2	2	4	1
呋喃唑酮	4	2	—	—	—	3
加米霉素	—	4	1	—	—	4
庆大霉素	1	7	—	—	—	1
海他西林	—	4	3	—	—	2
伊维菌素	—	4	1	2	—	2
卡那霉素	2	2	—	—	—	5
酮洛芬	4	3	—	—	—	2
左旋咪唑	1	3	—	—	—	5
林可霉素	—	5	1	—	—	3
美洛昔康	—	5	2	—	—	2
莫西菌素	—	2	3	1	—	3
萘普生	4	—	—	—	—	5
新霉素	1	7	—	—	—	1
呋喃西林	4	2	—	—	—	3
新生霉素	—	7	—	—	—	2
奥芬达唑	—	3	—	—	—	6

（续表）

药物	A	B	C	D	E	F
土霉素	—	1	2	4	2	—
青霉素	—	—	2	5	2	—
保泰松	3	5	—	—	—	1
吡利霉素	—	4	2	2	—	1
大观霉素	—	8	—	—	—	1
硫酸链霉素	—	5	—	—	—	4
磺胺溴甲嘧啶	2	—	—	—	—	7
磺胺氯达嗪	1	2	—	—	—	6
磺胺地托辛	—	3	3	1	—	2
磺胺乙氧哒嗪	2	—	—	—	—	7
磺胺二甲嘧啶	1	6	—	—	—	2
磺胺喹噁啉	2	—	—	—	—	7
四环素	—	—	5	3	1	—
噻苯咪唑	2	1	—	—	—	6
泰地罗斯	—	3	—	—	—	6
磷酸替米考星	—	7	—	1	—	1
苄吡二胺	2	3	—	—	—	4
泰拉菌素	—	6	—	1	—	2
泰乐菌素	—	6	—	1	—	2

表 A5.3　9 位专家针对问题 2 中 54 种药物的意见汇总（每年牛群中被施用药物的奶牛比例）

药物	A	B	C	D	E	F
乙酰水杨酸	—	5	3	—	—	1
阿苯达唑	—	2	1	2	—	4
阿米卡星	4	1	—	—	—	4
阿莫西林	—	4	—	2	2	1
氨比西林	—	5	3	1	—	—
安普罗利	3	2	—	—	—	4
头孢噻呋	—	—	1	7	1	—
头孢匹林	—	—		5	4	—
氯霉素	6	2	—	—	—	1
氯舒隆	—	3	—	—	—	6
氯唑西林	—	—	3	3	2	1
达氟沙星	2	3	1	—	—	3
二双氢链霉素	1	—	—	1	6	1

（续表）

药物	A	B	C	D	E	F
多拉菌素	1	2	—	2	—	4
恩诺沙星	2	6	—	—	—	1
乙酰氨基阿维菌素	—	—	—	3	3	3
红霉素	1	5	1	—	—	2
氟苯尼考	—	6	2	—	—	1
氟尼辛	—	3	4	1	—	1
呋喃唑酮	4	2	—	—	—	3
加米霉素	—	4	1	—	—	4
庆大霉素	1	6	1	—	—	1
海他西林	—	3	2	2	—	2
伊维菌素	—	2	—	3	2	2
卡那霉素	1	3	—	—	—	5
酮洛芬	4	3	—	—	—	2
左旋咪唑	1	3	—	—	—	5
林可霉素	—	6	—	—	—	3
美洛昔康	—	7	—	—	—	2
莫西菌素	—	—	1	2	3	3
萘普生	4	—	—	—	—	5
新霉素	1	7	—	—	—	1
呋喃西林	4	2	—	—	—	3
新生霉素	—	1	—	1	5	2
奥芬达唑	—	3	—	—	—	6
土霉素	—	5	2	2	—	—
青霉素	—	4	1	2	2	—
保泰松	3	5	—	—	—	1
吡利霉素	—	5	2	1	—	1
大观霉素	—	7	1	—	—	1
硫酸链霉素	—	5	—	—	—	4
磺胺溴甲嘧啶	2	—	—	—	—	7
磺胺氯达嗪	1	2	—	—	—	6
磺胺地托辛	—	6	1	—	—	2
磺胺乙氧哒嗪	2	—	—	—	—	7
磺胺二甲嘧啶	1	6	—	—	—	2
磺胺喹噁啉	2	—	—	—	—	7
四环素	—	6	2	1	—	—

（续表）

药物	A	B	C	D	E	F
噻苯咪唑	2	1	—	—	—	6
泰地罗斯	—	3	—	—	—	6
磷酸替米考星	—	7	—	1	—	1
苄吡二胺	2	3	—	—	—	4
泰拉菌素	—	6	—	1	—	2
泰乐菌素	—	6	1	—	—	2

表 A5.4 9 位专家针对问题 3 中 54 种药物的意见汇总（每年的平均治疗次数）

药物	G	H	I	J	K
乙酰水杨酸	4	2	2	—	1
阿苯达唑	3	2	—	—	4
阿米卡星	4	1	—	—	4
阿莫西林	2	5	—	1	1
氨比西林	—	7	1	1	—
安普罗利	5	—	—	—	4
头孢噻呋	1	4	3	1	—
头孢匹林	1	6	1	1	—
氯霉素	8	—	—	—	1
氯舒隆	3	—	—	—	6
氯唑西林	4	2	1	1	1
达氟沙星	5	—	1	—	3
二双氢链霉素	4	4	—	—	1
多拉菌素	4	1	—	—	4
恩诺沙星	6	2	—	—	1
乙酰氨基阿维菌素	3	3	—	—	3
红霉素	3	4	—	—	2
氟苯尼考	3	4	1	—	1
氟尼辛	1	3	4	—	1
呋喃唑酮	6	—	—	—	3
加米霉素	3	2	—	—	4
庆大霉素	5	3	—	—	1
海他西林	4	1	2	—	2
伊维菌素	3	4	—	—	2
卡那霉素	3	1	—	—	5
酮洛芬	6	1	—	—	2

（续表）

药物	G	H	I	J	K
左旋咪唑	4	—	—	—	5
林可霉素	5	1	—	—	3
美洛昔康	3	3	1	—	2
莫西菌素	3	3	—	—	3
萘普生	4	—	—	—	5
新霉素	6	2	—	—	1
呋喃西林	5	1	—	—	3
新生霉素	2	5	—	—	2
奥芬达唑	1	2	—	—	6
土霉素	2	4	2	1	—
青霉素	1	6	1	1	—
保泰松	6	2	—	—	1
吡利霉素	2	4	2	—	1
大观霉素	3	5	—	—	1
硫酸链霉素	2	3	—	—	4
磺胺溴甲嘧啶	2	—	—	—	7
磺胺氯达嗪	3	—	—	—	6
磺胺地托辛	4	2	1	—	2
磺胺乙氧哒嗪	2	—	—	—	7
磺胺二甲嘧啶	5	2	—	—	2
磺胺喹噁啉	2	—	—	—	7
四环素	2	5	2	—	—
噻苯咪唑	3	—	—	—	6
泰地罗斯	—	3	—	—	6
磷酸替米考星	4	3	1	—	1
苄吡二胺	4	1	—	—	4
泰拉菌素	4	2	1	—	2
泰乐菌素	2	4	1	—	2

表 A5.5　9 位专家针对问题 4 中 54 种药物的意见汇总（给药后药物进入奶牛的可能性）

药物	L	M	N	O	P	Q
乙酰水杨酸	3	2	1	1	1	1
阿苯达唑	—	—	2	—	2	5
阿米卡星	1	—	2	2	—	4
阿莫西林	—	—	4	—	4	1

（续表）

药物	L	M	N	O	P	Q
氨比西林	—	—	3	2	4	—
安普罗利	1	—	2	—	—	6
头孢噻呋	—	—	2	3	4	—
头孢匹林	—	—	1	2	6	—
氯霉素	—	1	1	4	2	1
氯舒隆	—	—	2	—	1	6
氯唑西林	—	—	2	—	6	1
达氟沙星	—	—	1	2	3	3
二双氢链霉素	1	2	—	—	5	1
多拉菌素	—	—	1	1	3	4
恩诺沙星	—	—	1	3	4	1
乙酰氨基阿维菌素	3	2	—	1	—	3
红霉素	—	—	1	2	4	2
氟苯尼考	—	1	3	2	2	1
氟尼辛	—	—	3	1	4	1
呋喃唑酮	2	—	3	—	—	4
加米霉素	—	—	1	2	2	4
庆大霉素	1	—	2	1	4	1
海他西林	—	—	1	1	5	2
伊维菌素	—	—	2	3	2	2
卡那霉素	1	1	—	—	2	5
酮洛芬	—	—	4	1	1	3
左旋咪唑	—	—	2	—	1	6
林可霉素	—	—	3	1	1	4
美洛昔康	—	—	2	1	4	2
莫西菌素	1	3	1	1	—	3
萘普生	—	1	1	—	1	6
新霉素	3	1	2	1	1	1
呋喃西林	2	—	3	—	—	4
新生霉素	—	2	—	1	4	2
奥芬达唑	—	—	—	1	1	7
土霉素	—	1	1	2	5	—
青霉素	—	—	2	2	5	—
保泰松	—	—	2	2	3	2
吡利霉素	—	—	1	2	5	1

（续表）

药物	L	M	N	O	P	Q
大观霉素	—	2	2	3	1	1
硫酸链霉素	—	2	2	—	1	4
磺胺溴甲嘧啶	—	—	2	—	1	6
磺胺氯达嗪	—	—	2	1	1	5
磺胺地托辛	—	2	1	3	2	1
磺胺乙氧哒嗪	—	—	2	—	1	6
磺胺二甲嘧啶	—	2	3	2	1	1
磺胺喹噁啉	—	—	2	—	1	6
四环素	—	—	2	3	4	—
噻苯咪唑	—	—	1	—	1	7
泰地罗斯	—	—	—	1	2	6
磷酸替米考星	—	1	—	3	4	1
苄吡二胺	1	—	—	—	1	7
泰拉菌素	—	—	1	1	5	2
泰乐菌素	—	1	2	2	2	2

表 A5.6　9 位专家针对问题 5 中 54 种药物的意见汇总（被污染牛奶进入奶罐的可能性）

药物	R	S	T	U	V	W
乙酰水杨酸	4	3	—	—	1	1
阿苯达唑	—	1	2	—	1	5
阿米卡星	1	1	3	—	—	4
阿莫西林	1	4	1	2	—	1
氨比西林	1	5	—	3	—	—
安普罗利	1	2	—	—	—	6
头孢噻呋	2	2	2	3	—	—
头孢匹林	1	5	—	3	—	—
氯霉素	2	2	2	1	1	1
氯舒隆	—	1	2	—	—	6
氯唑西林	1	4	2	1	—	1
达氟沙星	—	2	3	1	—	3
二双氢链霉素	3	3	2	—	—	1
多拉菌素	—	1	2	—	2	4
恩诺沙星	—	1	5	2	—	1
乙酰氨基阿维菌素	2	3	—	1	—	3
红霉素	—	3	4	—	—	2
氟苯尼考	—	2	5	1	—	1

（续表）

药物	R	S	T	U	V	W
氟尼辛	—	2	4	2	—	1
呋喃唑酮	3	1	1	—	—	4
加米霉素	—	2	2	—	1	4
庆大霉素	1	3	3	1	—	1
海他西林	2	3	1	1	—	2
伊维菌素	—	1	2	2	2	2
卡那霉素	2	1	1	—	—	5
酮洛芬	—	1	4	1	—	3
左旋咪唑	—	—	3	—	—	6
林可霉素	1	2	2	—	—	4
美洛昔康	1	2	3	1	—	2
莫西菌素	—	3	3	—	—	3
萘普生	1	—	2	—	—	6
新霉素	3	3	2	—	—	1
呋喃西林	2	1	2	—	—	4
新生霉素	1	5	1	—	—	2
奥芬达唑	—	—	1	1	—	7
土霉素	—	4	1	3	1	—
青霉素	1	4	1	2	1	—
保泰松	1	1	4	—	1	2
吡利霉素	—	2	3	3	—	1
大观霉素	1	5	2	—	—	1
硫酸链霉素	2	2	1	—	—	4
磺胺溴甲嘧啶	—	—	2	—	—	7
磺胺氯达嗪	—	1	1	1	—	6
磺胺地托辛	—	4	1	1	1	2
磺胺乙氧哒嗪	—	1	1	—	—	7
磺胺二甲嘧啶	—	3	2	2	—	2
磺胺喹噁啉	—	—	2	—	—	7
四环素	—	4	1	4	—	—
噻苯咪唑	—	—	2	—	—	7
泰地罗斯	—	1	1	—	1	6
磷酸替米考星	1	—	5	1	1	1
苄吡二胺	1	—	1	—	—	7
泰拉菌素	—	1	4	—	2	2
泰乐菌素	—	2	5	—	—	2

附录 5.2　基于多知识体系的排序标准汇总

表 A5.7 每个标准的评分总结 A：药物管理对泌乳奶牛实施的可能性

$$A_i = \frac{1}{\sum_{j=1}^{4} w1_j} \sum_{j=1}^{4} a_{ij} * w1_j$$

A_i是在奶牛上用第 i^{th}种药的可能性；

j=1，2，3，…n，并表示定义标准 A 的四个次级标准；

a_{ij}是第 i^{th}种药物分数，并遵从于 j^{th}次级标准；

$w1_j$是由外部专家确定的乳制品中，一种药物的可能性的 j^{th}次级标准的权重。

次级指标	评分依据	价值	分
A1. LODA 基于调查和正式的专业推断	A1.1 LODA 基于 USDA 研究	<0.005	1
A1. LODA 基于调查和正式的专业推断	A1.1 LODA 基于 USDA 研究	>0.005	3
A1. LODA 基于调查和正式的专业推断	A1.1 LODA 基于 USDA 研究	>0.02	5
A1. LODA 基于调查和正式的专业推断	A1.1 LODA 基于 USDA 研究	>0.04	7
A1. LODA 基于调查和正式的专业推断	A1.1 LODA 基于 USDA 研究	>0.08	9
A1. LODA 基于调查和正式的专业推断	A1.1 LODA 基于 USDA 研究	1~1.5（含 1.5）	1
A1. LODA 基于调查和正式的专业推断	A1.2 LODA 基于兽医调查	1.5~2（含 2）	3
A1. LODA 基于调查和正式的专业推断	A1.2 LODA 基于兽医调查	2~3（含 3）	5
A1. LODA 基于调查和正式的专业推断	A1.2 LODA 基于兽医调查	3~4（含 4）	7
A1. LODA 基于调查和正式的专业推断	A1.2 LODA 基于兽医调查	>4	9
A1. LODA 基于调查和正式的专业推断	A1.2 LODA 基于兽医调查	=0%（百分比的奶牛群管理/年）	1
A1. LODA 基于调查和正式的专业推断	A1.3 LODA 基于专业推断	>0%~25%（百分比的奶牛群管理/年）	3
A1. LODA 基于调查和正式的专业推断	A1.3 LODA 基于专业推断	>25%~50%（百分比的奶牛群管理/年）	5

（续表）

次级指标	评分依据	价值	分
A1. LODA 基于调查和正式的专业推断	A1.3 LODA 基于专业推断	>50%～75%（百分比的奶牛群管理/年）	7
A1. LODA 基于调查和正式的专业推断	A1.3 LODA 基于专业推断	>75%（百分比的奶牛群管理/年）	9
A1. LODA 基于调查和正式的专业推断	A1.3 LODA 基于专业推断	=0%（百分比的奶牛药物管理/年）	1
A1. LODA 基于调查和正式的专业推断	A1.3 LODA 基于专业推断	>0%～25%（百分比的奶牛药物管理/年）	3
A1. LODA 基于调查和正式的专业推断	A1.3 LODA 基于专业推断	>25%～50%（百分比的奶牛药物管理/年）	5
A1. LODA 基于调查和正式的专业推断	A1.3 LODA 基于专业推断	>50%～75%（百分比的奶牛药物管理/年）	7
A1. LODA 基于调查和正式的专业推断	A1.3 LODA 基于专业推断	>75%（百分比的奶牛药物管理/年）	9
A1. LODA 基于调查和正式的专业推断	A1.3 LODA 基于专业推断	<1 次（平均治疗/泌乳奶牛/年）	1
A1. LODA 基于调查和正式的专业推断	A1.3 LODA 基于专业推断	3～5X/年（治疗/泌乳奶牛/年）	3
A1. LODA 基于调查和正式的专业推断	A1.3 LODA 基于专业推断	6～30X/年（平均治疗/泌乳奶牛/年）	5
A1. LODA 基于调查和正式的专业推断	A1.3 LODA 基于专业推断	>30X/年（平均治疗/泌乳奶牛/年）	9
A2. LODA 基于药物市场营销情况	FDA 处方状态	处方药物所提供处方	5
A2. LODA 基于药物市场营销情况	FDA 处方状态	非处方药物所提供处方	7
A2. LODA 基于药物市场营销情况	FDA 处方状态	处方与非处方药物所提供处方	7
A3. LODA 基于药物批准状态	FDA 对哺乳期奶牛的药物允许情况	禁止食用动物标签外用药	1
A3. LODA 基于药物批准状态	FDA 对哺乳期奶牛的药物允许情况	药物不允许使用于食用动物	3
A3. LODA 基于药物批准状态	FDA 对哺乳期奶牛的药物允许情况	药物允许使用于食用动物	5
A3. LODA 基于药物批准状态	FDA 对哺乳期奶牛的药物允许情况	药物允许使用于牛，但不允许适用于哺乳期奶牛	7
A3. LODA 基于药物批准状态	FDA 对哺乳期奶牛的药物允许情况	药物允许使用于哺乳期奶牛	9
A4. LODA 基于农场检验数据，有证据表明药物在奶牛场的使用	FDA 对农场的药物进行监测的数量	在 0～1 次检测中未发现药物	1

（续表）

次级指标	评分依据	价值	分
A4. LODA 基于农场检验数据，有证据表明药物在奶牛场的使用	FDA 对该农场的药品进行了监测	在>1 次检测时发现药物	3
A4. LODA 基于农场检验数据，有证据表明药物在奶牛场的使用	FDA 对该农场的药品进行了监测	在>10 次检测时发现药物	5
A4. LODA 基于农场检验数据，有证据表明药物在奶牛场的使用	FDA 对该农场的药品进行了监测	在>50 次检测时发现药物	7
A4. LODA 基于农场检验数据，有证据表明药物在奶牛场的使用	FDA 对该农场的药品进行了监测	在>150 次检测时发现药物	9

表 A5.8　每个标准的评分的总结 B：药物在牛奶中的存在的可能性（贮奶罐或运输车奶罐）

$$B_i = \left(\frac{1}{\sum_{j=1}^{3} w2_j}\right) \sum_{j=1}^{3} b_{ij} * w2_j$$

次级指标	评分依据	价值	分
B1. LODP 基于在牛奶中发现了这种药物的证据	B1. 1LODP 基于 NMDRD	牛奶中发现的药物	9
B1. LODP 基于在牛奶中发现了这种药物的证据	B1. 1LODP 基于 NMDRD	牛奶中发现的药物等级	7
B1. LODP 基于在牛奶中发现了这种药物的证据	B1. 1LODP 基于 NMDRD	牛奶中未发现药物	3
B1. LODP 基于在牛奶中发现了这种药物的证据	B1. 2LODP 基于抽样计划（CVM）		9
B1. LODP 基于在牛奶中发现了这种药物的证据	B1. 2LODP 基于抽样计划（CVM）		5
B1. LODP 基于在牛奶中发现了这种药物的证据	B1. 2LODP 基于抽样计划（CVM）		3
B1. LODP 基于在牛奶中发现了这种药物的证据	B1. 2LODP 基于抽样计划（CVM）	药物未采样	3
B2. LODP 基于药物滥用的可能性及后果	B2. 1 错误管理的可能性（基于药物审批状态）	药物可用于哺乳期奶牛	3
B2. LODP 基于药物滥用的可能性及后果	B2. 1 错误管理的可能性（基于药物审批状态）	药物可以用牛，但不可用于哺乳期奶牛	5
B2. LODP 基于药物滥用的可能性及后果	B2. 1 错误管理的可能性（基于药物审批状态）	药物可用于其他商品动物	7
B2. LODP 基于药物滥用的可能性及后果	B2. 1 错误管理的可能性（基于药物审批状态）	禁止食品动物标签外用药	9

（续表）

次级指标	评分依据	价值	分
B2. LODP 基于药物滥用的可能性及后果	B2. 1 错误管理的可能性（基于药物审批状态）	禁用于食品动物	9
B2. LODP 基于药物滥用的可能性及后果	B2. 2LODP 错误管理的潜在后果（基于药物对牛奶长期持久性的潜在影响）	药物未规定官方的挤奶时限（MDT）	9
B2. LODP 基于药物滥用的可能性及后果	B2. 2LODP 错误管理的潜在后果（基于药物对牛奶长期持久性的潜在影响）	MDT≥200	9
B2. LODP 基于药物滥用的可能性及后果	B2. 2 错误管理的潜在后果（基于药物对牛奶长期持久性的潜在影响）	200>MDT≥100	7
B2. LODP 基于药物滥用的可能性及后果	B2. 2 错误管理的潜在后果（基于药物对牛奶长期持久性的潜在影响）	100>MDT≥65	5
B2. LODP 基于药物滥用的可能性及后果	B2. 2 错误管理的潜在后果（基于药物对牛奶长期持久性的潜在影响）	65>MDT≥25	3
B2. LODP 基于药物滥用的可能性及后果	B2. 2 错误管理的潜在后果（基于药物对牛奶长期持久性的潜在影响）	25>MDT	1
B3. LODP 基于药物进入贮奶罐内牛奶中的可能性的专业推断分数	B3. 1 药物进入牛奶的可能性（乳房奶）	<1%	1
B3. LODP 基于药物进入贮奶罐内牛奶中的可能性的专业推断分数	B3. 1 药物进入牛奶的可能性（乳房奶）	1%～25%	3
B3. LODP 基于药物进入贮奶罐内牛奶中的可能性的专业推断分数	B3. 1 药物进入牛奶的可能性（乳房奶）	>25%～50%	5
B3. LODP 基于药物进入贮奶罐内牛奶中的可能性的专业推断分数	B3. 1 药物进入牛奶的可能性（乳房奶）	>50%～75%	7
B3. LODP 基于药物进入贮奶罐内牛奶中的可能性的专业推断分数	B3. 1 药物进入牛奶的可能性（乳房奶）	>75%	9
B3. LODP 基于药物进入贮奶罐内牛奶中的可能性的专业推断分数	B3. 2 药物（乳房奶）进入牛奶的可能性	<0. 1%	1
B3. LODP 基于药物进入贮奶罐内牛奶中的可能性的专业推断分数	B3. 2 药物（乳房奶）进入牛奶的可能性	0. 1%～2%	3
B3. LODP 基于药物进入贮奶罐内牛奶中的可能性的专业推断分数	B3. 2 药物（乳房奶）进入牛奶的可能性	>2%～5%	5

（续表）

次级指标	评分依据	价值	分
B3. LODP 基于药物进入贮奶罐内牛奶中的可能性的专业推断分数	B3.2 药物（乳房奶）进入牛奶的可能性	>5%~10%	7
B3. LODP 基于药物进入贮奶罐内牛奶中的可能性的专业推断分数	B3.2 药物（乳房奶）进入牛奶的可能性	>10%	9

表 A5.9　每个标准的评分摘要 C：乳及乳制品中药物残留的相对暴露

次级指标	评分依据	价值	分
C1. 加工对“生奶”中药物残留浓度的影响	产品成分（C1.1）、热降解（C1.2）、除水分数（C1.3）C1=C1.1×C1.2×C1.3	C1×C2>6	9
C2. 奶类产品消费量（g/kg/d）	指由消费者（C2.1）、百分比个人消费乳制品（C2.2）和在平均寿命（C2.3）中使用寿命的比例 C2=C2.1×C2.2×C2.3	C1×C2≤6	5

表 A5.10　每个标准的评分总结 D：潜在的对人类健康危害

评分依据	价值	分
药物危害值［ug/(kg bw·day)］	无法建立危害值	9
药物危害值［ug/(kg bw·day)］	0<HV<1	7
药物危害值［ug/(kg bw·day)］	1≤HV<15	5
药物危害值［ug/(kg bw·day)］	15≤HV<40	3
药物危害值［ug/(kg bw·day)］	HV≥40	1

附录 5.3　从原始数据中计算专业推断的数据

1. 背景

接下来的章节将讨论如何将原始数据转化为最终的分数，从而将其纳入到基于多元素的排序模型中。在目前的研究中使用德尔菲法一般假设通常为专业推断（修改），使用第二轮引出的结果被认为真正的融合，而第一轮的结果引出可能没有融合。因此，只有第二轮专业推断的结果被使用——对于组 1 和组 2 [参考（Versar，2014），以比较第 1 轮和第 2 轮的结果]。

2. 组 1 的权重

把对问题 1~5 的回答转换为分数，并包含在基于多元素的排序模型中。问题 6 提供了有关药物管理的可能性的定性信息，这些因子导致在农场的贮奶罐中产生药物残留。对这个问题的回答被用来通知总体的基于多标准的排序评估结构，但没有直接转化为定量的模型输入。

2. a　问题 1 的分数计算

对于每一种药物，计算结果如下：每名专家对该药物的反应都是根据药物专家所选的反应类别（即："零" ->1，"低" ->3，"温和的" ->5，"高" ->7 和 "非常高" ->9，"没有反应" ->0）和所有专家对给定药物的反应的总和是计算出来的。为了解释 "无反应" 类别的反应，这一总和随后被除 "无反应" 类别以外的类别中提供反应的专家总数所除。最终模型生成基于这些分数平均加权分数赋值或低于 2 记为 1 分，大于 2 小于 4 记为 3 分，大于 4 小于 6 记为 5 分，大于 6 小于 8 记为 7 分，大于 8 记为 9 分。

2. b　问题 2 的分数计算

问题 2 的分数按照 2. a 的描述精确计算。

2. c　问题 3 分数计算

问题 3 的分数按照 2. a 的描述精确计算，结合下面规则中提取的值。即使用以下的响应类别的赋值："忽略" ->1，"不经常" ->3，"中等" ->5，"高" ->9。

2. d　问题 4 的分数计算

问题 4 的分数按照 2. a 的描述精确计算。

结合下面规则中提取的值，即使用以下的响应类别的赋值："忽略" ->1，"不经常" ->3，"中等" ->5，"高" ->9。

2. e　问题 5 的分数计算

问题 5 的分数按照 2. d 的描述精确计算。

3. 组 2 的权重

对问题 1~4 的反应，得到了多标准模型的相对标准权重。对于每个模型标准或子标准（取决于具体问题），权重计算如下：每个标准或次级标准的每个专家的排序根据给定的标准或次级标准的专家所选择的等级分配一个分数（即：“一” ->9，“二” ->7，“三” ->5，“四”；->3 和“五” ->1），所有专家对给定的标准或次级标准的响应的总和进行了计算，并通过专业数据的数量除以 9 个专业数据的平均值。随后，通过将平均准则权重除以所有标准或次级标准所获得的所有平均准则权重的总和，计算出相对标准权重。

附录 5.4　加权标准的不同方法

直接加权、摇摆加权和成对比较是一些最常用的加权方法，因此将简要概述如下。

在直接加权方法中，如点分配、分类或排序，决策者直接将数字权重分配给单个标准（Sinha et al.，2009）。直接加权方法很容易实现，但通常会产生难以在价值函数中使用的序数结果，直接加权方法往往比更复杂的加权方法更有效（Sinha et al.，2009）。

摇摆加权的方法：相反地，决策者识别最重要的准则为准绳，他宁愿从最严重的"摇摆"（或中性）值开始，其次是下一个最重要的识别标准等（Sinha et al.，2009 年，贝尔顿和斯图尔特，2002 年，社区和当地政府部门，2009）。

比例权重随后被分配到与最重要标准相关的所有标准（Sinha et al.，2009）。摇摆加权方法被认为比直接重法具有更好的范围敏感性，但是如果标准的数量很大（Sinha et al.，2009；社区和地方政府部门，2009），则可能是不标准的。在成对比较中，例如层次分析法（AHP），根据标准（Yoe，2002，Sinha et al.，2009）的成对比较矩阵，计算出标准的相对权重。为了生成这个矩阵，决策者必须考虑分析中的每一个标准（Yoe，2002；Sinha et al.，2009）。因为有多标准分析，成对的数据会很快的变得复杂（Yoe，2002；Sinha et al.，2009）。此外，即使 AHP 使用附加价值函数，它与上述基于效用函数的方法在基本方法上亦有所不同，因为标准的比率是被评估的（Stewart，1992）。此外，基于 AHP 的权重比直接或摇摆权重更难以解释，因此它们更容易受到标准尺度的影响。然而，像 AHP 这样的方法特别适合于将不同决策者的权重组合在一起，并使决策者之间的冲突易于解决，并且通常在实践中使用（Stewart，1992；Sinha et al.，2009）。

有关加权标准的不同方法的更多细节，请参见 Thokala（2011）。

附录 5.5　标准 A：USDA NAHMS 研究 2007 年数据

NAHMS 研究 2007

药物管理的可能性估计（LODA 因子得分 A.1.1）是基于 2007 年美国农业部 NAHMS 调查结果，在这一基于多因子的排序中包括所有的 99 种药物制剂。NAHMS 乳制品 2007 年的研究评估了抗生素用于疾病预防、疾病治疗和美国乳制品的发展。在这项研究中，生产者提供了奶牛疾病发病率的信息，用抗生素治疗的奶牛的数量，以及在每个研究年份中用于大多数动物的抗生素（美国农业部，2007 年，2008 年和 2009 年）。该研究收集了 12 个月奶牛群规模的信息，每一个操作，乳品管理实践，小、中、大群的疾病发病率，以及在小、中、大奶牛群中报告的疾病情况的抗生素治疗。见表 A5.11 和图 A5.1，数据代表受疾病或疾病影响的奶牛的百分比（呼吸、消化、生殖、乳腺炎、残疾或其他），数据代表在特定药物类别（初级药物类）处理的手术中奶牛的百分比。

表 A5.11　受疾病或疾病影响的奶牛的百分比

奶牛	呼吸问题	消化问题	生殖问题	乳腺炎	残废	其他
奶牛百分比（%）	2.9	6	10	18.2	12.5	0.7

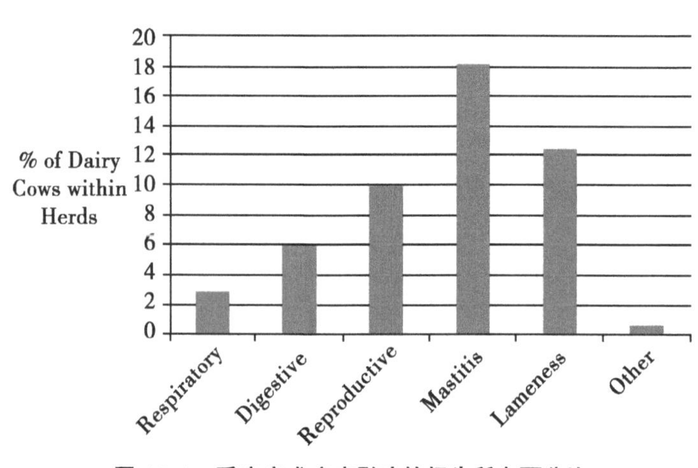

图 A5.1　受疾病或疾病影响的奶牛所占百分比

值得注意的是，乳腺炎是奶牛的主要疾病。其他重要的疾病包括呼吸系统疾病、生殖疾病和跛行（表 A5. 12 和表 A5. 13）。β-内酰胺[1]，尤其是头孢菌素，是美国奶牛中使用最多的主要药物类。在所有的农场中，其他更有报道的药物包括林可酰胺类抗生素（主要用于治疗乳腺炎，占牛的 19. 4%）和四环素（用于治疗 42. 1%的牛的残片，并治疗 44. 4%的牛的生殖疾病）。

表 A5. 12 以某一特定药物类别治疗的特定疾病或畜群失调的奶牛所占百分比

药物等级	呼吸问题（%）	消化问题（%）	生殖问题（%）	乳腺炎（%）	残疾（%）	其他（%）
氨基环醇	3. 3	0	0. 2	2. 9	0	0
氨基糖苷类	0. 6	6. 4	0	0. 2	0	0
β 内酰胺—无头孢菌素	11	30. 3	19. 7	19. 1	19. 5	29. 9
β 内酰胺—头孢菌素	70. 5	36	27. 9	53. 2	27. 2	23. 6
氟苯尼考	1. 9	0. 4	0. 2	0	0. 5	0
林可胺类	0	0	0	19. 4	0	0
大环内酯类	1. 1	1. 1	0	0. 2	0. 5	0
磺胺类	2. 8	15. 6	0. 2	1. 2	4. 2	0
四环素类	6. 4	7	44. 4	2	42. 1	2. 6
其他	2. 4	3. 2	7. 4	1. 8	6	43. 9
抗组胺类	2. 4	3. 2	7. 4	1. 8	6	43. 9
抗寄生虫类	2. 4	46	7. 4	1. 8	6	43. 9
非甾体抗炎药	2. 4	3. 2	7. 4	1. 8	6	43. 9

来源：NAHMS 乳制品 2007 第五部分（USDA，2009）。

表 A5. 13 受感染奶牛占百分比（使用抗生素）

疾病或障碍	百分比（%）
呼吸	96. 4
腹泻或其他消化问题	32. 3
生殖	74. 7
乳腺炎	89. 9
残疾	56. 5
其他	66. 2

1 β-内酰胺，尤其是头孢菌素，是美国奶牛中使用最多的主要药物类。β-内酰胺类抗生素是奶牛中使用最广泛的抗菌药物；它们的特点包括价格低廉，对多种病原体的有效，以及不良副作用的潜在可能性低（Sundlof et al.，1995；Andrew，2009）。它们包括广泛的抗生素类，包括青霉素衍生物（penams）、头孢菌素（头孢菌素）、单环 β-内酰胺类和碳青霉烯（FDA，2011）。其他研究报告最常报道的青霉素 G 是最常用的奶牛（最常见的），其次是头孢替芬、氯沙西林、头孢匹林和氨苄青霉素（Sundlof et al.，1995；Andrew，2009；美国农业部，2008）。

在所有的农场中，重点报告的药物包括林可酰胺（主要用于治疗乳腺炎19.4%的牛）和四环素（用于治疗42.1%的牛的残片，并治疗44.4%的牛的生殖障碍）。

LODA 因子得分 A1.1

药物管理的可能性如下：一种药物用于治疗奶牛的可能性，T（i）的可能性，是通过将该药物用于治疗奶牛的特定条件的可能性（i，j,），通过所有的疾病“j”条件来确定如下：

$$T(i) = \sum_{j=1}^{6} S1(i,\ j)$$

其中：

P1（j）=所有受疾病或疾病影响的牛的百分比，其中“j”代表疾病或疾病（呼吸、消化、生殖、乳腺炎、跛行或其他）。

P2（j，k）代表某一特定疾病或疾病的特定药物类别治疗的牛的百分比。在这里，“j”代表疾病（呼吸、消化、生殖、乳腺炎、残疾或其他）和“k”代表药物类别（氨基环醇、氨基糖苷、β-内酰胺、头孢菌素、氟苯尼可、利亚胺、大利德、磺胺、四环素、其他抗组胺、抗寄生虫药或NSAID）用于治疗。

使用特定的药物类来治疗奶牛（Q1）的可能性，是通过将奶牛患病的可能性（P1）乘以一个药物类用于治疗奶牛的条件（P2）的可能性来决定的，如：

$$Q1\ (j,\ k) = P1\ (j) \times P2\ (j,\ k)$$

在药物类中，药物用于治疗奶牛的特定条件的可能性（S1），通过将特定的药物用于治疗奶牛的可能性（Q1），通过分类器（1或0）来确定药物是否属于a类R1（k），以及该药物是否用于治疗条件（i，j）的指标（1或0），如下所示：

$$S1\ (i,\ j) = Q1\ (i,\ k) \times R1\ (i,\ k) \times h\ (i,\ j)$$

见表A5.14：54种药物的T（i）值（适用于99种制剂）。

表 A5.14 对54种药物（99种制剂）使用药物T（i）的可能性

药物	使用药物的总可能性，T（i）=Sum（i，j）在疾病条件下，j
乙酰水杨酸	3.77E-03
阿苯达唑	1.75E-02
阿米卡星硫酸盐-1	0.00E+00
阿米卡星硫酸盐-2	0.00E+00
阿莫西林三水合物-1	2.76E-02
阿莫西林三水合物-2	1.82E-02
阿莫西林三水合物-3	3.48E-02
氨比西林钠	5.28E-03
氨比西林三水合物-1	3.19E-03
氨比西林三水合物-2	2.14E-02
氨比西林三水合物-3	2.14E-02

（续表）

药物	使用药物的总可能性， T（i）= Sum（i，j）在疾病条件下，j
安普罗利	1.75E-02
头孢噻呋水合游离酸	8.23E-02
头孢噻呋盐酸盐-1	8.23E-02
头孢噻呋盐酸盐-2	9.68E-02
头孢噻呋钠	5.44E-02
苄星头孢匹林	9.68E-02
头孢匹林钠	9.68E-02
氯霉素-1	5.69E-03
氯霉素-2	5.69E-03
氯霉素-3	3.07E-03
氯舒隆	1.75E-02
苄星氯唑西林	3.48E-02
氯唑西林钠	3.48E-02
甲磺酸达氟沙星	6.96E-04
硫酸二双氢链霉素	3.84E-03
多拉菌素	2.05E-02
恩诺沙星	6.96E-04
乙酰氨基阿维菌素-1	2.05E-02
乙酰氨基阿维菌素-2	2.05E-02
红霉素-1	3.19E-04
红霉素-2	3.64E-04
氟苯尼考-1	1.18E-03
氟苯尼考-2	5.51E-04
氟苯尼考-3	5.51E-04
甲葡胺氟尼辛-1	6.96E-04
甲葡胺氟尼辛-2	6.96E-04
呋喃唑酮	3.07E-03
加米霉素	3.19E-04
硫酸庆大霉素-1	0.00E+00
硫酸庆大霉素-2	0.00E+00
海他西林钾	3.48E-02
伊维菌素-1	2.05E-02
伊维菌素-2	2.05E-02
伊维菌素-3	2.05E-02

（续表）

药物	使用药物的总可能性， T（i）= Sum（i，j）在疾病条件下，j
伊维菌素-4	2.05E-02
伊维菌素-5	2.05E-02
伊维菌素-6	2.05E-02
卡那霉素	0.00E+00
硫酸卡那霉素	0.00E+00
酮洛芬	1.08E-02
左旋咪唑	1.75E-02
盐酸左旋咪唑	1.75E-02
磷酸左旋咪唑	1.75E-02
林可霉素	0.00E+00
水合盐酸林可霉素	0.00E+00
美洛昔康	3.07E-03
莫西菌素-1	2.05E-02
莫西菌素-2	2.05E-02
萘普生	3.07E-03
硫酸新霉素	3.84E-03
呋喃西林	3.07E-03
新生霉素钠	3.28E-03
奥芬达唑-1	1.75E-02
奥芬达唑-2	1.75E-02
盐酸土霉素-1	5.87E-02
盐酸土霉素-2	1.03E-01
土霉素-3	1.03E-01
普鲁卡因青霉素-1	3.19E-03
普鲁卡因青霉素-2	3.48E-02
普鲁卡因青霉素-3	3.19E-03
苄星青霉素 & 普鲁卡因青霉素	2.35E-02
保泰松-1	3.07E-03
保泰松-2	3.07E-03
盐酸吡利霉素	3.53E-02
盐酸大观霉素	9.57E-04
硫酸大观霉素	9.57E-04
硫酸链霉素	4.38E-03
磺胺溴甲嘧啶钠	1.78E-02

（续表）

药物	使用药物的总可能性， T（i）=Sum（i，j）在疾病条件下，j
磺胺氯达嗪-1	2.00E-04
磺胺氯达嗪-2	2.00E-04
磺胺地托辛-1	6.06E-03
磺胺地托辛-2	6.06E-03
磺胺地托辛-3	6.06E-03
磺胺乙氧哒嗪-1	1.78E-02
磺胺乙氧哒嗪-2	1.78E-02
磺胺乙氧哒嗪-3	1.46E-02
磺胺二甲嘧啶-1	1.78E-02
磺胺二甲嘧啶-2	1.78E-02
磺胺二甲嘧啶-3	1.78E-02
磺胺喹噁啉	9.36E-03
盐酸四环素-1	6.06E-03
盐酸四环素-2	5.28E-02
噻苯咪唑-2	2.05E-02
泰地罗斯	3.19E-04
磷酸替米考星	6.83E-04
苄吡二胺	3.07E-03
泰拉菌素	6.25E-04
泰乐菌素-2	1.31E-03

附录 5.6　准则 A：Sundlof 数据

表 A5.15　来自 Sundlof 等 54 种药物（99 种剂型）的数据（1995）

药物	价值
乙酰水杨酸	2.8
阿苯达唑	1.5
阿米卡星硫酸盐-1	1.7
阿米卡星硫酸盐-2	1.7
阿莫西林三水合物-1	2.8
阿莫西林三水合物-2	1.7
阿莫西林三水合物-3	2.8
氨比西林钠	1.7
氨比西林三水合物-1	3.5
氨比西林三水合物-2	1.7
氨比西林三水合物-3	1.7
安普罗利	1.5
头孢噻呋水合游离酸	4.5
头孢噻呋盐酸盐-1	4.5
头孢噻呋盐酸盐-2	4.5
头孢噻呋钠	4.5
苄星头孢匹林	3.6
头孢匹林钠	3.6
氯霉素-1	1.7
氯霉素-2	1.7
氯霉素-3	1.7
氯舒隆	1.5
苄星氯唑西林	3.8
氯唑西林钠	3.8
甲磺酸达氟沙星	1.7
硫酸二双氢链霉素	2..2
多拉菌素	1.5
恩诺沙星	1.7
乙酰氨基阿维菌素-1	1.5
乙酰氨基阿维菌素-2	1.5

（续表）

药物	价值
红霉素-1	1.7
红霉素-2	2.8
氟苯尼考-1	1.7
氟苯尼考-2	1.7
氟苯尼考-3	1.7
甲葡胺氟尼辛-1	3.8
甲葡胺氟尼辛-2	3.8
呋喃唑酮	3
加米霉素	1.7
硫酸庆大霉素-1	2.2
硫酸庆大霉素-2	2.2
海他西林钾	2.5
伊维菌素-1	1.5
伊维菌素-2	1.5
伊维菌素-3	1.5
伊维菌素-4	1.5
伊维菌素-5	1.5
伊维菌素-6	1.5
卡那霉素	1.7
硫酸卡那霉素	1.7
酮洛芬	2.2
左旋咪唑	1.5
盐酸左旋咪唑	1.5
磷酸左旋咪唑	1.5
林可霉素	1.7
水合盐酸林可霉素	1.7
美洛昔康	2.2
莫西菌素-1	1.5
莫西菌素-2	1.5
萘普生	2.2
硫酸新霉素	1.7
呋喃西林	3.2
新生霉素钠	1.7
奥芬达唑-1	1.5
奥芬达唑-2	1.5
盐酸土霉素-1	1.7
盐酸土霉素-2	1.7

（续表）

药物	价值
土霉素-3	4.3
普鲁卡因青霉素-1	5
普鲁卡因青霉素-2	5
普鲁卡因青霉素-3	1.7
苄星青霉素 & 普鲁卡因青霉素	1.7
保泰松-1	3
保泰松-2	3
盐酸吡利霉素	2.6
盐酸大观霉素	2.4
硫酸大观霉素	2.4
硫酸链霉素	1.7
磺胺溴甲嘧啶钠	3
磺胺氯达嗪-1	1.3
磺胺氯达嗪-2	1.3
磺胺地托辛-1	3.5
磺胺地托辛-2	3.5
磺胺地托辛-3	3
磺胺乙氧哒嗪-1	3
磺胺乙氧哒嗪-2	3
磺胺乙氧哒嗪-3	1.3
磺胺二甲嘧啶-1	1.3
磺胺二甲嘧啶-2	1.3
磺胺二甲嘧啶-3	1.3
磺胺喹噁啉	1.3
盐酸四环素-1	2.8
盐酸四环素-2	2.8
噻苯咪唑-2	1.5
泰地罗斯	1.7
磷酸替米考星	1.7
苄吡二胺	2.8
泰拉菌素	1.7
泰乐菌素-2	2.8

来源：Sundlof 等（1996）。

附录 5.7　标准 A：农场检验数据

表 A5.16　FDA 对 54 种药物（99 种配方）的农场检验数据

药物	找到的农场	%从（总共 979 个）农场中发现药物
乙酰水杨酸	352	36%
阿苯达唑	2	0.2%
阿米卡星硫酸盐-1	0	0.0%
阿米卡星硫酸盐-2	2	0.2%
阿莫西林三水合物-1	1	0.1%
阿莫西林三水合物-2	5	0.5%
阿莫西林三水合物-3	82	8.4%
氨比西林钠	1	0.1%
氨比西林三水合物-1	427	43.6%
氨比西林三水合物-2	0	0.0%
氨比西林三水合物-3	5	0.5%
安普罗利	44	4.4%
头孢噻呋水合游离酸	351	35.9%
头孢噻呋盐酸盐-1	544	55.6%
头孢噻呋盐酸盐-2	500	51.1%
头孢噻呋钠	632	64.6%
苄星头孢匹林	298	30.4%
头孢匹林钠	377	38.5%
氯霉素-1	1	0.1%
氯霉素-2	2	0.2%
氯霉素-3	0	0.0%
氯舒隆	7	0.7%
苄星氯唑西林	109	11.1%
氯唑西林钠	49	5.0%
甲磺酸达氟沙星	4	0.4%
硫酸二双氢链霉素	143	14.6%
多拉菌素	0	0.0%
恩诺沙星	193	19.7%
乙酰氨基阿维菌素-1	26	2.7%
乙酰氨基阿维菌素-2	0	0.0%

（续表）

药物	找到的农场	%从（总共979个）农场中发现药物
红霉素-1	11	1.1%
红霉素-2	0	0.0%
氟苯尼考-1	321	32.8%
氟苯尼考-2	7	0.7%
氟苯尼考-3	0	0.0%
甲葡胺氟尼辛-1	669	68.3%
甲葡胺氟尼辛-2	38	3.9%
呋喃唑酮	1	0.1%
加米霉素	0	0.0%
硫酸庆大霉素-1	0	0.0%
硫酸庆大霉素-2	36	3.7%
海他西林钾	63	6.4%
伊维菌素-1	0	0.0%
伊维菌素-2	0	0.0%
伊维菌素-3	15	1.5%
伊维菌素-4	0	0.0%
伊维菌素-5	9	0.9%
伊维菌素-6	0	0.0%
卡那霉素	0	0.0%
硫酸卡那霉素	0	0.0%
酮洛芬	0	0.0%
左旋咪唑	0	0.0%
盐酸左旋咪唑	2	0.2%
磷酸左旋咪唑	0	0.0%
林可霉素	4	0.4%
水合盐酸林可霉素	45	4.6%
美洛昔康	0	0.0%
莫西菌素-1	0	0.0%
莫西菌素-2	0	0.0%
萘普生	0	0.0%
硫酸新霉素	65	6.6%
呋喃西林	3	0.3%
新生霉素钠	4	0.4%
奥芬达唑-1	0	0.0%
奥芬达唑-2	0	0.0%
盐酸土霉素-1	40	4.1%
盐酸土霉素-2	97	9.9%

（续表）

药物	找到的农场	%从（总共 979 个）农场中发现药物
土霉素-3	193	19.7%
普鲁卡因青霉素-1	599	61.2%
普鲁卡因青霉素-2	125	12.8%
普鲁卡因青霉素-3	5	0.5%
苄星青霉素 & 普鲁卡因青霉素	7	0.7%
保泰松-1	0	0.0%
保泰松-2	1	0.1%
盐酸吡利霉素	249	25.4%
盐酸大观霉素	25	2.6%
硫酸大观霉素	25	2.6%
硫酸链霉素	3	0.3%
磺胺溴甲嘧啶钠	0	0.0%
磺胺氯达嗪-1	2	0.2%
磺胺氯达嗪-2	0	0.0%
磺胺地托辛-1	229	23.4%
磺胺地托辛-2	45	4.6%
磺胺地托辛-3	9	0.9%
磺胺乙氧哒嗪-1	0	0.0%
磺胺乙氧哒嗪-2	0	0.0%
磺胺乙氧哒嗪-3	0	0.0%
磺胺二甲嘧啶-1	1	0.1%
磺胺二甲嘧啶-2	104	10.6%
磺胺二甲嘧啶-3	14	1.4%
磺胺喹噁啉	0	0.0%
盐酸四环素-1	79	8.1%
盐酸四环素-2	0	0.0%
噻苯咪唑-2	0	0.0%
泰地罗斯	0	0.0%
磷酸替米考星	106	10.8%
苄吡二胺	49	5.0%
泰拉菌素	129	13.2%
泰乐菌素-2	209	21.3%

资料来源：2008 年 10 月 1 日至 2014 年 12 月 31 日 FDA 农场检验数据（FDA，2014）总农场搜索：979 个农场。

附录 5.8 标准 B：NMDRD（2000—2013）鉴定的药物

全国奶类药物残留数据库——对表 7.1 中数据的汇总（2000—2013 财年数据）。

表 A5.17 A 级运输车奶罐测试（2000—2013）

药物	总阳性	总试验	表 7.1 样本结果
氨基糖苷类	11	4 716	1
酰胺醇类	—	1 756	0
β 内酰胺	17 355	43 123 539	1
头孢噻呋	—	609	0
氯霉素	—	886	0
金霉素	—	4	0
氯唑西林	17	9 580	1
恩诺沙星	9	32 760	1
氟苯尼考	—	—	0
庆大霉素	—	719	0
大环内酯类	4	20 619	1
多药物测试	—	1 014	0
新霉素	8	6 144	1
新生霉素	—	158	0
大观霉素	—	51	0
磺胺氯哒嗪	—	812	0
磺胺地托锌	6	10 373	1
磺胺甲嘧啶	132	175 110	1
磺胺	1	468	1
磺胺噻唑	—	1 055	0
磺胺类	197	917 820	1
四环素	1	8 864	1
四环素	176	1 122 779	1
四环素	16	45 886	1
替米考星	—	38	0
总和	17933	45 485 760	

表 A5.18 来自 NMDRD 2000—2013 年的 54 种药物的数据

药物	根据特定药物名称和阳性结果（NMDRD，2000—2013）	牛奶中的药物（非特异性）NMDRD 中的牛奶样本阳性结果（2000—2013 年）
乙酰水杨酸	0	0
阿苯达唑	0	0
阿米卡星	0	1
阿莫西林	0	1
氨比西林	0	1
安普罗利	0	0
头孢噻呋	0	1
头孢匹林	0	1
氯霉素	0	0
氯舒隆	0	0
氯唑西林	1	1
达氟沙星	0	1
二双氢链霉素	0	1
多拉菌素	0	0
恩诺沙星	1	1
乙酰氨基阿维菌素	0	0
红霉素	0	1
氟苯尼考	0	0
氟尼辛	0	0
呋喃唑酮	0	0
加米霉素	0	1
庆大霉素	0	1
海他西林	0	1
伊维菌素	0	0
卡那霉素	0	1
酮洛芬	0	0
左旋咪唑	0	0
林可霉素	0	0
美洛昔康	0	0
莫西菌素	0	0
萘普生	0	0
新霉素	1	1
呋喃西林	0	0
新生霉素	0	0

（续表）

药物	根据特定药物名称和阳性结果（NMDRD，2000—2013）	牛奶中的药物（非特异性）NMDRD 中的牛奶样本阳性结果（2000—2013 年）
奥芬达唑	0	0
土霉素	0	1
青霉素	0	1
保泰松	0	0
吡利霉素	0	0
大观霉素	0	0
硫酸链霉素	0	1
磺胺溴甲嘧啶	0	1
磺胺氯达嗪	0	1
磺胺地托辛	1	1
磺胺乙氧哒嗪	0	1
磺胺二甲嘧啶	1	1
磺胺喹噁啉	0	1
四环素	1	1
噻苯咪唑	0	0
泰地罗斯	0	1
磷酸替米考星	0	1
苄吡二胺	0	0
泰拉菌素	0	1
泰乐菌素	0	1

0=否 1=是

来源：国家牛奶药品残留数据库 2000—2013（GLH，Inc.，2000—2013）。http://www.kandc-sbcc.com/nmdrd/

附录 5.9　标准 B：兽药中心采样数据中鉴定的药物

表 A5.19　FDA 牛奶中药物残留抽样调查

药物	药物类别	样品分析数量	阳性样品数量	超出美国限量的样品数
氨苄西林	β-内酰胺类	1 912	0	0
头孢匹林	β-内酰胺类	1 912	0	0
氯霉素	氯霉素类	1 912	0	0
氯唑西林	β-内酰胺类	1 912	0	0
多拉菌素	驱虫药	1 713	1	1
埃普菌素	驱虫药	1 691	4	0
红霉素	大环内酯类	1 912	0	0
氟苯尼考	其他	1 912	10	10
氟尼辛	非甾体抗炎药	1 912	0	0
庆大霉素	氨基糖苷类	1 912	1	1
伊维菌素	驱虫药	651	0	0
莫昔克汀	驱虫药	651	0	0
萘普生	非甾体抗炎药	1 695	0	0
新霉素	氨基糖苷类	1 912	0	0
土霉素	四环素类	1 912	0	0
青霉素	β-内酰胺类	1 912	0	0
保泰松	非甾体抗炎药	1 694	0	0
磺胺氯哒嗪	磺胺类	1 912	0	0
磺胺二甲氧嘧啶	磺胺类	1 912	0	0
磺胺二甲嘧啶	磺胺类	1 912	2	1
磺胺喹噁啉	磺胺类	191	0	0
四环素	四环素类	1 912	0	0
噻苯咪唑	驱虫药	1 912	0	0
替米考星	大环内酯类	1 912	1	1
盐酸吡甲胺	其他	1 912	0	0
托拉霉素	大环内酯类	1 912	2	2
泰乐菌素	大环内酯类	1 912	0	0

FDA 牛奶中药物残留抽样调查（FDA，2015A 和 FDA，2015B）。

附录 5.10 标准 B：药物残留时间数据参考

表 A5.20 54 种药物（99 种制剂）的药物残留时间数据参考

54 种药物	54 种药物名称	药物剂型	弃奶期（MDT）（h）	参考牛/牛奶/FDA/食品动物残留废止数据库（FARAD）/其他公布数据中药物残留时间估计/参考/h
1	乙酰水杨酸	乙酰水杨酸	MDT<25	24h（FARAD）
2	阿苯哒唑	阿苯哒唑	100>MDT≥65	NE（FDA 21 CFR 520.45b）；72h（3d）（Moreno et al.，2005）
3.1	丁胺卡那霉素	硫酸阿米卡星-1	NE	NE［绵羊奶，给药后 9.5h（7.5 mg/kg 体重），静脉注射后 75%的最大血药浓度（0.89μg/ml）残留在奶中，肌肉注射后 64%的最大血药浓度（0.21μg/ml）残留在奶中；Haritova and Lasev，2004］
3.2	丁胺卡那霉素	硫酸阿米卡星-2	NE	NE
4.1	阿莫西林	三水合阿莫西林-1	100>MDT≥65	96h（FDA 21 CFR 522.88）
4.2	阿莫西林	三水合阿莫西林-2	100>MDT≥65	口服 96h（FDA 21 CFR 522.88）
4.3	阿莫西林	三水合阿莫西林-3	65>MDT≥25	60h（FDA 21 CFR 526.88）
5.1	氨苄西林	氨苄西林钠	NE	NE（山羊乳房内给药 75mg 氨苄西林结合 Cura-CLX LC 和 200mg 的氯唑西林钠，弃奶期是 80h；Kalzis et al.，2007）研究者表示山羊与奶牛上的研究结果相似
5.2	氨苄西林	三水合氨苄西林-1	65>MDT≥25	48h（FDA 21 CFR 522.90b）
5.3	氨苄西林	三水合氨苄西林-2	NE	三水合氨苄西林-2 是口服给药。氨苄西林按照 7mg/kg 体重通过牛奶给犊牛口服给药。在 3h 的时候峰值浓度约为 0.22μg/ml。在 6h 的时候，血浆浓度约 0.15μg/ml（Palmer et al.，1983）
5.4	氨苄西林	三水合氨苄西林-3	NE	NE
6	氨丙啉	氨丙啉	NE	NE（FDA 21 CFR 520.100）；根据 Kepro，2015 的研究结果为 20%口服液按照 4ml/20kg 体重给药后为 3d（72h）
7.1	头孢噻呋	头孢噻呋结晶自由酸	0	0h（FDA，2005）

（续表）

54 种药物	54 种药物名称	药物剂型	弃奶期（MDT）（h）	参考牛/牛奶/FDA/食品动物残留废止数据库（FARAD）/其他公布数据中药物残留时间估计/参考/h
7.2	头孢噻呋	盐酸头孢噻呋-1	0	0h；2d（48h）（FDA，1998）“同时使用皮下和肌肉内给药途径注射盐酸头孢噻呋的弃奶期为 2d。”
7.3	头孢噻呋	盐酸头孢噻呋-2	200>MDT≥100	给药不超过 8d 时为 72h（FDA 21 CFR 526.313）；由于头孢噻呋的残留（720h），可以在 30d 干奶期时使用（FDA 21CFR 526.313）；72h（Zoetisus，2006）
7.4	头孢噻呋	头孢噻呋钠	0	0h（Zoetisus，2014）
8.1	头孢匹林	苄星头孢吡林	200>MDT≥100	产犊后 72h，如果在产犊前 30d（720h）给药（FDA 21 CFR 526.363）
8.2	头孢匹林	头孢匹林钠	100>MDT≥65	96h（FDA 21 CFR 526.365）
9.1	氯霉素	氯霉素-1	NE	NE（FDA 21CFR 520.390）
9.2	氯霉素	氯霉素-2	NE	NE（经奶牛肌肉注射和静脉注射 11mg/kg 体重后 36h 为 0μg/ml 氯霉素，Sisodia et al.，1973）
9.3	氯霉素	氯霉素-3	NE	NE
10	氯舒隆	氯舒隆	NE	NE（141.6d，奶牛奶中氯舒隆水平低于奶牛肌肉中氯舒隆的 0.1mg/kg 残留限量（Chiu et al.，1989）。根据 Sundlof（1992）口服给药剂量为 7 mg/kg 体重与静脉注射相比，口服给药使绵羊和山羊血浆中氯舒隆的半衰期分别延长 64% 和 91%。这表明当氯舒隆通过静脉注射给药时，它的代谢时间比口服给药短）
11.1	氯唑西林	苄星氯唑西林	200>MDT≥100	产犊后 72h，必须在产犊前 30d（720h）停止使用药物（FDA 21 CFR 524.464 B）
11.2	氯唑西林	氯唑西林钠	65>MDT≥25	48h（FDA 21 CFR 526.464c，21 CFR 526.464d）
12	达氟沙星	甲磺酸达氟沙星	NE	NE 74h。奶牛按照 6mg/kg 体重皮下注射给药（18%溶液，辉瑞）。计算出达到安全浓度（欧盟，WTM 1.4）的休药期为 73.48h（Mestorino et al.，2009）
13	二氢链霉素	二氢链霉素硫酸盐	NE	NE（21 CFR 520.534）乳房内给药为 96h（FARAD；Gehring et al.，2005）。含有硫酸链霉素（150mg/ml）、硫酸二氢链霉素（150mg/ml）、氯甲酚（1mg/ml）和偏硫酸氢钠（1mg/ml）的溶液［德维霉素 D，NordBoo］在肌肉注射给药最多 3d，弃奶期为 48h。默克手册指出氨基糖苷类药物非肠道给药的弃奶期为 100～200d；如果给予乳房注入给药，是 2～3d
14	多拉菌素	多拉菌素	100>MDT≥65	96（FARAD 乳房内给药）。无法确认 96h。2004 年 FARAD 通讯，在长达 60d 的时间内可以检测到牛奶中多拉菌素的残留

（续表）

54 种药物	54 种药物名称	药物剂型	弃奶期（MDT）（h）	参考牛/牛奶/FDA/食品动物残留废止数据库（FARAD）/其他公布数据中药物残留时间估计/参考/h
15	恩诺沙星	恩诺沙星	NE	NE 皮下注射 Norbrook 的 Notril Max 含有 100mg 恩诺沙星、20mg 苯甲醇和 BITAM-1-醇 30mg，推荐休药期为 84h
16	乙酰氨基阿维菌素	乙酰氨基阿维菌素-1	0	所有奶牛，包括 NADA 141-079 的奶牛为 0h（Access DATA，FDA，GOV）
		乙酰氨基阿维菌素-2	NE	0d。无法确认为 0h。当皮下注射 0.2mg/kg 时，T_{MAX} 为 49.8h，C_{MAX} 为 6.4ng/ml（Baoliang et al.，2006）
17	红霉素	红霉素-1	NE	NE 泌乳期山羊按照 15mg/kg 体重皮下注射，T_{MAX}为 1.64 h，C_{MAX}为 0.49μg/ml，消除半衰期为 3.89h，SD 为 1.16h，药物生物利用率为 95.36%（Ambros et al.，2007）
		红霉素-2	65>MDT≥25	36h FDA 21 CFR 526.820
18	氟苯尼考	氟苯尼考-1	100>MDT≥65	72h［派恩，（北美版纲要，食用动物）］，（Ruiz et al.，2010）证实，尽管默克手册在 2012 年认为氟苯尼考的休药期为 28 d
		氟苯尼考-2	65>MDT≥25	找不到来源
		氟苯尼考-3	200>MDT≥100	120h（FARAD 乳房内给药）
19	氟尼辛	氟尼辛葡甲胺-1	65>MDT≥25	72h，肌肉注射（Smith et al.，2008）。最后一次治疗后 36h 内必须弃奶（FDA，兽药，Access DATA 和 FARAD）
		氟尼辛葡甲胺-2	200>MDT≥100	120h（FARAD 乳房内给药），更相关的给药途径，口服（137~409），FARAD 推荐单次口服给药后弃奶期为 48h（Smith et al.，2008）
20	呋喃唑酮	呋喃唑酮	200>MDT≥100	奶牛口服给药 0.8mg/kg 体重的呋喃唑酮、呋喃妥酮、呋喃唑酮和 4.4mg 硝基呋喃酮（n=1 牛），给药后 72h 达到低于 2ppb 的 FDA 可接受的程度（Chu and Lopez，2007）
21	加米霉素	加米霉素	100>MDT≥65	肌肉注射为 72h 或静脉注射（Damian et al.，1997）为 96h（Payne，北美版纲要）。这与另一种已经建立了 MWT 大分子内酯（红霉素-2）的文献比较。Bajwa 等（2007）的研究表明，奶牛乳房内给药 0.55mg/kg 体重红霉素（假设 544kg 奶牛），药物的血浆半衰期为 11.85h，最大血浆浓度为 50μg/ml，血浆 AUC 为 12.84μg * hr/ml；然而，随着红霉素浓度的增加，Burrows 等（1989）报告皮下注射给药剂量在 15~30mg/kg 时，半衰期为 26.87h。皮下注射 3mg/kg 体重的加米霉素，血浆半衰期为 51.2h，最大血浆浓度为 0.175μg/ml，AUC 为 4.55μg * hr/ml（Huang et al.，2010）

（续表）

54 种药物	54 种药物名称	药物剂型	弃奶期（MDT）（h）	参考牛/牛奶/FDA/食品动物残留废止数据库（FARAD）/其他公布数据中药物残留时间估计/参考/h
22	庆大霉素	硫酸庆大霉素-1	0	NE 0h——按照标签剂量的粉红眼睛喷雾，人类消费食品无休药期（FARAD 休药期计算器）
		硫酸庆大霉素-2	NE	奶牛口服给药 0.8mg/kg 体重的呋喃唑酮、呋喃妥酮、呋喃唑酮和 4.4mg 硝基呋喃酮（n=1 牛），给药后 72h 达到低于 2 ppb 的 FDA 可接受的程度（Chu and Lopez，2007）
23	缩酮氯苄青霉素	缩酮氯苄青霉素钾	100>MDT≥65	72h（FDA，accessdata. fda. gov）
24	伊维菌素	伊维菌素-1	MDT≥200	奶公牛肌肉注射给药的血浆峰值浓度时间为（2.25±0.88）d，消除半衰期为 5.2±1.11d（Lifschitz et al.，1999）。保守估算，血浆药物峰浓度时间为（2.25±0.88）3.13d，消除半衰期为（5.2±1.11）6.31 d。伊维菌素-1 峰浓度降低 99%需要 6.54 个半衰期。因此，如果我们保守地将 6.31d 乘 6.54d 将达到 41.26 d 或 990.4h。消除半衰期在此参考文献中占到峰值血浆浓度的吸收时间
		伊维菌素-2	100>MDT≥65	72h（21 CFR 526.1130）无法确定 72h。鉴于马用伊维菌素-2 膏剂，伊维菌素-4 按照类似剂量（约 250μg/kg 体重）给奶牛，伊维菌素-2 与伊维菌素 4 具有相似的弃奶期，均是 28d（672h）
		伊维菌素-3	MDT≥200	47d（1128h）（Baynes et al.，2000）
		伊维菌素-4	MDT≥200	28d（672h）（Baynes et al.，2000）
		伊维菌素-5	MDT≥200	53d（1272h）（Baynes et al.，2000）
		伊维菌素-6	MDT≥200	28d（672h）（Baynes et al.，2000）。尽管这是按照 200μg/kg 体重的给药剂量，口服弃奶期 28d。如 FDA AccDATA. FDA. GOV NADA 140—988 所示，大剂量口服 1.74g（缓释），牛体重最小 125kg。这相当于 13.76mg/kg 体重给药剂量，比伊维菌素 4 的推荐给药量大 55 倍。因此，很可能需要更长的时间将伊维菌素-6 从牛奶中清除，需要更长的弃奶期
25	卡那霉素	卡那霉素	MDT≥200	无法找到局部/眼科软膏的参考
		硫酸卡那霉素	NE	NE（21 CFR 520.1197）计算得到奶牛体内卡那霉素（50mg/ml）的消除时间（休药期）为 2.4~5.2（平均 3.8）d，因此，保守地认为是 125h
26	酮洛芬	酮洛芬	MDT<25	NE；（24 h FARAD NSAID 1997 和 Smith et al.，2008）

（续表）

54种药物	54种药物名称	药物剂型	弃奶期（MDT）（h）	参考牛/牛奶/FDA/食品动物残留废止数据库（FARAD）/其他公布数据中药物残留时间估计/参考/h
27	左旋咪唑	左旋咪唑	NE	NE左旋咪唑是局部用药（139~887；140~844）。当奶牛喷淋施用盐酸左旋咪唑，给药后24h奶中药物浓度低于FDA设定的0.1mg/mg水平（50ppb）
		盐酸左旋咪唑	MDT<25	IV=24h，IM=24h，FARAD（Damian et al.，1997）在用8mg/kg体重通过喷淋、片剂、丸剂或皮下注射给药时，24h后盐酸左旋咪唑在奶中的残留量等于或小于FDA设定的0.1mg/kg残留水平（FAO，1994）
		磷酸左旋咪唑	NE	该左旋咪唑药物制剂建议按照8mg/kg体重（假设544kg牛）通过皮下注射给药。按照8mg/kg BW处理牛，经喷淋、片剂、丸剂或注射（皮下）给药后，24h后盐酸左旋咪唑的残留量等于或小于FDA在牛奶中设定的0.1mg/mg残留水平（FAO，1994）
28	林可霉素	盐酸林可霉素	NE	NE（21 CFR 520.1242）盐酸林可霉素通过口服、肌肉注射/静脉注射给药。在奶牛4.14mg/kg体重（乳房内）的剂量治疗24h，48h后奶中的药物残留检测为0.13mg/kg。在奶牛（n=24）乳房内给药7.28mg/kg体重24h，用药后96h未检测到残留，低于72h时猪肌肉残留限量0.1mg/kg（FAO，2003）
		一水合盐酸林可霉素	NE	NE在上面所列的一份类似的FAO文件中，尽管试验中仅使用盐酸林可霉素，但是仍然含有盐酸林可霉素一水合物（FAO，2003）。根据Bela Pharm一水合盐酸林可霉素在猪肉中的休药期为7d
29	美洛昔康	美洛昔康	200>MDT≥100	在英国奶中弃奶期为120h（Smith et al.，2008）
30	莫昔克汀	莫昔克汀-1	0	0h弃奶期 141-099（accessdata. fda. gov）
		莫昔克汀-2	200>MDT≥100	NADA 141-220皮下注射0.2mg/kg体重给药。绵羊奶中可检测到残留物。绵羊每天挤奶2次，结果在35d后的奶中可检测到莫昔克汀。但用药15d后奶牛肌肉中浓度低于残留限量（50 ppb）。消除半衰期为22.8d，在所有时间点评估发现奶中含量高于血浆（Imperiale et al.，2004b）
31	萘普生	萘普生	0	0h，无法在参考文献和pubmed上找到这个数字的出处，包括奶牛的药代动力学

（续表）

54 种药物	54 种药物名称	药物剂型	弃奶期（MDT）（h）	参考牛/牛奶/FDA/食品动物残留废止数据库（FARAD）/其他公布数据中药物残留时间估计/参考/h
32	新霉素	硫酸新霉素	NE	NE 按照新药说明书指导，奶牛乳房内注射新霉素，用 4 种不同的配方药物，每种都含有另一种抗生素。检测限为 0.15μg/ml，这也是 FDAs 规定的牛奶中残留限量水平。在最后一次挤奶后，残留量范围为 4.3~148mg（上限在 95%置信区间）。考虑到每天挤奶两次，休药期在 51.6~ 177.6h（Moretain and Boisseau，1993）
33	呋喃西林	呋喃西林	NE	NE（21 CFR 520.1468）奶牛用放射性标记的呋喃西林 65.6、131.2 和 470mg（4 次，每 24h 1 次）分别进行乳房内给药，静脉注射和局部给药。局部给药的方式使奶中药物残留时间最长。治疗 84h 后，乳房内给药和静脉注射给药奶中检测不到药物残留。在 144h，仍然可以在最后实验时间检测到硝基呋喃唑酮残留（0.242 ppb）（Smith et al.，1998）。NADA 编号的说明是通过局部或眼部给药
34	新生霉素	新生霉素钠	100>MDT≥65	72h（6 次挤奶）（Access DATA，FDA，GOV）
35	奥芬达唑	奥芬达唑-1	NE	NE FAO 推荐最大残留限量为 100μg/L。尽管奥芬达唑-1 的使用说明是乳房内给药，奶牛口服给药 7.5 mg/kg 体重，奥芬达唑给药 96h 后低于残留限量（5μg/L），并在 72h 后低于 FAO 推荐的奶中残留限量；口服给药较低剂量（4.5mg/kg 体重），84h 后奥芬达唑在牛奶中残留低于 LOQ 值，低于 FAO 推荐的 60h 牛奶中的残留值（Livingston，1991）
		奥芬达唑-2	200>MDT≥100	最后一次挤奶后 72h 或奶牛产犊前 30d（720h）（21 CFR 526.1590）。奶牛皮下注射 3mg/kg 体重 72h，牛奶中检测不到残留药物。60h 可检测到 5ppb 的残留药物（Moreno et al.，2005）
36	土霉素	盐酸土霉素-1	200>MDT≥100	土霉素以 9mg/kg 体重溶水后奶牛口服给药。2h 后血液中峰浓度约为 1.1μg/ml。24h 后血液中药物浓度约 0.2μg/ml（Palmer，at el，1983）
		盐酸土霉素-2	200>MDT≥100	肌肉注射或皮下注射短效制剂为 96h（Haskell et al.，2003）
		土霉素-3	200>MDT≥100	子宫内给药非水溶长效制剂为 168h（Martin-Jimenez et al.，1997）；子宫内注入水溶性药物为 72h（Haskell et al.，2003）；肌肉注射或皮下注射短效制剂为 96h（Haskell et al.，2003）

（续表）

54种药物	54种药物名称	药物剂型	弃奶期（MDT）（h）	参考牛/牛奶/FDA/食品动物残留废止数据库（FARAD）/其他公布数据中药物残留时间估计/参考/h
37	青霉素	普鲁卡因青霉素 G-1	65>MDT≥25	48h（4 次挤奶）（accessdata. fda. gov）
		普鲁卡因青霉素 G-2	100>MDT≥65	10ml 芝麻油中，60h（5 次挤奶）；6ml 花生油两次给药，最后一次给药后 60h（5 次挤奶），如果 3 次给药 84h（7 次挤奶）。取 60~84 之间中间点 72（accessdata. fda. gov）
		普鲁卡因青霉素 G-3	200>MDT ≥100	批准使用是 48h；ELU = 120h（Payne，The Compendium North American Ed）（21CFR 526. 1696）青霉素 G 普鲁卡因 3 推荐为狗/猫肌肉注射 22 000单位/kg，间隔 24h。在奶牛使用更低的剂量（6 600 单位/kg），肌肉注射，弃奶期为 48h（accessdata. fda. gov）
		苄星青霉素 G& 普鲁卡因青霉素 G	MDT≥200	泌乳牛 60~84h；产犊后 72h（21 CFR 526. 1696）；432hw/ELU
38	苯基丁氮酮，保泰松	保泰松-1	MDT≥65	NE（21 CFR 526. 1696），432h w/ELU 对可能导致再生障碍性贫血的残余物的零容忍政策（Smith et al.，2008）
		保泰松-2	MDT≥65	NE，432h w/ELU 可能导致再生障碍性贫血的残留药物不允许检出（Smith et al.，2008）
39	吡利霉素	盐酸吡利霉素	65>MDT≥25	36h，不分治疗时间（access data. fda. gov）
40	大观霉素，奇霉素	盐酸大观霉素	100>MDT≥65	NE（21 CFR 520. 1720）；96h（Damian et al.，1997）。大观霉素盐酸用于家禽和猪。在美国，大观霉素在鸡蛋中是不允许检出。给鸡饮水 50mg/kg 体重 7d，处理后 0d 未检测到残留药物（Goetting et al.，2011）。
		硫酸大观霉素	65>MDT≥25	JECFA 设置的最大残留限量是 0. 2mg/L。泌乳奶牛肌肉内注射 30mg/kg 体重 5d，36h 后大观霉素残留下降至 100ppb 以下。在第二项研究中，肌肉注射大观霉素 24h 后，牛奶中检测不到残留药物（Goetting et al.，2011）
41	链霉素硫酸盐	链霉素硫酸盐	100>MDT≥65	96h ELU（Payne，The Compendium North American Ed）（21 CFR 520. 2123）。泌乳水牛肌肉注射 10mg/kg 体重链霉素，3h 后药物进入牛奶，给药后 10h 未检出
42	磺胺溴二甲嘧啶，磺胺溴甲嘧啶	磺胺溴二甲嘧啶钠	100>MDT≥65	96h（accessdata. fda. gov）

（续表）

54 种药物	54 种药物名称	药物剂型	弃奶期（MDT）(h)	参考牛/牛奶/FDA/食品动物残留废止数据库（FARAD）/其他公布数据中药物残留时间估计/参考/h
43	磺胺氯吡嗪，磺胺氯哒嗪姜酯	磺胺氯吡嗪-1	200>MDT≥100	甲氧苄啶注射奶牛，血浆半衰期是（13.1±0.86）h。注射方法和剂量未指定。摘要（Rolinski and Duda，1984）。与注射剂量相比，若要达到 1%的血浆浓度，则需时 6.54 半衰期。因此，时间为［（13.1+0.86h）×6.54］91.3h
		磺胺氯吡嗪-2	100>MDT≥65	见磺胺氯吡啶-1，除马外，几乎没有数据
44	磺胺地托辛，磺胺二甲氧哒嗪，磺胺间二甲氧	磺胺地托辛-1	65>MDT≥25	60h（accessdata.fda.gov）根据 NADA 031-715 口服给药每 45.5kg 体重 1.25~2.5g
		磺胺地托辛-2	65>MDT≥25	60h（accessdata.fda.gov）根据 NADA 041-245，200-038，200-177-静脉注射初次剂量 50mg/kg，其后每 24h 一次 25mg/kg
		磺胺地托辛-3	NE	给药剂量是 1.25X 的磺胺地托辛-1 和-2。因此，休药期时间可能会稍长一些，这是不能用于泌乳奶牛
45	磺胺乙氧基吡啶	磺胺乙氧基吡啶-1	100>MDT≥65	72h（accessdata.fda.gov）口服 55 mg/（kg bw·d）4d
		磺胺乙氧基吡啶-2	100>MDT≥65	72h（accessdata.fda.gov）静脉给药 55 mg/（kg bw·d）4d
		磺胺乙氧基吡啶-3	NE	给药剂量是 4X 磺胺乙氧基吡啶-1 和-2。这也是一种缓释配方，因此，休药期时间可能会稍长一些，不能用于泌乳期奶牛
46	磺胺甲嘧啶	磺胺甲嘧啶-1	NE	96h（Merck Vet Mannual Online，updated 2012）
		磺胺甲嘧啶-2	NE	96h（Merck Vet Mannual Online，updated 2012）。牛奶 10d，参考资料没有列出（Medford Vet Clinic，2015）；21 CFR 522.2260 规定屠宰前 10d 停药
		磺胺甲嘧啶-3	NE	96h（Merck Vet Mannual Online，updated 2012）
47	磺胺喹噁啉	磺胺喹噁啉	NE	无法找到更多信息。家兔给药 50mg/kg 磺胺喹噁啉，药物及其代谢物的平均血浆半衰期分别是（12.7±8）h，（15.4±3.5）h（Eppel and Thiessen，1984）
48	四环素	盐酸四环素 1	NE	NE（21CFR520.2260a）（21CFR520.2261a）奶牛给药盐酸四环素 IV 10mg/kg，96h 后牛奶中药物残留低于 2mg/kg（牛奶中四环素的总和）（Rodrigues et al.，2010）；药物的 NADA 批号是口服
		盐酸四环素 2	NE	NE（21CFR520.2325）无法确定四环素在动物体内的药代动力学信息

（续表）

54 种药物	54 种药物名称	药物剂型	弃奶期（MDT）（h）	参考牛/牛奶/FDA/食品动物残留废止数据库（FARAD）/其他公布数据中药物残留时间估计/参考/h
49	涕必灵，噻苯咪唑（驱虫剂）	噻苯咪唑-2	100>MDT≥65	96h（access data. fda. gov）
50	泰地罗新	泰地罗新	NE	皮下注射 4mg/kg，（0. 69±0. 26）h 时母牛和公牛血浆峰浓度是（0. 711±0. 274）μg/ml。最终的血浆的半衰期是（210±53）h（Menge et al.，2012）
51	替米考星磷酸盐	替米考星磷酸盐	NE	0h（Merck Vet Manual，updated 3/2012）
52	曲吡那敏；苄吡二胺；扑敏宁	曲吡那敏；苄吡二胺；扑敏宁	MDT<25	24h（access data. fda. gov）
53	托拉霉素	托拉霉素	NE	山羊皮下注射 2. 5mg/kg 托拉霉素，血浆样品用质谱分析（第一次使用后 LOQ 2 ng/ml）。在 0. 6+/-0. 98h 血浆中最高浓度为（1. 0±0. 42）μg/ml。最终消除半衰期是（45. 7 ± 17. 6）h（Romanet et al.，2012）
54	泰乐菌素	泰乐菌素-2	MDT<25	24 h，根据 Merck 兽医手册弃奶时间为 96h，奶牛休药期 21d（肌肉注射 10~20mg/kg）

NE：未发布

附录 5.11　标准 C：处理步骤而不是热处理

为了确定加工的影响，我们评估了美国市场上大量的奶产品。这个评估鉴定包括成分变化（如脂肪、蛋白、水和固形物的相对含量）及可能影响药物残留含量但不能通过成分变化确定的 5 种显著不同的加工过程：加热、培养、熟化（奶酪成熟）、干燥和凝固。尽管残留药物和时间—温度交互效应不同，奶产品加热过程像巴氏杀菌、奶酪制作或杀菌釜工艺都能导致残留药物的降解。许多科学研究结果可用于评价不同热处理对药物残留浓度的影响，由于可用数据的数量和热处理类型的差异，这些数据是分开描述（附录 5.14）。在培养和熟化，如在酸奶和奶酪制作，残留药物可以与微生物发生物理结合或微生物可降解残留药物的活性。另外，在培养或熟化过程 pH 值的变化可改变残留药物的电荷，由此，存在潜在的残留药物分流。即使分离后典型的酸化会造成残留药物的分流，但在培养或熟化过程可不考虑对残留药物浓度的影响。仅有非常少的研究调查了培养对残留药物浓度的影响（表 A5.21），提示培养对残留药物浓度没有影响或仅略有下降（一旦浓度是由于水分损失引起，我们就根据组成变化估算）。由于没有足够的数据，我们决定在多重排序时不考虑培养或熟化，直到有足够的科学数据。相似的，凝固也可导致一些残留药物降解，但几乎没有数据考虑凝固的影响。因此，凝固的影响也没有包括在我们多重排序的模式中。干燥可导致选择性的水损失，从而将水溶性药物浓缩到仅由成分变化的预测浓度之外。尽管干燥影响药物残留的数据非常少，但由于在干燥的奶产品中易于计算水溶性药物残留浓度，我们决定在多重排序模式中整合干燥的影响。

表 A5.21　加工步骤的文献综述（不包括加热）

药物	pH 值改变/培养——降低（%）	pH 值改变/培养——文献	奶酪熟化——影响	奶酪熟化——文献	干燥——影响	干燥——文献	凝固——影响	凝固——文献
阿司匹林	—	—	—	—	—	—	—	—
阿苯达唑	—	—	—	—	—	—	—	—
丁胺卡那霉素	—	—	—	—	—	—	—	—
氨丙啉	—	—	—	—	—	—	—	—
阿莫西林	—	—	—	—	—	—	—	—
氨苄西林	—	—	—	—	—	—	—	—
头孢噻呋	—	—	—	—	—	—	—	—
头孢匹林	—	—	—	—	—	—	—	—

（续表）

药物	pH值改变/培养——降低（%）	pH值改变/培养——文献	奶酪熟化——影响	奶酪熟化——文献	干燥——影响	干燥——文献	凝固——影响	凝固——文献
氯霉素	—	—	—	—	—	—	—	—
氯舒隆	—	—	—	—	—	—	—	—
氯唑西林	35~40	Grunwald and Petz 2003	—	—	—	—	—	—
达氟沙星	—	—	—	—	—	—	—	—
二双氢链霉素	—	—	—	—	—	—	—	—
多拉菌素	—	—	—	—	—	—	—	—
恩诺沙星	—	—	—	—	—	—	—	—
埃普菌素	无（伊维菌素）	Cerkvenik et al. 2004	增加（水分损失）	Cerkvenik et al. 2004, Imperiale et al. 2004a	—	—	—	—
红霉素	—	—	—	—	—	—	—	—
氟苯尼考	—	—	—	—	—	—	—	—
呋喃唑酮	—	—	—	—	—	—	—	—
氟尼星	—	—	—	—	—	—	—	—
加米霉素	—	—	—	—	—	—	—	—
庆大霉素	—	—	—	—	—	—	—	—
海特西林	—	—	—	—	—	—	—	—
伊维菌素	无（伊维菌素）	Cerkvenik et al. 2004	增加（水分损失）	Cerkvenik et al. 2004, Imperiale et al. 2004b	—	—	—	—
卡那霉素	—	—	—	—	—	—	—	—
酮洛芬	—	—	—	—	—	—	—	—
左旋咪唑	—	—	—	—	—	—	—	—
林可霉素	—	—	—	—	—	—	—	—
美洛昔康	—	—	—	—	—	—	—	—

（续表）

药物	pH 值改变/培养——降低（%）	pH 值改变/培养——文献	奶酪熟化——影响	奶酪熟化——文献	干燥——影响	干燥——文献	凝固——影响	凝固——文献
莫西汀	—	—	增加（水分损失）	Cerkvenik et al. 2004, Imperiale et al. 2004b	—	—	—	—
萘普生	—	—	—	—	—	—	—	—
新霉素	—	—	—	—	—	—	—	—
呋喃西林	—	—	—	—	—	—	—	—
新生霉素	—	—	—	—	—	—	—	—
奥芬达唑	—	—	—	—	—	—	—	—
土霉素	无	Hassani, et al. 2008	—	—	—	—	—	—
青霉素	0~50 43~47	Adetunji 2011 Grunwald and Petz 2003	降低（蓝莓成熟干酪）	Ledford and Kosikowski 1965	—	—	—	—
保泰松	—	—	—	—	—	—	—	—
吡罗霉素	—	—	—	—	—	—	—	—
大观霉素	—	—	—	—	—	—	—	—
链霉素	—	—	—	—	—	—	—	—
磺胺甲基嘧啶	—	—	—	—	—	—	—	—
磺胺氯哒嗪	—	—	—	—	—	—	—	—
磺胺二甲氧嘧啶	—	—	—	—	—	—	—	—
磺胺乙氧哒嗪	—	—	—	—	—	—	—	—
磺胺二甲嘧啶	—	—	—	—	喷雾干燥 <10x 浓度	Malik et al. 1994	无	Papapanagiotou et al. 2005; Das and Bawa 2010
磺胺喹噁啉	—	—	—	—	—	—	—	—

（续表）

药物	pH值改变/培养——降低（%）	pH值改变/培养——文献	奶酪熟化——影响	奶酪熟化——文献	干燥——影响	干燥——文献	凝固——影响	凝固——文献
四环素	无	Hassani et al. 2008	—	—	—	—	—	—
噻苯达唑	—	—	—	—	—	—	—	—
替米考星	—	—	—	—	—	—	—	—
噻二菌灵	—	—	—	—	—	—	—	—
苄吡二胺	—	—	—	—	—	—	—	—
吐拉霉素	—	—	—	—	—	—	—	—
泰乐菌素	—	—	—	—	—	—	—	—

附录 5.12　标准 C：54 种选定的医疗用药的主要代谢物

基于多标准的排序中解析代谢物的途径

动物或人给药后，医疗用药常在肝脏、肾脏或其他组织中代谢，从而改变其活性成分的结构和理化特性，并加速其排泄，如增加亲水性基团的数量，从而加速其从肾脏排泄。但是，代谢物形成的速度和具体形成哪些代谢物，因药物种类和各自成分而不同。另外，诸如宿主种类、年龄、生活阶段或疾病的出现等因素能影响代谢物生成，母体化合物与代谢物的比例可能因不同器官（如肌肉、肝脏、乳腺）而有所差别。有些药物在给药后较长时间内似乎不被代谢，而其他药物在给药后短时间内几乎完全代谢掉。这里我们综述了现有关于代谢物形成的数据，用以判断何时母体化合物和主要代谢物的分配行为可以基于调节数据被分别预测。然而，对于某些药物来说，代谢物还没有被鉴定到，由于现有数据的缺乏，提前排除了单独预测它们的代谢物分配行为。对于其他药物来说，没有牛奶中的数据（如只有肌肉或者肾脏中的数据），或者只有泌乳牛之外的宿主物种的数据，在某些情况下数据只能从同一类药物中的密切相关药物的数据进行外推。进一步地，这个基于多标准的排序中分析的代谢物数据，往往只是从健康母牛中收集，分析这些数据的最初目的是为一种新药或配方获得管制药品审批。因为在某些情况下，临床发病动物不能像健康母牛那样代谢药物，治疗中母牛的母体化合物与主要代谢物的真实比率可能与现有文献中报道的数据有所不同，而在停药期间母体化合物与主要代谢物的比率可能发生改变。

尽管数据有限，为判断纳入这一基于多标准的排序的不同药物代谢的程度（这些药物用于给泌乳母牛给药），以及代谢物的性质、母体与代谢物的比例，我们选用了下列方法：

1. 如可行，测定标记残基；

2. 调研来自监管机构有关给泌乳牛用药后代谢物组成的已发布的药物特异性数据（如 FDA、NDA、EMA 文件和其他国家中提交给监管机构的数据）；

3. 如果没有泌乳母牛的数据，则调研来自监管部门的除泌乳母牛之外的相关动物有关代谢物形成的已发布的药物特异性数据（如非泌乳母牛或其他物种）；

4. 调研同行评议报告中已报道的泌乳母牛或其他相关物种有关代谢物形成的数据（如果步骤 a-c 并不产生足够的数据）；

目标是评价以下内容：

给泌乳母牛用药后药物是否代谢；

母体与代谢物的比例（如果考虑到最小和最大停药时间比例的差异）；

代谢物的性质（判断分配行为）。

没有明显代谢行为的药物不做进一步研究，因此我们假定药物是完全以母体药物的形式存在（除非代谢物是标志残留物）。类似地，由于没有用作进一步研究的确切代谢物，没有鉴定到特定代谢物的药物不做进一步研究。选取其他药物的标志残留物或主要代谢物用于进一步分析。如果主要代谢物不能明确地鉴定到，就分析多个普通代谢物；如有必要，选择与母体药物性质最不相似的一种。

对于进一步研究的代谢物（表 A5.22），这一步骤之后进行母体与代谢物的物理化学性质的对比。

母体与代谢物的分配行为是否有足够的差异，以至于可以列入不同的分配类别中[基于化学结构，如果可行的话，包括 log（Papp）值的比较]；

如果母体与代谢物各属不同的分配类别：对于这一模型的每一种奶产品，判断化合物（即母体或代谢物）最大程度地集中于特定的产品中。

表 A5.22　药物代谢产物

母体药物	进一步考虑的代谢物	基本原理	残留标示物（21 CFR 556，b 分节）	主要代谢产物	代谢物相对率	评论	参考文献
乙酰水杨酸，阿司匹林	是	广泛代谢	—	水杨酸	原型药物和主要代谢物占组织总残留量的90%以上，次要代谢物为水杨酸甘氨酸、水杨酸葡萄糖醛酸、水杨酸酯葡萄糖醛酸、水杨酰基酚葡萄糖醛酸、龙胆氨酸和龙胆酸	代谢物主要活性物质；其他代谢物或牛奶中代谢动力学的数据有限	EMA，1999a
阿苯达唑，丙硫咪唑	是	广泛代谢，标记残留物	阿苯达唑 2-氨基砜	2-阿苯达唑，砜，亚砜	广泛代谢	奶牛肾脏数据	FDA，1989
氨基羟丁基卡那霉素 A	—	不是广泛代谢	—	—	现有数据非常有限；数据来源于链霉素、庆大霉素和新霉素；但在人类或畜禽中氨基糖苷类物质似乎不能被广泛代谢	现有数据非常有限；数据来源于链霉素、庆大霉素和新霉素；但在人类或畜禽中氨基糖苷类物质似乎不能被广泛代谢	FAO，1995
安普罗利	—	不确定	原型药物	不明确	主要代谢物占总残留 50%	关于奶牛没有可靠的数据，大量的小分子代谢物	EMA，2001a
阿莫西林	是	不是广泛代谢而是有过敏潜能的代谢物	原型药物	青霉噻唑酸	原型药物占优势，青霉酸占总残留量的10%~25%。	潜在的过敏性代谢物	USP，2007a；EMA，2008

（续表）

母体药物	进一步考虑的代谢物	基本原理	残留标示物（21 CFR 556，b 分节）	主要代谢产物	代谢物相对率	评论	参考文献
氨比西林，氨苄青霉素	是	变应性潜能非广泛代谢的代谢产物	原型药物	青霉噻唑酸	原型药物占优势，青霉酸占总残留量的 10%~25%（阿莫西林的数据）	潜在的过敏性代谢物	USP，2007a；EMA，2008
头孢噻呋	是	广泛代谢	去呋喃基头孢噻夫	利用半胱氨酸的去呋喃基头孢噻呋（DCD）	牛奶中原型药物最初占主导地位，接着代谢物占主导地位	—	FDA，2005
先锋霉素Ⅷ	是	广泛代谢	原型药物	去乙酰基先锋霉素Ⅷ	乳中代谢物的相对率不清楚	牛奶中的主要代谢物	EMA，2001b
氯霉素	是	广泛代谢似乎是可能的	不相关，不适用	氯霉素葡醛酸酯，氯霉素碱，羟基氨基酚	不清楚和物种依赖性	也可能存在次要代谢物	EMA，2009a
氯舒隆（抗蠕虫药）	—	不是广泛代谢	原型药物	乙醛衍生物和丁酸衍生物	原型药物占总残留量的大多数，2 种主要代谢物占总残留量的 10%以下	其他几种次要代谢物；数据来源于肉牛	EMA，1995a；FDA，1991a
氯苯唑青霉钠；邻氯西林；氯苯西林	是	不是广泛代谢而是有过敏潜能的代谢物	原型药物	青霉噻唑酸	残留主要是原型药物	潜在的过敏性代谢物	EMA，2008
达氟沙星<喹诺酮类抗菌药>	是	广泛代谢，代谢产物比原型药物毒性更大	原型药物	去甲基达氟沙星，达氟沙星酰基葡萄糖醛酸，达氟沙星甲氧氮芥	全身代谢，主要为脱甲基代谢物（奶牛肝脏占总残留量的 40%）	去甲基达氟沙星毒性更高；数据来源于肉牛	FDA，2002；FDA，2000
双氢链霉素	—	不是广泛代谢	原型药物	—	现有数据非常有限；数据来源于链霉素、庆大霉素和新霉素；但在人类或畜禽中氨基糖苷类物质似乎不能被广泛代谢	现有数据非常有限；数据来源于链霉素、庆大霉素和新霉素；但在人类或畜禽中氨基糖苷类物质似乎不能被广泛代谢	FAO，1995
多拉克丁<抗寄生虫药>	—	只有少量代谢物	原型药物	—	奶牛肾脏占总残留量 60% ~ 70%，脂肪占 90%	检测到 3 种微量代谢物；数据来源于奶牛组织的	FDA，1996

（续表）

母体药物	进一步考虑的代谢物	基本原理	残留标示物（21 CFR 556，b分节）	主要代谢产物	代谢物相对率	评论	参考文献
恩氟沙星	是	广泛代谢	去乙烯环丙沙星	环丙沙星	环丙沙星在牛奶中的浓度比原型药物高	其他代谢物可能存在，但可能不那么重要	Idowu et al.，2010
乙酰氨基阿维菌素	—	非广泛代谢	乙酰氨基阿维菌素 B1a	M1（24a－羟甲基代谢物）	在牛奶中原型化合物（B1a & B1b）占总残留量的大多数（80%~86%）	参见有关次要代谢物的详细信息；代谢物存在潜在的性别差异	EMA，1996a
红霉素	—	牛乳中主要代谢物的显著浓度不太可能	原型药物	N－甲基红霉素	主要代谢物只存在于胆汁和粪便中（源于大鼠研究）	数据不是来源于牛奶	EMA，2009b
氟苯尼考	是	标记残基	氟苯尼考胺	氟苯尼考胺；2－吡咯烷酮	原型药物占总残留量的绝大部分	大多数代谢物在给药后迅速消失；关于次要代谢物的数据参阅其他文献；数据不限于泌乳奶牛	USP，2007b
氟尼辛葡胺，氟胺烟酸葡胺	是	广泛代谢	氟尼松酸	5－羟基氟尼辛	代谢物主要在牛奶	次要代谢物参见其他的参考资料	FDA，2004
痢特灵	是	代谢物致突变潜能	—	3－氨基羟唑酮-2	猪肝占总残留量的20%	主要代谢物是诱变的	EMA，2009c；NIH，2002
甘草霉素	—	不是广泛代谢	原型药物	N－去甲基代谢产物	原型药物占总残留量的大部分，主要代谢物占总残留量10%	数据来源于奶牛的肾脏，参见参考文献了解更多细节	FDA，2011
庆大霉素	—	不是广泛代谢	原型药物	—	庆大霉素的数据表明，在人类或畜禽中原型药物似乎不能被广泛地代谢	庆大霉素的数据表明，在人类或畜禽中原型药物似乎不能被广泛地代谢	FAO，1997
海他西林；缩酮氨苄青霉素	是	潜在的过敏性代谢物	—	氨苄青霉素，青霉酸	在水溶液中快速代谢为氨苄西林，剂量的10%~25%以青霉酸的排泄	代谢为氨苄西林（活性代谢物），青霉酸是潜在的过敏性物质，数据不限于泌乳期奶牛	USP，2003a，d

（续表）

母体药物	进一步考虑的代谢物	基本原理	残留标示物（21 CFR 556，b 分节）	主要代谢产物	代谢物相对率	评论	参考文献
伊维菌素	是	广泛代谢	22，23 二氢阿维菌素 B1 甲	24-OH-H2B1a	原型药物在肾脏和脂肪中占总残留量的 50%，主要代谢产物占总残余物的 20%	代谢产物包括非极性、极性和药物样代谢产物，在用药后的数天内，药物原型和代谢物比率发生变化，有关详细信息请参阅参考文献，来源于肉牛数据	FDA，1990
卡那霉素	—	不是广泛代谢	—	—	非常有限的数据，数据来源于链霉素、庆大霉素和新霉素，但在人类或畜禽中氨基糖苷类物质似乎不能被广泛代谢	非常有限的数据；链霉素、庆大霉素和新霉素的数据；但在人类或畜禽中氨基糖苷类物质似乎不能被广泛代谢	FAO，1995
酮洛芬	是	广泛代谢	—	RP 69400（2（苯基 3-α-羟基苯甲酰）丙酸）	代谢物占总残留量的绝大部分	原型药物与代谢物的比例因组织和种类而异，推荐使用的情况下牛奶中原型药物和代谢物未检出，一些微量代谢物	EMA，1995b
左旋咪唑，左旋驱虫净	是	潜在的广泛的代谢	原型药物	5-半胱氨酸甘氨酸缀合物	不清楚，但总残留物变化的比例相对较小	未确认的代谢物作为主要代谢物，基于肝脏数据，参见参考资料获取更多信息	EMA，1996b；EMA，2009d
洁霉素	是	广泛代谢	原型药物	亚砜，N-去甲基林霉素，N-去甲基林可霉素亚砜	广泛代谢（基于大鼠的数据）	检测到 16 种代谢物，代谢物模式不适用于泌乳牛，有关详细信息请参阅参考资料	EMA，1998
美洛昔康	是	广泛代谢	—	5-羟甲基-美洛昔康；5-羧基草氧基，乙二酰代谢物	在奶牛广泛代谢，5-羟基甲基化合物是主要代谢产物	没有牛奶中代谢物的数据，但是不同物种之间代谢物模式相似（详见参考文献）	EMA，1999b

（续表）

母体药物	进一步考虑的代谢物	基本原理	残留标示物（21 CFR 556，b分节）	主要代谢产物	代谢物相对率	评论	参考文献
莫昔克丁	—	不是广泛代谢	原型药物	C-29/C-30羟甲基代谢产物，C-14羟甲酰基代谢物	原型药物占总残留的大多数	代谢物模式在牛奶和脂肪中非常相似	FDA，1999
萘普生；甲氧萘丙酸	是	广泛代谢	—	酰基葡萄糖醛酸，异喹噁酮，O-去甲基萘普生	广泛的代谢	来源于人血浆和尿液数据，其他几种代谢物（参见参考资料）	Vree et al.，1993
新霉素；新链丝菌素	—	没有广泛的代谢	原型药物	—	新霉素的数据表明，在人类或畜禽中原型药物似乎不能被广泛的代谢	新霉素的数据表明，在人类或畜禽中原型药物似乎不能被广泛的代谢	FAO，1995
呋喃西林；硝基糠腙	—	不确定	—	没有鉴定	广泛的代谢，但在畜禽没有详细的代谢研究	可能5-硝基降低为胺，有关详细信息参阅参考资料	FAO，1992
新生霉素	—	没有广泛代谢	原型药物	环氧化合物代谢产物和共轭代谢物	最主要的是原型药物；只有原型药物才会出现在牛奶中	次要代谢物和其他细节参考	EMA，1999c；NIH 2006
奥芬达唑	是	广泛代谢	芬苯达唑	奥克芬达唑磺胺	广泛代谢	奥芬达唑是芬苯达唑的亚砜代谢产物，一些代谢物可能致畸，源于牛奶的数据有限	EMA，2009e
氧四环素	—	没有广泛代谢	原型药物	—	不知道是否有显著的生物转化	氧-/氯-/四环素的残留物在畜禽的分布	EMA，1995c，USP，2003c
盘尼西林（青霉素）	是	不是广泛的代谢，而是过敏的代谢物	原型药物和盐	青霉酸	最主要的是原型药物	潜在的过敏性代谢产物	EMA，2008
苯基丁氮酮	是	广泛代谢	—	羟基保泰松	主要是在排泄前代谢	源于泌乳期奶牛的数据较少，数据来源于人类，参考次要代谢物	NIH，2011

（续表）

母体药物	进一步考虑的代谢物	基本原理	残留标示物（21 CFR 556，b 分节）	主要代谢产物	代谢物相对率	评论	参考文献
吡利霉素	是	主要代谢物的产率有些不清楚	原型药物	吡利霉素	最主要是原型药物	—	USP，2003b
奇放线菌素，［微］壮观霉素，奇霉素	—	没有广泛代谢	原型药物	—	没有广泛的代谢；原型药物占肾脏总残留量的 80%，牛奶中占 100%	源于泌乳奶牛的数据有限	EMA，2001c
链霉素	—	没有广泛代谢	原型药物	—	非常有限的数据；链霉素、庆大霉素和新霉素的数据；但在人类或畜禽中氨基糖苷类物质几乎不能被广泛代谢	非常有限的数据，数据来源于链霉素、庆大霉素和新霉素，但在人类或畜禽中氨基糖苷类物质似乎不能被广泛代谢	FAO，1995；EMA 2001c
磺胺溴二甲嘧啶	是	广泛代谢	原型药物	N（4）-乙酰代谢物	广泛代谢	数据非常少，基于磺胺类化合物的推断，磺酰胺代谢依赖于物种和化合物，可能还形成羟基代谢物，有关详细信息参阅参考资料	Korpimäki et al.，2004
磺胺氯吡啶	是	广泛代谢	原型药物	N（4）-乙酰代谢物	广泛代谢	数据非常少，基于磺胺类化合物的推断，磺酰胺代谢依赖于物种和化合物；羟基的代谢物也有可能形成	Korpimäki et al.，2004
磺胺地索辛 磺胺地托辛	是	广泛代谢	原型药物	N（4）-乙酰磺胺甲氧基	广泛代谢物，但代谢产物浓度低于原型药物	其他代谢产物包括 N（4）-乳糖共轭和羟基代谢物也可能存在	Nouws et al.，1988；Paulson et al.，1992；Chiesa et al.，2012
磺胺甲氧基吡啶	是	广泛代谢	原型药物	N（4）-乙酰代谢物	广泛代谢	数据非常少，基于磺胺类化合物的推断，磺酰胺代谢依赖于物种和化合物，羟基的代谢物也有可能形成	Korpimäki et al.，2004

（续表）

母体药物	进一步考虑的代谢物	基本原理	残留标示物（21 CFR 556, b 分节）	主要代谢产物	代谢物相对率	评论	参考文献
磺胺甲嘧啶	是	广泛代谢	原型药物	N（4）乙酰亚乙炔	广泛代谢	源于牛奶的数据，磺胺类化合物的代谢因化合物和动物种类而异，在嘧啶侧链和其他代谢物［如 N（4）-乳糖结合物和 N（4）葡萄糖共轭物］	Nouws et al., 1988; Paulson et al., 1992
磺胺喹噁啉	是	广泛代谢	原型药物	N（4）-乙酰代谢物	广泛代谢	数据稀少，羟基代谢物也有可能形成，其他代谢产物如 N（4）-乳糖共轭也可能存在	Paulson et al., 1992
四环素	不是	没有广泛代谢	原型药物	—	不知道是否有显著的生物转化	在畜禽中氧-/氯-/四环素的残留分布可能相同	EMA, 1995c; USP 2003c
噻苯咪唑（驱虫剂）；涕必灵	是	广泛的代谢，主要代谢产物的潜在毒性	原型药物	5 羟基噻唑	代谢物与总残留量之比尚不清楚	各种次要代谢物，5-羟基噻苯咪唑代谢物可能是毒性代谢物，牛奶中的代谢物模式不清楚	EMA, 2004a; EMA, 2009f
替米考星	—	未广泛代谢（主要代谢物为活性异构体）	原型药物	蒂尔米莫西-8 埃普海默（即活性异构体）	原型药物占残留药物的大部分，原型药物和主要代谢产物占总残留量的 96%	T9、T10 和 O-脱甲基麦芽糖是次要的代谢物，但并不是全部都在牛奶中分泌（见参考文献）	EMA, 2000b
泰地罗新	是	潜在广泛代谢	—	硫代二碘松香偶联物（M7, M4）	主要代谢物占总残留量的 50%以上	基于大鼠和狗的数据，没有泌乳牛数据	EMA, 2010
曲吡那敏；苄吡二胺；扑敏宁	是	广泛代谢	原型药物	一种羟基三黄连的葡糖醛酸酯 n-葡聚糖；毒素	广泛代谢	人尿液中残留检测数据，其他代谢物报告（详见参考资料）	Chaudhuri et al., 1976

（续表）

母体药物	进一步考虑的代谢物	基本原理	残留标示物（21 CFR 556，b 分节）	主要代谢产物	代谢物相对率	评论	参考文献
托拉霉素	—	没有广泛代谢	CP-60，300	一些次要代谢物	代谢物对总残留量的贡献很小	数据不适用于泌乳奶牛，参考次要代谢物，不同物种的代谢物模式相似	EMA，2004b
泰乐菌素	是	广泛代谢	原型药物	二氢木糖酶	广泛代谢，但原型药物似乎是主要的残留物	几个次要代谢物，不同物种之间代谢物模式分布相似，但在数量上有差异（详见参考资料）	EMA，1997；EMA，2009g

附录 5.13　标准 C：选定的 54 种药物的分配行为（基于 NCBI PubChem 数据库，网址 Http://pubchem.ncbi.nlm.nih.gov/）

基本原理：纳入这一基于多标准的排序中的每一种药物，基于 log（Papp）值判断其在乳及乳制品中的分配行为，此处 Papp 是表观分配系数。如 A5.13 所示，分配行为基于现有数据进行计算。

另外，对于附录 5.12 中鉴定到值得进一步研究的药物，我们作出尝试来判断主要代谢物的分配行为与母体药物是否有可能存在极大差异。选用以下方法来判断代谢物的分配行为：

a. 使用 PubChem、EMBL 或其他可用数据库计算 log（Papp）或 log（P）值（如可行）；

b. 从同行评议文献中计算 log（Papp）或 log（P）值（如可行）；

c. 基于结构分析决定母体和主要代谢物的相对分配行为（如果步骤 a 和 b 不能获得足够的数据来判断分配行为）。

目标是评价以下内容。

主要代谢物的分配行为与母体药物是否有可能存在极大差异；

主要代谢物的分配行为与母体药物通过何种方式产生差异（即疏水强度的大小）；

如果分配行为与母体药物相似，主要代谢物不考虑开展进一步的产品构成评分（C1.1）。如果分配行为与母体药物显著不同，且一个产品中代谢物的浓度可能比母体药物高，主要代谢物可以考虑作一个最坏情况评价。这只适用于两种药物的情况：阿苯达唑和美洛昔康。在这两种案例下，其主要代谢物的水溶性都比其母体强。

乳制品中药物分配的实验数据详见表 A5.23。

表 A5.23　药物及其代谢物的分配系数

美国食品药品监督管理局基于多中心的兽药残留风险管理排序模型

原型药物	主要代谢产物判定及优化分析（附录 5.12）a	主要代谢物	Log（P）原型 1	Log（P）主要代谢物 1	Log（Papp）原型 1	其他评论	参比代谢物	原型药物和代谢物均被考虑在多重排序	考虑/不考虑代谢物与原型药物分离的基本原理
乙酰水杨酸，阿司匹林	是	水杨酸	1.2	2.3	-2.11	—	PubChem	否	相同的 Log（P）或 Log（Papp）分类

附录 5.13 标准 C：选定的 54 种药物的分配行为（基于 NCBI PubChem 数据库，网址 Http://pubchem.ncbi.nlm.nih.gov/）

（续表）

原型药物	主要代谢产物判定及优化分析（附录 5.12）a	主要代谢物	Log (P) 原型 1	Log (P) 主要代谢物 1	Log (Papp) 原型 1	其他评论	参比代谢物	原型药物和代谢物均被考虑在多重排序	考虑/不考虑代谢物与原型药物分离的基本原理
阿苯达唑，丙硫咪唑	是	2-阿苯达唑，砜，亚砜	2.9	1.4	1.6	—	PubChem	是	不同的 Log（P）或 Log（Papp）分类
阿米卡星	—	—	-7.9	—	-10.62	—	PubChem	否	—
氨丙啉	—	—	2.1	—	2.09	—	—	否	—
阿莫西林	是	青霉噻唑酸，青霉酸	-2	—	-6.4	—	—	否	—
氨苄青霉素	是	青霉噻唑酸，青霉酸	-1.1	n/a	-5.46	青霉酸是相应的原型药物的羧酸，它比原型药物更容易溶于水	结构分析	否	可能相同的 Log（P）或 Log（Papp）分类
头孢噻呋	是	去呋喃基头孢噻呋半胱氨酸（DCD）	0.2	n/a	-2.90	代谢物更容易溶于水	结构分析	否	可能相同的 Log（P）或 Log（Papp）分类
先锋霉素Ⅷ	是	脱甲基先锋霉素Ⅷ	-1.1	-1.7	-5.14	—	PubChem	否	有相同分类
氯霉素	是	氯霉素-葡（萄）糖苷酸，氯霉素碱，羟基苯酚	1.1	-0.4	1.1	—	PubChem	否	有相同分类
氯舒隆	—	—	1.2	—	1.2	—	PubChem	否	—
邻氯青霉素	是	青霉噻唑酸，青霉酸	2.4	n/a	-1.96	青霉酸是相应的原型药物的羧酸，它比原型药物更容易溶于水	结构分析	否	可能相同的 Log（P）或 Log（Papp）分类
达氟沙星	是	脱甲基达氟沙星，达氟沙星-葡糖苷酸	-0.3	-0.8	-2.50	—	PubChem	否	相同的 Log（P）或 Log（Papp）分类
双氢链霉素	—	—	-8.2	—	-14.5	—	PubChem	否	—
多拉克丁	—	—	4.5	—	4.5	—	—	否	—

（续表）

原型药物	主要代谢产物判定及优化分析（附录5.12）a	主要代谢物	Log（P）原型1	Log（P）主要代谢物1	Log（Papp）原型1	其他评论	参比代谢物	原型药物和代谢物均被考虑在多重排序	考虑/不考虑代谢物与原型药物分离的基本原理
恩诺沙星	是	环丙沙星	-0.2	-3.16	-1.21	其他文献引用 KoW -0.12 为环丙沙星（代谢物），见 Ross et al.，1992	PubChem	否	相同的 Log（P）或 Log（Papp）分类
依立诺克丁	—	—	3.5	—	3.5	B1a 和 B1b 的值	PubChem	否	—
红霉素	—	—	2.7	—	1.32	—	PubChem	否	—
氟苯尼考	是	氟苯尼考胺；2-吡咯烷酮	0.80	-0.2/0.8	0.80	不同代谢物的值	PubChem	否	相同的 Log（P）或 Log（Papp）分类
氟尼辛葡甲胺	是	4.1	-1.00	3.7	-1.00	—	PubChem	否	相同的 Log（P）或 Log（Papp）分类
呋喃唑酮	是	3-氨基-2-噁唑烷酮	-0.10	-0.8	-0.10	—	PubChem	否	相同的 Log（P）或 Log（Papp）分类
加米霉素	—	—	4.9	—	2.94	—	PubChem	否	—
庆大霉素	—	—	-4.1	—	-6.82	—	PubChem	否	—
缩酮氨苄青霉素	是	氨苄青霉素，青霉酸	-0.6	n/a	-4.95	青霉酸是相应的原型药物的羧酸，它比原型药物更容易溶于水	结构分析	否	可能相同的 Log（P）或 Log（Papp）分类
伊维菌素	是	24-OH-H2B1a	4.10	n/a	4.10	由于去甲基化和水解有更强的水溶性	结构分析	否	可能相同的 Log（P）或 Log（Papp）分类
卡那霉素	—	—	-6.9	—	-9.62	—	PubChem	否	—
酪洛芬	是	RP 69400	3.1	n/a	0.75	由于加入极性基团更易溶于水	结构分析	否	可能相同的 Log（P）或 Log（Papp）分类

附录 5.13 标准 C：选定的 54 种药物的分配行为（基于 NCBI PubChem 数据库，网址 Http://pubchem. ncbi. nlm. nih. gov/）

（续表）

原型药物	主要代谢产物判定及优化分析（附录 5.12）a	主要代谢物	Log (P) 原型 1	Log (P) 主要代谢物 1	Log (Papp) 原型 1	其他评论	参比代谢物	原型药物和代谢物均被考虑在多重排序	考虑/不考虑代谢物与原型药物分离的基本原理
左旋咪唑	是	S-半胱氨酰-甘氨酸结合物	1.8	n/a	-1.40	由于加入极性基团更易溶于水	结构分析	否	可能相同的 Log (P) 或 Log (Papp) 分类
洁霉素	是	亚砜，N-脱甲基林霉素，N-脱甲基林可霉素亚砜	0.2	n/a	-0.84	由于结构变化，水溶性稍好一些	结构分析	否	可能相同的 Log (P) 或 Log (Papp) 分类
美洛昔康	是	5-羟甲基-美洛昔康，5-羧基-美洛昔康，乙二酰代谢物	3.0	1.5	0.0	Kow 值为 5-羧基-美洛昔康	PubChem	否	不同的 Log (P) 或 Log (Papp) 分类
莫昔克丁	—	—	4.30	—	4.30	—	PubChem	否	—
甲氧萘丙酸，萘普生	是	酰基葡萄糖醛酸酯，O-去甲基萘普生	3.3	n/a	0.65	由于葡萄糖醛化更易溶于水	结构分析	否	—
新霉素	—	—	-9	—	-11.72	—	PubChem	否	—
呋喃西林	—	—	0.20	—	0.20	—	PubChem	否	—
新生霉素	—	—	3.3	—	1.00	—	PubChem	否	—
奥芬达唑	是	奥芬达唑砜	2.30	n/a	2.30	因转换为砜，基本是一样或者更易溶水	结构分析	否	可能相同的 Log (P) 或 Log (Papp) 分类
氧四环素	—	—	-1.6	—	-5.6	—	PubChem	否	—
青霉素 G	是	青霉酸	1.8	—	-2.55	青霉酸是相应的原型药物的羧酸，它比原型药物更易溶于水	结构分析	否	可能相同的 Log (P) 或 Log (Papp) 分类
苯基丁氮酮	是	羟基保泰松	3.2	2.7	1.04	—	PubChem	否	相同的 Log (P) 或 Log (Papp) 分类

（续表）

原型药物	主要代谢产物判定及优化分析（附录5.12）a	主要代谢物	Log（P）原型1	Log（P）主要代谢物1	Log（Papp）原型1	其他评论	参比代谢物	原型药物和代谢物均被考虑在多重排序	考虑/不考虑代谢物与原型药物分离的基本原理
吡利霉素	是	吡霉素亚砜	1.7	n/a	1.38	因转换为砜，更易溶	结构分析	否	可能相同的Log（P）或Log（Papp）分类
奇霉素	—	—	-3.1	—	-4.88	—	PubChem	否	—
链霉素	—	—	-8	—	-12.15	—	PubChem	否	—
磺溴嘧啶	是	N（4）-a乙酰代谢物	1	n/a	0.84	由于乙酰化更易溶水	结构分析	否	可能相同的Log（P）或Log（Papp）分类
磺胺氯达嗪	是	N（4）-乙酰代谢物	1	n/a	0.05	由于乙酰化更易溶水	结构分析	否	可能相同的Log（P）或Log（Papp）分类
磺胺地索辛，磺胺二甲氧哒嗪，磺胺间二甲氧，磺胺间二甲氧嘧啶	是	N（4）-乙酰磺胺二甲基氧	1.6	n/a	0.91	由于乙酰化更易溶水	结构分析	否	可能相同的Log（P）或Log（Papp）分类
磺胺乙氧嗪	是	N（4）-乙酰代谢物	0.7	n/a	-0.25	由于乙酰化更易溶水	结构分析	否	可能相同的Log（P）或Log（Papp）分类
磺胺甲嘧啶	是	N（4）-乙酰超羟甲基嗪	0.3	n/a	0.24	由于乙酰化更易溶水	结构分析	否	可能相同的Log（P）或Log（Papp）分类
磺胺喹喔啉	是	N（4）-乙酰代谢物	1.7	1.5	0.52	—	PubChem	否	可能相同的Log（P）或Log（Papp）分类
四环素	—	—	-2	—	-6.22	—	PubChem	否	—
噻苯咪唑	是	5-噻苯咪唑	2.50	2.1	2.50	—	PubChem	否	相同的Log（P）或Log（Papp）分类
替米考星	—	—	3.6	—	0.82	—	PubChem	否	—
泰地罗新	是	硫酸乙二胺（M7）和M4的硫酸偶联	4.3	n/a	1.30	由于加入硫酸盐基团更易溶水	结构分析	否	可能相同的Log（P）或Log（Papp）分类

附录 5.13 标准 C：选定的 54 种药物的分配行为（基于 NCBI PubChem 数据库，网址 Http://pubchem.ncbi.nlm.nih.gov/）

（续表）

原型药物	主要代谢产物判定及优化分析（附录 5.12）a	主要代谢物	Log (P) 原型 1	Log (P) 主要代谢物 1	Log (Papp) 原型 1	其他评论	参比代谢物	原型药物和代谢物均被考虑在多重排序	考虑/不考虑代谢物与原型药物分离的基本原理
曲吡那敏	是	羟基三硝基苯磺酸钠葡萄糖醛酸酯，N-葡糖苷酸；N-氧化物	3.3	n/a	1.06	由于葡萄苷酸化和羟基基团加人，更易溶水	结构分析	否	可能相同的 Log (P) 或 Log (Papp) 分类
托拉霉素	—	—	3.8	—	2.1	—	PubChem	否	—
泰乐菌素	是	二羟基脱碳霉糖泰乐菌素，二羟基霉糖	1.0	n/a	1.0	由于结构变化更易溶于谁	结构分析	否	可能相同的 Log (P) 或 Log (Papp) 分类

表 A5.24　乳及乳制品中药物分配的实验数据摘要

药物	［药物］$_{奶油}$/［药物］$_{奶}$ [a]	［药物］$_{软-奶酪}$/［药物］$_{奶}$ [b]	［药物］$_{成熟/熟化-奶酪}$/［药物］$_{奶}$ [c]	参考文献
阿苯达唑	—	1.12～1.96（代谢物）	1.63～1.94（代谢物，羊乳干酪）	Fletouris et al., 1998; De Liguoro et al., 1996
氯霉素	1.07～8.10	—	—	Ziv and Rasmussen 1975
二双氢链霉素	0.28～0.98	—	—	Ziv and Rasmussen 1975
依立诺克丁	—	3.4	≈12～20，3.1～5.4	Anastasio et al. 2005, Imperiale et al., 2006
红霉素	1.0	—	—	Hakk, 2015
伊维菌素	18	2.54，2.76	3.00～4.3，3～9，1.7～4.5	Hakk, 2015; Cerkvenik et al. 2004; Anastasio et al., 2002; Imperiale et al., 2004a Ketoprofen
酪洛芬	1.1			Hakk, 2015
左旋咪唑	—	1.53～1.73	2.33～2.69	Whelan et al., 2010
莫昔克丁	—	2.4	1.8～4.7	Imperiale et al., 2004b
土霉素	0.2	—	—	Adetunji, 2011; Ziv and Rasmussen, 1975, Hakk, 2015

（续表）

药物	[药物]$_{奶油}$/[药物]$_{奶}$[a]	[药物]$_{软—奶酪}$/[药物]$_{奶}$[b]	[药物]$_{成熟/熟化-奶酪}$/[药物]$_{奶}$[c]	参考文献
青霉素	0.3，0.32~2.06	0.51	1.24	Hakk，2015；Adetunji，2011；Cayle et al.，1986；Gurnwald and Petz，2003；Ziv and Rasmussen，1975
链霉素	—	0.65	—	Adetunji 2011
磺胺地索辛	1.1	—	—	Hakk，2015
四环素	0.42~3.28	0.7	—	Anastasio et al.，2005，Imperiale et al.，2006

[a] 乳脂（80%脂类）中药物浓度与“鲜（全）奶”中药物浓度的比值。

[b]软奶酪中药物浓度与“鲜（全）奶”中药物浓度的比值。

[c]成熟或熟化奶酪中药物浓度与“鲜（全）奶”中药物浓度的比率。

附录 5.14　标准 C：所选定 54 种药物的热稳定性

不同药物热稳定性数据的可获得性差别很大。只有有限的药物其实验数据是在典型的奶处理条件下获得的，如青霉素。在很多情况下，数据要么不可获取，要么只能在非乳制品系统中加热，如在水煮和焙烧/煎炸的动物肉。再者，即使是在非常相似的加热条件下，因方法学的差异，不同研究的结果不完全一致。由于这一数据限制，当给定各种热处理条件下不同药物热失活的数值，我们采用专家判断并遵循几个一般准则。

奶系统的数据（如给奶加热）赋予最高权重，其他液体系统的数据其次（如水），再次就是固体食物中的数据（如动物组织）。

当一种药物的热失活数据获取不到、但同一药物家族中密切相关药物的数据可以获得时，采用密切相关药物的最保守分值（即最小热灭活）。

当没有热灭活时，我们假定这一药物在处理过程中不能被热灭活。

当文献提供了一个时间—温度结合的热灭活值范围时，采用最保守分值（即最小热灭活）。

当文献中以“> X%”报道热灭活的程度时，我们采用 X 值作为灭活的程度。

在文献中报道的热失活程度不显著或以“< X%”形式出现，或者将药物描述为“稳定”，我们指定数值“0”作为那种特定条件下失活的程度。

当报道的热失活程度是低阳性值，我们假定阳性数值是由于测量变异性造成的，指定数值“0”作为热失活程度。

表 A5.25　54 种药物的热稳定性

药品	实验热稳定性数据：加热时间	实验热稳定性数据：加热温度	实验热稳定性数据：影响［%失活］	实验热稳定性数据：参考	实验热稳定性数据：评论	药物失活作为加工类型的功能：巴氏杀菌[1]	药物失活作为加工类型的功能：灭菌/保留[2]	药物灭活作为加工类型的功能：巴氏杀菌奶酪制作[3]
阿司匹林	没有可用的失活数据；假定没有灭活	没有可用的失活数据；假定没有灭活	没有可用的失活数据；假定没有灭活	没有可用的失活数据；假定没有灭活	没有可用的失活数据；假定没有灭活	巴氏杀菌：0% 长期影响：0%	灭菌：0%	奶酪制作：0% 加工奶酪：0%
阿苯达唑	肌肉；在 190℃烘烤 40min；最高内部温度为 82℃	肌肉；在 190℃烘烤 40min；最高内部温度为 82℃	17	Cooper et al., 2011	烘烤或煎炸牛的肌肉和肝脏；数据不理想	巴氏杀菌：0% 长期影响：0%	灭菌：0%	奶酪制作：0% 加工奶酪：0%
阿苯达唑	肌肉；每面煎 4~6min；最高内部温度为 55℃	肌肉；每面煎 4~6min；最高内部温度为 55℃	1	Cooper et al., 2011	烘烤或煎炸牛的肌肉和肝脏；数据不理想	巴氏杀菌：0% 长期影响：0%	灭菌：0%	奶酪制作：0% 加工奶酪：0%
阿苯达唑	肝脏样本；共煎 14~19min；最高内部温度为 94℃	肝脏样本；共煎 14~19min；最高内部温度为 94℃	14	Cooper et al., 2011	烘烤或煎炸牛的肌肉和肝脏；数据不理想	巴氏杀菌：0% 长期影响：0%	灭菌：0%	奶酪制作：0% 加工奶酪：0%
阿苯达唑	巴氏灭菌（未进一步说明）	巴氏灭菌（未进一步说明）	0（在牛奶中未发现的母体化合物；代谢物数据）	Fletouris et al., 1998	数据仅次于最佳值和近似值	巴氏杀菌：0% 长期影响：0%	灭菌：0%	奶酪制作：0% 加工奶酪：0%
阿苯达唑	奶酪制作	奶酪制作	0（牛奶中未发现母体化合物，代谢物数据）	De Liguoro et al., 1996	数据仅次于最佳值和近似值	巴氏杀菌：0% 长期影响：0%	灭菌：0%	奶酪制作：0% 加工奶酪：0%
阿米卡星	60 min	56 ℃	稳定	Delaney et al., 1992	等离子加热	巴氏杀菌：0% 长期影响：17%	灭菌：95%	奶酪制作：0% 加工奶酪：17%

（续表）

药品	实验热稳定性数据：加热时间	实验热稳定性数据：加热温度	实验热稳定性数据：影响［%失活］	实验热稳定性数据：参考	实验热稳定性数据：评论	药物失活作为加工类型的功能：巴氏杀菌[1]	药物失活作为加工类型的功能：灭菌/保留[2]	药物灭活作为加工类型的功能：巴氏杀菌奶酪制作[3]
阿米卡星	15 min	121℃	基于最小抑菌浓度（MIC）法的热稳定性（在肉汤中加热）	Traub and Leonhard 1995	该研究表征阿米卡星具有与其他两种氨基糖苷类似的热稳定性：庆大霉素和卡那霉素。因此，我们根据参考文献 117 的数据分配失活率	巴氏杀菌：0% 长期影响：17%	灭菌：95%	奶酪制作：0% 加工奶酪：17%
氨丙啉 amprolium	没有可用的失活数据；假定没有灭活	没有可用的失活数据；假定没有灭活	没有可用的失活数据；假定没有灭活	没有可用的失活数据；假定没有灭活	没有可用的失活数据；假定没有灭活	巴氏杀菌：0% 长期影响：0%	灭菌：0%	奶酪制作：0% 加工奶酪：0%
阿莫西林	30 min	63 ℃	6.3	Roca et al.，2011	—	巴氏杀菌：0% 长期影响：9%	灭菌：48%	奶酪制作：0% 加工奶酪：9%
阿莫西林	15 s	72 ℃	<0.1	Roca et al.，2011	—	巴氏杀菌：0% 长期影响：9%	灭菌：48%	奶酪制作：0% 加工奶酪：9%
阿莫西林	20 min	120℃	47.6	Roca et al.，2011	—	巴氏杀菌：0% 长期影响：9%	灭菌：48%	奶酪制作：0% 加工奶酪：9%
阿莫西林	4 s	140 ℃	0.5	Roca et al.，2011	—	巴氏杀菌：0% 长期影响：9%	灭菌：48%	奶酪制作：0% 加工奶酪：9%
阿莫西林	10 min	40 ℃	10	Zorraquino et al.，2008a	—	巴氏杀菌：0% 长期影响：9%	灭菌：48%	奶酪制作：0% 加工奶酪：9%

（续表）

药品	实验热稳定性数据：加热时间	实验热稳定性数据：加热温度	实验热稳定性数据：影响［%失活］	实验热稳定性数据：参考	实验热稳定性数据：评论	药物失活作为加工类型的功能：巴氏杀菌[1]	药物失活作为加工类型的功能：灭菌/保留[2]	药物灭活作为加工类型的功能：巴氏杀菌奶酪制作[3]
阿莫西林	10 min	83 ℃	9	Zorraquino et al.，2008a	—	巴氏杀菌：0% 长期影响：9%	灭菌：48%	奶酪制作：0% 加工奶酪：9%
阿莫西林	30 min	60 ℃	11	Zorraquino et al.，2008a	—	巴氏杀菌：0% 长期影响：9%	灭菌：48%	奶酪制作：0% 加工奶酪：9%
阿莫西林	20 min	120 ℃	>88	Zorraquino et al.，2008a	—	巴氏杀菌：0% 长期影响：9%	灭菌：48%	奶酪制作：0% 加工奶酪：9%
阿莫西林	10 s	140 ℃	14	Zorraquino et al.，2008a	—	巴氏杀菌：0% 长期影响：9%	灭菌：48%	奶酪制作：0% 加工奶酪：9%
阿莫西林	15 min	121℃	基于 MIC 方法的部分热稳定性	Traub and Leonhard 1995	在肉汤中加热；数据不理想	巴氏杀菌：0% 长期影响：9%	灭菌：48%	奶酪制作：0% 加工奶酪：9%
阿莫西林	30 min	63 ℃	3.3	Roca et al.，2011	—	巴氏杀菌：0% 长期影响：12%	灭菌：84%	奶酪制作：0% 加工奶酪：12%
阿莫西林	15 s	72 ℃		Roca et al.，2011	—	巴氏杀菌：0% 长期影响：12%	灭菌：84%	奶酪制作：0% 加工奶酪：12%
阿莫西林	20 min	120 ℃		Roca et al.，2011	—	巴氏杀菌：0% 长期影响：12%	灭菌：84%	奶酪制作：0% 加工奶酪：12%
阿莫西林	4 s	140 ℃	2.1	Roca et al.，2011	—	巴氏杀菌：0% 长期影响：12%	灭菌：84%	奶酪制作：0% 加工奶酪：12%
阿莫西林	10 min	40 ℃	非显著性减少（NS）	Roca et al.，2011	—	巴氏杀菌：0% 长期影响：12%	灭菌：84%	奶酪制作：0% 加工奶酪：12%

（续表）

药品	实验热稳定性数据：加热时间	实验热稳定性数据：加热温度	实验热稳定性数据：影响［%失活］	实验热稳定性数据：参考	实验热稳定性数据：评论	药物失活作为加工类型的功能：巴氏杀菌[1]	药物失活作为加工类型的功能：灭菌/保留[2]	药物灭活作为加工类型的功能：巴氏杀菌奶酪制作[3]
阿莫西林	10 min	83 ℃	12	Zorraquino et al.，2008a	—	巴氏杀菌：0% 长期影响：12%	灭菌：84%	奶酪制作：0% 加工奶酪：12%
阿莫西林	30 min	60 ℃	9	Zorraquino et al.，2008a	—	巴氏杀菌：0% 长期影响：12%	灭菌：84%	奶酪制作：0% 加工奶酪：12%
阿莫西林	20 min	120 ℃	>88	Zorraquino et al.，2008a	—	巴氏杀菌：0% 长期影响：12%	灭菌：84%	奶酪制作：0% 加工奶酪：12%
阿莫西林	10 s	140 ℃	9	Zorraquino et al.，2008a	—	巴氏杀菌：0% 长期影响：12%	灭菌：84%	奶酪制作：0% 加工奶酪：12%
阿莫西林	15 min	121℃	基于 MIC 方法的部分热稳定性	Traub and Leonhard 1995	在肉汤中加热；数据不理想	巴氏杀菌：0% 长期影响：12%	灭菌：84%	奶酪制作：0% 加工奶酪：12%
头孢噻呋	10 min	40 ℃	NS-17	Zorraquino et al.，2008a	没有可用于头孢噻呋的实验数据；估计是基于其他头孢菌素的实验数据（例如头孢哌酮，头孢喹肟，头孢氨苄，头孢胺，头孢匹林，头孢呋辛）	巴氏杀菌：0% 长期影响：9%	灭菌：80%	奶酪制作：0% 加工奶酪：9%

（续表）

药品	实验热稳定性数据：加热时间	实验热稳定性数据：加热温度	实验热稳定性数据：影响［%失活］	实验热稳定性数据：参考	实验热稳定性数据：评论	药物失活作为加工类型的功能：巴氏杀菌[1]	药物失活作为加工类型的功能：灭菌/保留[2]	药物灭活作为加工类型的功能：巴氏杀菌奶酪制作[3]
头孢噻呋	30 min	60 ℃	6~18	Zorraquino et al.，2008a	没有可用于头孢噻呋的实验数据；估计是基于其他头孢菌素的实验数据（例如头孢哌酮，头孢喹肟，头孢氨苄，头孢胺，头孢匹林，头孢呋辛）	巴氏杀菌：0% 长期影响：9%	灭菌：80%	奶酪制作：0% 加工奶酪：9%
头孢噻呋	30 min	63 ℃	16~41	Roca et al.，2011	没有可用于头孢噻呋的实验数据；估计是基于其他头孢菌素的实验数据（例如头孢哌酮，头孢喹肟，头孢氨苄，头孢胺，头孢匹林，头孢呋辛）	巴氏杀菌：0% 长期影响：9%	灭菌：80%	奶酪制作：0% 加工奶酪：9%

（续表）

药品	实验热稳定性数据：加热时间	实验热稳定性数据：加热温度	实验热稳定性数据：影响［%失活］	实验热稳定性数据：参考	实验热稳定性数据：评论	药物失活作为加工类型的功能：巴氏杀菌[1]	药物失活作为加工类型的功能：灭菌/保留[2]	药物灭活作为加工类型的功能：巴氏杀菌奶酪制作[3]
头孢噻呋	15 s	72 ℃	<1	Roca et al.，2011	没有可用于头孢噻呋的实验数据；估计是基于其他头孢菌素的实验数据（例如头孢哌酮，头孢喹肟，头孢氨苄，头孢胺，头孢匹林，头孢呋辛）	巴氏杀菌：0% 长期影响：9%	灭菌：80%	奶酪制作：0% 加工奶酪：9%
头孢噻呋	10 min	83 ℃	9~35	Zorraquino et al.，2008a	没有可用于头孢噻呋的实验数据；估计是基于其他头孢菌素的实验数据（如头孢哌酮，头孢喹肟，头孢氨苄，头孢胺，头孢匹林，头孢呋辛）	巴氏杀菌：0% 长期影响：9%	灭菌：80%	奶酪制作：0% 加工奶酪：9%

（续表）

药品	实验热稳定性数据：加热时间	实验热稳定性数据：加热温度	实验热稳定性数据：影响［%失活］	实验热稳定性数据：参考	实验热稳定性数据：评论	药物失活作为加工类型的功能：巴氏杀菌[1]	药物失活作为加工类型的功能：灭菌/保留[2]	药物灭活作为加工类型的功能：巴氏杀菌奶酪制作[3]
头孢噻呋	20 min	120 ℃	80～100	Roca et al.，2011	没有可用于头孢噻呋的实验数据；估计是基于其他头孢菌素的实验数据（如头孢哌酮，头孢喹肟，头孢氨苄，头孢胺，头孢匹林，头孢呋辛）	巴氏杀菌：0% 长期影响：9%	灭菌：80%	奶酪制作：0% 加工奶酪：9%
头孢噻呋	20 min	120 ℃	> 89	Zorraquino et al.，2008a	没有可用于头孢噻呋的实验数据；估计是基于其他头孢菌素的实验数据（如头孢哌酮，头孢喹肟，头孢氨苄，头孢胺，头孢匹林，头孢呋辛）	巴氏杀菌：0% 长期影响：9%	灭菌：80%	奶酪制作：0% 加工奶酪：9%

（续表）

药品	实验热稳定性数据：加热时间	实验热稳定性数据：加热温度	实验热稳定性数据：影响［%失活］	实验热稳定性数据：参考	实验热稳定性数据：评论	药物失活作为加工类型的功能：巴氏杀菌[1]	药物失活作为加工类型的功能：灭菌/保留[2]	药物灭活作为加工类型的功能：巴氏杀菌奶酪制作[3]
头孢噻呋	4 s	140 ℃	1~17	Roca et al., 2011	没有可用于头孢噻呋的实验数据；估计是基于其他头孢菌素的实验数据（如头孢哌酮，头孢喹肟，头孢氨苄，头孢胺，头孢匹林，头孢呋辛）	巴氏杀菌：0% 长期影响：9%	灭菌：80%	奶酪制作：0% 加工奶酪：9%
头孢噻呋	10 s	140 ℃	NS~21	Zorraquino et al., 2008a	没有可用于头孢噻呋的实验数据；估计是基于其他头孢菌素的实验数据（如头孢哌酮，头孢喹肟，头孢氨苄，头孢胺，头孢匹林，头孢呋辛）	巴氏杀菌：0% 长期影响：9%	灭菌：80%	奶酪制作：0% 加工奶酪：9%
头孢匹林	30 min	63 ℃	41.2	Roca et al., 2011	—	巴氏杀菌：0% 长期影响：41%	灭菌：100%	奶酪制作：0% 加工奶酪：41%
头孢匹林	15 s	72 ℃	<1	Roca et al., 2011	—	巴氏杀菌：0% 长期影响：41%	灭菌：100%	奶酪制作：0% 加工奶酪：41%
头孢匹林	20 min	120 ℃	99.5	Roca et al., 2011	—	巴氏杀菌：0% 长期影响：41%	灭菌：100%	奶酪制作：0% 加工奶酪：41%

（续表）

药品	实验热稳定性数据：加热时间	实验热稳定性数据：加热温度	实验热稳定性数据：影响［%失活］	实验热稳定性数据：参考	实验热稳定性数据：评论	药物失活作为加工类型的功能：巴氏杀菌[1]	药物失活作为加工类型的功能：灭菌/保留[2]	药物灭活作为加工类型的功能：巴氏杀菌奶酪制作[3]
头孢匹林	4 s	140 ℃	3. 8	Roca et al., 2011	—	巴氏杀菌：0% 长期影响：41%	灭菌：100%	奶酪制作：0% 加工奶酪：41%
氯霉素	30 min	100℃	7	Franje et al., 2010	在水中加热	巴氏杀菌：0% 长期影响：22%	灭菌：35%	奶酪制作：0% 加工奶酪：22%
氯霉素	60 min	100℃	12	Franje et al., 2010	在水中加热	巴氏杀菌：0% 长期影响：22%	灭菌：35%	奶酪制作：0% 加工奶酪：22%
氯霉素	10 min	70℃	10	Moats 1988	—	巴氏杀菌：0% 长期影响：22%	灭菌：35%	奶酪制作：0% 加工奶酪：22%
氯霉素	20 min	70℃	20	Moats 1988	—	巴氏杀菌：0% 长期影响：22%	灭菌：35%	奶酪制作：0% 加工奶酪：22%
氯霉素	30 min	70℃	30	Moats 1988	—	巴氏杀菌：0% 长期影响：22%	灭菌：35%	奶酪制作：0% 加工奶酪：22%
氯霉素	10 min	80℃	22	Moats 1988	—	巴氏杀菌：0% 长期影响：22%	灭菌：35%	奶酪制作：0% 加工奶酪：22%
氯霉素	20 min	80℃	33	Moats 1988	—	巴氏杀菌：0% 长期影响：22%	灭菌：35%	奶酪制作：0% 加工奶酪：22%
氯霉素	30 min	80℃	45	Moats 1988	—	巴氏杀菌：0% 长期影响：22%	灭菌：35%	奶酪制作：0% 加工奶酪：22%
氯霉素	10 min	90℃	11	Moats 1988	—	巴氏杀菌：0% 长期影响：22%	灭菌：35%	奶酪制作：0% 加工奶酪：22%
氯霉素	20 min	90℃	15	Moats 1988	—	巴氏杀菌：0% 长期影响：22%	灭菌：35%	奶酪制作：0% 加工奶酪：22%

（续表）

药品	实验热稳定性数据：加热时间	实验热稳定性数据：加热温度	实验热稳定性数据：影响［%失活］	实验热稳定性数据：参考	实验热稳定性数据：评论	药物失活作为加工类型的功能：巴氏杀菌[1]	药物失活作为加工类型的功能：灭菌/保留[2]	药物灭活作为加工类型的功能：巴氏杀菌奶酪制作[3]
氯霉素	30 min	90℃	25	Moats 1988	—	巴氏杀菌：0% 长期影响：22%	灭菌：35%	奶酪制作：0% 加工奶酪：22%
氯霉素	10 min	100℃	11	Moats 1988	—	巴氏杀菌：0% 长期影响：22%	灭菌：35%	奶酪制作：0% 加工奶酪：22%
氯霉素	20 min	100℃	20	Moats 1988	—	巴氏杀菌：0% 长期影响：22%	灭菌：35%	奶酪制作：0% 加工奶酪：22%
氯霉素	30 min	100℃	35	Moats 1988	—	巴氏杀菌：0% 长期影响：22%	灭菌：35%	奶酪制作：0% 加工奶酪：22%
氯霉素	15 min	121℃	基于 MIC 方法的热稳定性	Traub and Leonhard 1995	在肉汤中加热；数据不理想	巴氏杀菌：0% 长期影响：22%	灭菌：35%	奶酪制作：0% 加工奶酪：22%
氯舒隆	肌肉；190℃烘烤 40min；最高内部温度 84℃	肌肉；190℃烘烤 40min；最高内部温度 84℃	0	Cooper et al., 2011	烘烤或煎炸牛肉和肝脏；数据不理想	巴氏杀菌：0% 长期影响：0%	灭菌：0%	奶酪制作：0% 加工奶酪：0%
氯舒隆	肌肉；每边煎 4～6min；最高内部温度 70℃	肌肉；每边煎 4～6min；最高内部温度 70℃	0	Cooper et al., 2011	烘烤或煎炸牛肉和肝脏；数据不理想	巴氏杀菌：0% 长期影响：0%	灭菌：0%	奶酪制作：0% 加工奶酪：0%
氯舒隆	肝脏样本；油炸 14～19min；最高内部温度 89℃	肝脏样本；油炸 14～19min；最高内部温度 89℃	9	Cooper et al., 2011	烘烤或煎炸牛肉和肝脏；数据不理想	巴氏杀菌：0% 长期影响：0%	灭菌：0%	奶酪制作：0% 加工奶酪：0%
氯唑西林	10 min	40 ℃	NS	Zorraquino et al., 2008a	—	巴氏杀菌：0% 长期影响：0%	灭菌：53%	奶酪制作：0% 加工奶酪：0%

（续表）

药品	实验热稳定性数据：加热时间	实验热稳定性数据：加热温度	实验热稳定性数据：影响［%失活］	实验热稳定性数据：参考	实验热稳定性数据：评论	药物失活作为加工类型的功能：巴氏杀菌[1]	药物失活作为加工类型的功能：灭菌/保留[2]	药物灭活作为加工类型的功能：巴氏杀菌奶酪制作[3]
氯唑西林	30 min	60 ℃	7	Zorraquino et al.，2008a	—	巴氏杀菌：0% 长期影响：0%	灭菌：53%	奶酪制作：0% 加工奶酪：0%
氯唑西林	30 min	63 ℃	7	Roca et al.，2011	—	巴氏杀菌：0% 长期影响：0%	灭菌：53%	奶酪制作：0% 加工奶酪：0%
氯唑西林	30 min	65 ℃	NS	Mishra 2011	—	巴氏杀菌：0% 长期影响：0%	灭菌：53%	奶酪制作：0% 加工奶酪：0%
氯唑西林	15 s	72 ℃	<0. 1	Roca et al.，2011	—	巴氏杀菌：0% 长期影响：0%	灭菌：53%	奶酪制作：0% 加工奶酪：0%
氯唑西林	10 min	83 ℃	NS	Zorraquino et al.，2008a	—	巴氏杀菌：0% 长期影响：0%	灭菌：53%	奶酪制作：0% 加工奶酪：0%
氯唑西林	15 min	90 ℃	26~34	Grunwald and Petz 2003	—	巴氏杀菌：0% 长期影响：0%	灭菌：53%	奶酪制作：0% 加工奶酪：0%
氯唑西林	20 min	120 ℃	53	Roca et al.，2011	—	巴氏杀菌：0% 长期影响：0%	灭菌：53%	奶酪制作：0% 加工奶酪：0%
氯唑西林	20 min	120 ℃	72	Zorraquino et al.，2008a	—	巴氏杀菌：0% 长期影响：0%	灭菌：53%	奶酪制作：0% 加工奶酪：0%
氯唑西林	4 s	140 ℃	0. 6	Roca et al.，2011	—	巴氏杀菌：0% 长期影响：0%	灭菌：53%	奶酪制作：0% 加工奶酪：0%
氯唑西林	10 s	140 ℃	7	Zorraquino et al.，2008a	—	巴氏杀菌：0% 长期影响：0%	灭菌：53%	奶酪制作：0% 加工奶酪：0%

（续表）

药品	实验热稳定性数据：加热时间	实验热稳定性数据：加热温度	实验热稳定性数据：影响［%失活］	实验热稳定性数据：参考	实验热稳定性数据：评论	药物失活作为加工类型的功能：巴氏杀菌[1]	药物失活作为加工类型的功能：灭菌/保留[2]	药物灭活作为加工类型的功能：巴氏杀菌奶酪制作[3]
达氟沙星	没有失活数据可用；假定不灭活	没有失活数据可用；假定不灭活	没有失活数据可用；假定不灭活	没有失活数据可用；假定不灭活	没有失活数据可用；假定不灭活	巴氏杀菌：0% 长期影响：0%	灭菌：0%	奶酪制作：0% 加工奶酪：0%
双氢链霉素	20~30 min	70 ℃	8	Moats 1988	没有可用于 Dihydrostreptomycin 的数据；使用了链霉素的数据	巴氏杀菌：0% 长期影响：8%	灭菌：98%	奶酪制作：0% 加工奶酪：8%
双氢链霉素	10 min	80~90 ℃	8	Moats 1988	没有可用于 Dihydrostreptomycin 的数据；使用了链霉素的数据	巴氏杀菌：0% 长期影响：8%	灭菌：98%	奶酪制作：0% 加工奶酪：8%
双氢链霉素	20 min	80 ℃	25	Moats 1988	没有可用于 Dihydrostreptomycin 的数据；使用了链霉素的数据	巴氏杀菌：0% 长期影响：8%	灭菌：98%	奶酪制作：0% 加工奶酪：8%
双氢链霉素	30 min	80 ℃	33	Moats 1988	没有可用于 Dihydrostreptomycin 的数据；使用了链霉素的数据	巴氏杀菌：0% 长期影响：8%	灭菌：98%	奶酪制作：0% 加工奶酪：8%
双氢链霉素	20 min	90 ℃	18	Moats 1988	没有可用于 Dihydrostreptomycin 的数据；使用了链霉素的数据	巴氏杀菌：0% 长期影响：8%	灭菌：98%	奶酪制作：0% 加工奶酪：8%

（续表）

药品	实验热稳定性数据：加热时间	实验热稳定性数据：加热温度	实验热稳定性数据：影响［%失活］	实验热稳定性数据：参考	实验热稳定性数据：评论	药物失活作为加工类型的功能：巴氏杀菌[1]	药物失活作为加工类型的功能：灭菌/保留[2]	药物灭活作为加工类型的功能：巴氏杀菌奶酪制作[3]
双氢链霉素	30 min	90 ℃	33	Moats 1988	没有可用于 Dihydrostreptomycin 的数据；使用了链霉素的数据	巴氏杀菌：0% 长期影响：8%	灭菌：98%	奶酪制作：0% 加工奶酪：8%
双氢链霉素	10 min	100 ℃	18	Moats 1988	没有可用于 Dihydrostreptomycin 的数据；使用了链霉素的数据	巴氏杀菌：0% 长期影响：8%	灭菌：98%	奶酪制作：0% 加工奶酪：8%
双氢链霉素	20 min	100 ℃	33	Moats 1988	没有可用于 Dihydrostreptomycin 的数据；使用了链霉素的数据	巴氏杀菌：0% 长期影响：8%	灭菌：98%	奶酪制作：0% 加工奶酪：8%
双氢链霉素	30 min	100 ℃	42	Moats 1988	没有可用于 Dihydrostreptomycin 的数据；使用了链霉素的数据	巴氏杀菌：0% 长期影响：8%	灭菌：98%	奶酪制作：0% 加工奶酪：8%
双氢链霉素	280~1 320 min	71 ℃	100	Moats 1988	没有可用于 Dihydrostreptomycin 的数据；使用了链霉素的数据	巴氏杀菌：0% 长期影响：8%	灭菌：98%	奶酪制作：0% 加工奶酪：8%
双氢链霉素	30 min	60 ℃	NS	Zorraquino et al.，2009	没有可用于 Dihydrostreptomycin 的数据；使用了链霉素的数据	巴氏杀菌：0% 长期影响：8%	灭菌：98%	奶酪制作：0% 加工奶酪：8%

（续表）

药品	实验热稳定性数据：加热时间	实验热稳定性数据：加热温度	实验热稳定性数据：影响［%失活］	实验热稳定性数据：参考	实验热稳定性数据：评论	药物失活作为加工类型的功能：巴氏杀菌[1]	药物失活作为加工类型的功能：灭菌/保留[2]	药物灭活作为加工类型的功能：巴氏杀菌奶酪制作[3]
双氢链霉素	20 min	120 ℃	98	Zorraquino et al.，2009	没有可用于 Dihydrostreptomycin 的数据；使用了链霉素的数据	巴氏杀菌：0% 长期影响：8%	灭菌：98%	奶酪制作：0% 加工奶酪：8%
双氢链霉素	10 s	140 ℃	26	Zorraquino et al.，2009	没有可用于 Dihydrostreptomycin 的数据；使用了链霉素的数据	巴氏杀菌：0% 长期影响：8%	灭菌：98%	奶酪制作：0% 加工奶酪：8%
多拉菌素	没有失活数据可用。多拉菌素与伊维菌素密切相关。因此，使用伊维菌素的数据	没有失活数据可用。多拉菌素与伊维菌素密切相关。因此，使用伊维菌素的数据	没有失活数据可用。多拉菌素与伊维菌素密切相关。因此，使用伊维菌素的数据	没有失活数据可用。多拉菌素与伊维菌素密切相关。因此，使用伊维菌素的数据	没有失活数据可用。多拉菌素与伊维菌素密切相关。因此，使用伊维菌素的数据	巴氏杀菌：0% 长期影响：0%	灭菌：0%	奶酪制作：0% 加工奶酪：0%
恩诺沙星	15 s	72℃	0	Roca et al.，2010	—	巴氏杀菌：0% 长期影响：0%	灭菌：5%	奶酪制作：0% 加工奶酪：0%
恩诺沙星	20 min	120 ℃	5	Roca et al.，2010	—	巴氏杀菌：0% 长期影响：0%	灭菌：5%	奶酪制作：0% 加工奶酪：0%
恩诺沙星	4 s	140 ℃	0	Roca et al.，2010	—	巴氏杀菌：0% 长期影响：0%	灭菌：5%	奶酪制作：0% 加工奶酪：0%
恩诺沙星	10 min	40 ℃	NS	Zorraquino et al.，2008a	—	巴氏杀菌：0% 长期影响：0%	灭菌：5%	奶酪制作：0% 加工奶酪：0%
恩诺沙星	30 min	60 ℃	NS	Zorraquino et al.，2008a	—	巴氏杀菌：0% 长期影响：0%	灭菌：5%	奶酪制作：0% 加工奶酪：0%

（续表）

药品	实验热稳定性数据：加热时间	实验热稳定性数据：加热温度	实验热稳定性数据：影响［%失活］	实验热稳定性数据：参考	实验热稳定性数据：评论	药物失活作为加工类型的功能：巴氏杀菌[1]	药物失活作为加工类型的功能：灭菌/保留[2]	药物灭活作为加工类型的功能：巴氏杀菌奶酪制作[3]
恩诺沙星	10 min	83 ℃	NS	Zorraquino et al.，2008a	—	巴氏杀菌：0% 长期影响：0%	灭菌：5%	奶酪制作：0% 加工奶酪：0%
恩诺沙星	20 min	120 ℃	18	Zorraquino et al.，2008a	—	巴氏杀菌：0% 长期影响：0%	灭菌：5%	奶酪制作：0% 加工奶酪：0%
恩诺沙星	10 s	140 ℃	NS	Zorraquino et al.，2008a	—	巴氏杀菌：0% 长期影响：0%	灭菌：5%	奶酪制作：0% 加工奶酪：0%
恩诺沙星	180 min	100 ℃	稳定	Lolo et al.，2006	恒温烘箱 100℃加热	巴氏杀菌：0% 长期影响：0%	灭菌：5%	奶酪制作：0% 加工奶酪：0%
恩诺沙星	煎炸，微波，煮，烤，烤鸡胸肉，腿和肝	煎炸，微波，煮，烤，烤鸡胸肉，腿和肝	没有影响	Lolo et al.，2006	数据不理想	巴氏杀菌：0% 长期影响：0%	灭菌：5%	奶酪制作：0% 加工奶酪：0%
环丙沙星*（恩诺沙星代谢物）	15 s	72℃	0	Roca et al.，2010	环丙沙星是主要的恩诺沙星代谢物，本身也是一种药物	巴氏杀菌：0% 长期影响：0%	灭菌：13%	奶酪制作：0% 加工奶酪：0%
环丙沙星*（恩诺沙星代谢物）	20 min	120 ℃	13	Roca et al.，2010	环丙沙星是主要的恩诺沙星代谢物，本身也是一种药物	巴氏杀菌：0% 长期影响：0%	灭菌：13%	奶酪制作：0% 加工奶酪：0%
环丙沙星*（恩诺沙星代谢物）	4 s	140 ℃	0	Roca et al.，2010	环丙沙星是主要的恩诺沙星代谢物，本身也是一种药物	巴氏杀菌：0% 长期影响：0%	灭菌：13%	奶酪制作：0% 加工奶酪：0%

（续表）

药品	实验热稳定性数据：加热时间	实验热稳定性数据：加热温度	实验热稳定性数据：影响［%失活］	实验热稳定性数据：参考	实验热稳定性数据：评论	药物失活作为加工类型的功能：巴氏杀菌[1]	药物失活作为加工类型的功能：灭菌/保留[2]	药物灭活作为加工类型的功能：巴氏杀菌奶酪制作[3]
环丙沙星*（恩诺沙星代谢物）	15 min	121℃	基于 MIC 方法的热稳定性	Traub and Leonhard 1995	在肉汤中加热；数据不理想	巴氏杀菌：0% 长期影响：0%	灭菌：13%	奶酪制作：0% 加工奶酪：0%
乙酰氨基阿维菌素	30 min	65 ℃	0~5.6	Imperiale et al., 2009	咨询其他大环内酯的参考文献，包括莫昔克丁和伊维菌素	巴氏杀菌：0% 长期影响：0%	灭菌：0%	奶酪制作：0% 加工奶酪：0%
乙酰氨基阿维菌素	15 s	75 ℃	0~4.6	Imperiale et al., 2009	咨询其他大环内酯的参考文献，包括莫昔克丁和伊维菌素	巴氏杀菌：0% 长期影响：0%	灭菌：0%	奶酪制作：0% 加工奶酪：0%
红霉素	30 min	60 ℃	21	Zorraquino et al., 2011	比其他大环内酯更不耐热	巴氏灭菌：21% 长期影响：30%	灭菌：93%	奶酪制作：21% 加工奶酪：30%
红霉素	20 min	120 ℃	>93	Zorraquino et al., 2011	比其他大环内酯更不耐热	巴氏消毒：21% 长期影响：30%	灭菌：93%	奶酪制作：21% 加工奶酪：30%
红霉素	10 s	140 ℃	30	Zorraquino et al., 2011	比其他大环内酯更不耐热	巴氏灭菌：21% 长期影响：30%	灭菌：93%	奶酪制作：21% 加工奶酪：30%
红霉素	15 min	121℃	Heat labile based on MIC method	Traub and Leonhard 1995	在肉汤中加热；数据不理想	巴氏灭菌：21% 更长的影响：30%	灭菌：93%	奶酪制作：21% 加工奶酪：30%
氟苯尼考	30 min	100 ℃	2	Franje et al., 2010	在水中加热；在水中热稳定性比氯霉素好	巴氏杀菌：0% 长期影响：0%	灭菌：0%	奶酪制作：0% 加工奶酪：0%

（续表）

药品	实验热稳定性数据：加热时间	实验热稳定性数据：加热温度	实验热稳定性数据：影响［%失活］	实验热稳定性数据：参考	实验热稳定性数据：评论	药物失活作为加工类型的功能：巴氏杀菌[1]	药物失活作为加工类型的功能：灭菌/保留[2]	药物灭活作为加工类型的功能：巴氏杀菌奶酪制作[3]
氟苯尼考	60 min	100 ℃	3	Franje et al., 2010	在水中加热；在水中热稳定性比氯霉素好	巴氏杀菌：0% 长期影响：0%	灭菌：0%	奶酪制作：0% 加工奶酪：0%
呋喃唑酮	没有失活数据；假设没有失活	没有失活数据；假设没有失活	没有失活数据；假设没有失活	没有失活数据；假设没有失活	没有失活数据；假设没有失活	巴氏杀菌：0% 长期影响：0%	灭菌：0%	奶酪制作：0% 加工奶酪：0%
氟尼辛	没有失活数据；假设没有失活	没有失活数据；假设没有失活	没有失活数据；假设没有失活	没有失活数据；假设没有失活	没有失活数据；假设没有失活	巴氏杀菌：0% 长期影响：0%	灭菌：0%	奶酪制作：0% 加工奶酪：0%
加米霉素	无可用数据；假定其他大环内酯类似的行为；使用泰乐菌素的数据（Zorraquino et al.，2011）	无可用数据；假定其他大环内酯类似的行为；使用泰乐菌素的数据（Zorraquino et al.，2011）	无可用数据；假定其他大环内酯类似的行为；使用泰乐菌素的数据（Zorraquino et al.，2011）	无可用数据；假定其他大环内酯类似的行为；使用泰乐菌素的数据（Zorraquino et al.，2011）	无可用数据；假定其他大环内酯类似的行为；使用泰乐菌素的数据（Zorraquino et al.，2011）	巴氏杀菌：0% 长期影响：10%	灭菌：50%	奶酪制作：0% 加工奶酪：10%
庆大霉素	30 min	60 ℃	NS	Zorraquino et al.，2009	—	巴氏杀菌：0% 长期影响：20%	灭菌：97%	奶酪制作：0% 加工奶酪：20%
庆大霉素	20 min	120 ℃	97	Zorraquino et al.，2009	—	巴氏杀菌：0% 长期影响：20%	灭菌：97%	奶酪制作：0% 加工奶酪：20%
庆大霉素	10 s	140 ℃	20	Zorraquino et al.，2009	—	巴氏杀菌：0% 长期影响：20%	灭菌：97%	奶酪制作：0% 加工奶酪：20%
庆大霉素	15 min	121℃	基于 MIC 方法的热稳定	Traub and Leonhard 1995	在肉汤加热；数据不佳	巴氏杀菌：0% 长期影响：20%	灭菌：97%	奶酪制作：0% 加工奶酪：20%

（续表）

药品	实验热稳定性数据：加热时间	实验热稳定性数据：加热温度	实验热稳定性数据：影响［%失活］	实验热稳定性数据：参考	实验热稳定性数据：评论	药物失活作为加工类型的功能：巴氏杀菌[1]	药物失活作为加工类型的功能：灭菌/保留[2]	药物灭活作为加工类型的功能：巴氏杀菌奶酪制作[3]
海他西林	无可用数据；假定与氨苄青霉素相似的失活动力学(Tsuji, et al., 1977)	无可用数据；假定与氨苄青霉素相似的失活动力学(Tsuji, et al., 1977)	无可用数据；假定与氨苄青霉素相似的失活动力学(Tsuji, et al., 1977)	无可用数据；假定与氨苄青霉素相似的失活动力学(Tsuji, et al., 1977)	无可用数据；假定与氨苄青霉素相似的失活动力学(Tsuji, et al., 1977)	巴氏杀菌：0% 长期影响：12%	灭菌：84%	奶酪制作：0% 加工奶酪：12%
伊佛霉素	30 min	65℃	0~3.2	Imperiale et al., 2009	—	巴氏杀菌：0% 长期影响：0%	灭菌：0%	奶酪制作：0% 加工奶酪：0%
伊佛霉素	15 s	75℃	0~5	Imperiale et al., 2009	—	巴氏杀菌：0% 长期影响：0%	灭菌：0%	奶酪制作：0% 加工奶酪：0%
伊佛霉素	30 min	90℃	0	Cerkvenik et al., 2004	在 90℃/30min 的加热后对酸奶的观察	巴氏杀菌：0% 长期影响：0%	灭菌：0%	奶酪制作：0% 加工奶酪：0%
伊佛霉素	肌肉；在 190℃ 烘烤 40min；最高内部温度为 70℃	肌肉；在 190℃ 烘烤 40min；最高内部温度为 70℃	0	Cooper et al., 2011	数据不佳	巴氏杀菌：0% 长期影响：0%	灭菌：0%	奶酪制作：0% 加工奶酪：0%
伊佛霉素	肌肉；双面煎 4~6min；最高内部温度为 84℃	肌肉；双面煎 4~6min；最高内部温度为 84℃	14	Cooper et al., 2011	数据不佳	巴氏杀菌：0% 长期影响：0%	灭菌：0%	奶酪制作：0% 加工奶酪：0%
伊佛霉素	肝脏样本；共煎 14~19min；最高内部温度为 89℃	肝脏样本；共煎 14~19min；最高内部温度为 89℃	23	Cooper et al., 2011	数据不佳	巴氏杀菌：0% 长期影响：0%	灭菌：0%	奶酪制作：0% 加工奶酪：0%

（续表）

药品	实验热稳定性数据：加热时间	实验热稳定性数据：加热温度	实验热稳定性数据：影响［%失活］	实验热稳定性数据：参考	实验热稳定性数据：评论	药物失活作为加工类型的功能：巴氏杀菌[1]	药物失活作为加工类型的功能：灭菌/保留[2]	药物灭活作为加工类型的功能：巴氏杀菌奶酪制作[3]
卡那霉素	30 min	60℃	未标明	Zorraquino et al., 2009	—	巴氏杀菌：0% 长期影响：17%	灭菌：95%	奶酪制作：0% 加工奶酪：17%
卡那霉素	20 min	120 ℃	95	Zorraquino et al., 2009	—	巴氏杀菌：0% 长期影响：17%	灭菌：95%	奶酪制作：0% 加工奶酪：17%
卡那霉素	10 s	140 ℃	17	Zorraquino et al., 2009	—	巴氏杀菌：0% 长期影响：17%	灭菌：95%	奶酪制作：0% 加工奶酪：17%
卡那霉素	15 min	121℃	基于 MIC 方法的热稳定	Traub and Leonhard 1995	在肉汤加热；数据不佳	巴氏杀菌：0% 长期影响：17%	灭菌：95%	奶酪制作：0% 加工奶酪：17%
卡那霉素	没有失活数据；假设没有失活	没有失活数据；假设没有失活	没有失活数据；假设没有失活	没有失活数据；假设没有失活	没有失活数据；假设没有失活	巴氏杀菌：0% 长期影响：0%	灭菌：0%	奶酪制作：0% 加工奶酪：0%
左旋咪唑	液体乳清煮沸	液体乳清煮沸	≈0	Whelan et al., 2010	奶酪制作数据，没有直接的热稳定性信息；数据近似	巴氏杀菌：0% 长期影响：0%	灭菌：0%	奶酪制作：0% 加工奶酪：0%
左旋咪唑	240 min	100℃	稳定	Rose et al., 1995	在水中加热	巴氏杀菌：0% 长期影响：0%	灭菌：0%	奶酪制作：0% 加工奶酪：0%
左旋咪唑	烹饪猪肉（微波，煮，烤，烤和油炸）	烹饪猪肉（微波，煮，烤，烤和油炸）	0~11，稳定	Rose et al., 1995	烹饪猪肉；数据不佳	巴氏杀菌：0% 长期影响：0%	Sterilization：0%	奶酪制作：0% 加工奶酪：0%
左旋咪唑	肌肉；在 190℃ 烘烤 40min；最高内部温度为 87℃	肌肉；在 190℃ 烘烤 40min；最高内部温度为 87℃	0	Cooper et al., 2011	烘烤或煎炸牛肉或肝脏；数据不理想	巴氏杀菌：0% 长期影响：0%	灭菌：0%	奶酪制作：0% 加工奶酪：0%

（续表）

药品	实验热稳定性数据：加热时间	实验热稳定性数据：加热温度	实验热稳定性数据：影响［%失活］	实验热稳定性数据：参考	实验热稳定性数据：评论	药物失活作为加工类型的功能：巴氏杀菌[1]	药物失活作为加工类型的功能：灭菌/保留[2]	药物灭活作为加工类型的功能：巴氏杀菌奶酪制作[3]
左旋咪唑	肌肉；双面煎 4～6min；最高内部温度为 57℃	肌肉；双面煎 4～6min；最高内部温度为 57℃	11	Cooper et al., 2011	烘烤或煎炸牛肉或肝脏；数据不理想	巴氏杀菌：0% 长期影响：0%	灭菌：0%	奶酪制作：0% 加工奶酪：0%
左旋咪唑	肝脏样本；共煎 14～19min；最高内部温度为 91℃	肝脏样本；共煎 14～19min；最高内部温度为 91℃	42	Cooper et al., 2011	烘烤或煎炸牛肉或肝脏；数据不理想	巴氏杀菌：0% 长期影响：0%	灭菌：0%	奶酪制作：0% 加工奶酪：0%
洁霉素	30 min	60℃	NS	Zorraquino et al., 2011	—	巴氏杀菌：0% 长期影响：0%	灭菌：5%	奶酪制作：0% 加工奶酪：0%
洁霉素	20 min	120 ℃	5	Zorraquino et al., 2011	—	巴氏杀菌：0% 长期影响：0%	灭菌：5%	奶酪制作：0% 加工奶酪：0%
洁霉素	10 s	140 ℃	5	Zorraquino et al., 2011	—	巴氏杀菌：0% 长期影响：0%	灭菌：5%	奶酪制作：0% 加工奶酪：0%
美洛昔康	没有失活数据；假设没有失活	没有失活数据；假设没有失活	没有失活数据；假设没有失活	没有失活数据；假设没有失活	没有失活数据；假设没有失活	巴氏杀菌：0% 长期影响：0%	灭菌：0%	奶酪制作：0% 加工奶酪：0%
莫昔克丁	30 min	65 ℃	0～2.3	Imperiale et al., 2009	查询其他大环内酯的参考文献，包括依立诺克丁和伊维菌素	巴氏杀菌：0% 长期影响：0%	灭菌：0%	奶酪制作：0% 加工奶酪：0%

（续表）

药品	实验热稳定性数据：加热时间	实验热稳定性数据：加热温度	实验热稳定性数据：影响[%失活]	实验热稳定性数据：参考	实验热稳定性数据：评论	药物失活作为加工类型的功能：巴氏杀菌[1]	药物失活作为加工类型的功能：灭菌/保留[2]	药物灭活作为加工类型的功能：巴氏杀菌奶酪制作[3]
莫昔克丁	15 s	75 ℃	0~2.2	Imperiale et al., 2009	查询其他大环内酯的参考文献，包括依立诺克丁和伊维菌素	巴氏杀菌：0% 长期影响：0%	灭菌：0%	奶酪制作：0% 加工奶酪：0%
萘普生	没有失活数据；假设没有失活	没有失活数据；假设没有失活	没有失活数据；假设没有失活	没有失活数据；假设没有失活	没有失活数据；假设没有失活	巴氏杀菌：0% 长期影响：0%	灭菌：0%	奶酪制作：0% 加工奶酪：0%
新生霉素	有限的失活数据；假设没有灭活	有限的失活的数据可用；假设没有灭活	有限的失活的数据可用；假设没有灭活	有限的失活的数据可用；假设没有灭活	有限的失活的数据可用；假设没有灭活	巴氏杀菌：0% 长期影响：0%	灭菌：0%	奶酪制作：0% 加工过的奶酪：0%
新生霉素	15 min	121℃	热稳定基于最低抑菌浓度方法	Traub and Leonhard 1995	肉汤加热；数据不理想	巴氏杀菌：0% 长期影响：0%	灭菌：0%	
磺唑氨酯	0~180 min	100℃	≈0~10；3h后沸水中发现一些不稳定性	Rose et al., 1997	水浴加热	巴氏杀菌：0% 长期影响：0%	灭菌：0%	奶酪制作：0% 加工过的奶酪：0%
氧四环素	30 min	62℃	24	Moats 1988	—	巴氏杀菌：20% 长期影响：36%	灭菌：100%	奶酪制作：20% 加工过的奶酪：36%
氧四环素	30 min	71℃	36	Moats 1988	—	巴氏杀菌：20% 长期影响：36%	灭菌：100%	奶酪制作：20% 加工过的奶酪：36%

（续表）

药品	实验热稳定性数据：加热时间	实验热稳定性数据：加热温度	实验热稳定性数据：影响[%失活]	实验热稳定性数据：参考	实验热稳定性数据：评论	药物失活作为加工类型的功能：巴氏杀菌[1]	药物失活作为加工类型的功能：灭菌/保留[2]	药物灭活作为加工类型的功能：巴氏杀菌奶酪制作[3]
氧四环素	190 min	71℃	100	Moats 1988	—	巴氏杀菌：20% 长期影响：36%	灭菌：100%	奶酪制作：20% 加工过的奶酪：36%
氧四环素	92 min	79℃	100	Moats 1988	—	巴氏杀菌：20% 长期影响：36%	灭菌：100%	奶酪制作：20% 加工过的奶酪：36%
氧四环素	60 min	85℃	100	Moats 1988	—	巴氏杀菌：20% 长期影响：36%	灭菌：100%	奶酪制作：20% 加工过的奶酪：36%
氧四环素	30 min	100℃	75~100	Moats 1988	—	巴氏杀菌：20% 长期影响：36%	灭菌：100%	奶酪制作：20% 加工过的奶酪：36%
氧四环素	60 min	100℃	100	Moats 1988	—	巴氏杀菌：20% 长期影响：36%	灭菌：100%	奶酪制作：20% 加工过的奶酪：36%
氧四环素	15 min	100℃	60~80	Hsieh 2011	水浴加热	巴氏杀菌：20% 长期影响：36%	灭菌：100%	奶酪制作：20% 加工过的奶酪：36%
氧四环素	15 min	121℃	50~60	Hsieh 2011	水浴加热	巴氏杀菌：20% 长期影响：36%	灭菌：100%	奶酪制作：20% 加工过的奶酪：36%
氧四环素	20~30min	118~121℃	100	Hassani et al., 2008	基于缓冲区中加热数据的估计	巴氏杀菌：20% 长期影响：36%	灭菌：100%	奶酪制作：20% 加工过的奶酪：36%

（续表）

药品	实验热稳定性数据：加热时间	实验热稳定性数据：加热温度	实验热稳定性数据：影响［%失活］	实验热稳定性数据：参考	实验热稳定性数据：评论	药物失活作为加工类型的功能：巴氏杀菌[1]	药物失活作为加工类型的功能：灭菌/保留[2]	药物灭活作为加工类型的功能：巴氏杀菌奶酪制作[3]
氧四环素	7～15 s	135～140 ℃	40～44	Hassani et al., 2008	基于缓冲区中加热数据的估计	巴氏杀菌：20% 长期影响：36%	灭菌：100%	奶酪制作：20% 加工过的奶酪：36%
氧四环素	30 min	62℃	≈20	Rose et al., 1996	水浴加热	巴氏杀菌：20% 长期影响：36%	灭菌：100%	奶酪制作：20% 加工过的奶酪：36%
氧四环素	120 min	62℃	≈50	Rose et al., 1996	水浴加热	巴氏杀菌：20% 长期影响：36%	灭菌：100%	奶酪制作：20% 加工过的奶酪：36%
氧四环素	15 min	80℃	≈50	Rose et al., 1996	水浴加热	巴氏杀菌：20% 长期影响：36%	灭菌：100%	奶酪制作：20% 加工过的奶酪：36%
氧四环素	40 min	80℃	≈80	Rose et al., 1996	水浴加热	巴氏杀菌：20% 长期影响：36%	灭菌：100%	奶酪制作：20% 加工过的奶酪：36%
氧四环素	2 min	100℃	≈50	Rose et al., 1996	水浴加热	巴氏杀菌：20% 长期影响：36%	灭菌：100%	奶酪制作：20% 加工过的奶酪：36%
氧四环素	10 min	100℃	≈90	Rose et al., 1996	水浴加热	巴氏杀菌：20% 长期影响：36%	灭菌：100%	奶酪制作：20% 加工过的奶酪：36%
青霉素	10 min	40℃	NS	Zorraquino et al., 2008	—	巴氏杀菌：0% 长期影响：20%	灭菌：60%	奶酪制作：0% 加工过的奶酪：20%

（续表）

药品	实验热稳定性数据：加热时间	实验热稳定性数据：加热温度	实验热稳定性数据：影响［%失活］	实验热稳定性数据：参考	实验热稳定性数据：评论	药物失活作为加工类型的功能：巴氏杀菌[1]	药物失活作为加工类型的功能：灭菌/保留[2]	药物灭活作为加工类型的功能：巴氏杀菌奶酪制作[3]
青霉素	30 min	60℃	9	Zorraquino et al.，2008	—	巴氏杀菌：0% 长期影响：20%	灭菌：60%	奶酪制作：0% 加工过的奶酪：20%
青霉素	30 min	62℃	8	Moats 1988	—	巴氏杀菌：0% 长期影响：20%	灭菌：60%	奶酪制作：0% 加工过的奶酪：20%
青霉素	30 min	62℃	0~16	Shahani 1956	—	巴氏杀菌：0% 长期影响：20%	灭菌：60%	奶酪制作：0% 加工过的奶酪：20%
青霉素	30 min	63℃	6	Roca et al.，2011	—	巴氏杀菌：0% 长期影响：20%	灭菌：60%	奶酪制作：0% 加工过的奶酪：20%
青霉素	10~30 min	70℃	20~30	Moats 1988	—	巴氏杀菌：0% 长期影响：20%	灭菌：60%	奶酪制作：0% 加工过的奶酪：20%
青霉素	10~30 min	80℃	10~33	Moats 1988	—	巴氏杀菌：0% 长期影响：20%	灭菌：60%	奶酪制作：0% 加工过的奶酪：20%
青霉素	10~30 min	90℃	20~30	Moats 1988	—	巴氏杀菌：0% 长期影响：20%	灭菌：60%	奶酪制作：0% 加工过的奶酪：20%
青霉素	10~30 min	100℃	10~32	Moats 1988	—	巴氏杀菌：0% 长期影响：20%	灭菌：60%	奶酪制作：0% 加工过的奶酪：20%

（续表）

药品	实验热稳定性数据：加热时间	实验热稳定性数据：加热温度	实验热稳定性数据：影响[%失活]	实验热稳定性数据：参考	实验热稳定性数据：评论	药物失活作为加工类型的功能：巴氏杀菌[1]	药物失活作为加工类型的功能：灭菌/保留[2]	药物灭活作为加工类型的功能：巴氏杀菌奶酪制作[3]
青霉素	15 min	71℃	10	Moats 1988	—	巴氏杀菌：0% 长期影响：20%	灭菌：60%	奶酪制作：0% 加工过的奶酪：20%
青霉素	1 705 min	71℃	100	Moats 1988	—	巴氏杀菌：0% 长期影响：20%	灭菌：60%	奶酪制作：0% 加工过的奶酪：20%
青霉素	15s	72℃	<0.1	Roca et al., 2011	—	巴氏杀菌：0% 长期影响：20%	灭菌：60%	奶酪制作：0% 加工过的奶酪：20%
青霉素	10 min	83℃	20	Zorraquino et al., 2008	—	巴氏杀菌：0% 长期影响：20%	灭菌：60%	奶酪制作：0% 加工过的奶酪：20%
青霉素	420 min	87℃	100	Moats 1988	—	巴氏杀菌：0% 长期影响：20%	灭菌：60%	奶酪制作：0% 加工过的奶酪：20%
青霉素	230 min	93℃	100	Moats 1988	—	巴氏杀菌：0% 长期影响：20%	灭菌：60%	奶酪制作：0% 加工过的奶酪：20%
青霉素	30 min	100℃	20~40	Moats 1988	—	巴氏杀菌：0% 长期影响：20%	灭菌：60%	奶酪制作：0% 加工过的奶酪：20%
青霉素	60 min	100℃	50~65	Moats 1988	—	巴氏杀菌：0% 长期影响：20%	灭菌：60%	奶酪制作：0% 加工过的奶酪：20%

（续表）

药品	实验热稳定性数据：加热时间	实验热稳定性数据：加热温度	实验热稳定性数据：影响［%失活］	实验热稳定性数据：参考	实验热稳定性数据：评论	药物失活作为加工类型的功能：巴氏杀菌[1]	药物失活作为加工类型的功能：灭菌/保留[2]	药物灭活作为加工类型的功能：巴氏杀菌奶酪制作[3]
青霉素	90 min	100℃	85～100	Moats 1988	—	巴氏杀菌：0% 长期影响：20%	灭菌：60%	奶酪制作：0% 加工过的奶酪：20%
青霉素	20 min	120℃	61	Roca et al., 2011	—	巴氏杀菌：0% 长期影响：20%	灭菌：60%	奶酪制作：0% 加工过的奶酪：20%
青霉素	20 min	120℃	65		—	巴氏杀菌：0% 长期影响：20%	灭菌：60%	奶酪制作：0% 加工过的奶酪：20%
青霉素	25 min	121℃	100	Moats 1988	—	巴氏杀菌：0% 长期影响：20%	灭菌：60%	奶酪制作：0% 加工过的奶酪：20%
青霉素	4 s	140℃	0.8	Roca et al., 2011	—	巴氏杀菌：0% 长期影响：20%	灭菌：60%	奶酪制作：0% 加工过的奶酪：20%
青霉素	10 s	140℃	NS	Zorraquino et al., 2008	—	巴氏杀菌：0% 长期影响：20%	灭菌：60%	奶酪制作：0% 加工过的奶酪：20%
青霉素	15 min	121℃	基于部分热稳定的 MIC 方法	Traub and Leonhard 1995	肉汤加热；数据不理想	巴氏杀菌：0% 长期影响：20%	灭菌：60%	奶酪制作：0% 加工过的奶酪：20%
苯基丁氮酮	没有失活数据可用；假定不灭活	没有失活数据可用；假定不灭活	没有失活数据可用；假定不灭活	没有失活数据可用；假定不灭活	没有失活数据可用；假定不灭活	巴氏杀菌：0% 长期影响：0%	灭菌：0%	奶酪制作：0% 加工过的奶酪：0%

（续表）

药品	实验热稳定性数据：加热时间	实验热稳定性数据：加热温度	实验热稳定性数据：影响［%失活］	实验热稳定性数据：参考	实验热稳定性数据：评论	药物失活作为加工类型的功能：巴氏杀菌[1]	药物失活作为加工类型的功能：灭菌/保留[2]	药物灭活作为加工类型的功能：巴氏杀菌奶酪制作[3]
链霉素	30 min	80℃	33	Moats 1988	—	巴氏杀菌：0% 长期影响：8%	灭菌：98%	奶酪制作：0% 加工过的奶酪：8%
链霉素	20 min	90℃	18	Moats 1988	—	巴氏杀菌：0% 长期影响：8%	灭菌：98%	奶酪制作：0% 加工过的奶酪：8%
链霉素	30 min	90℃	33	Moats 1988	—	巴氏杀菌：0% 长期影响：8%	灭菌：98%	奶酪制作：0% 加工过的奶酪：8%
链霉素	10 min	100℃	18	Moats 1988	—	巴氏杀菌：0% 长期影响：8%	灭菌：98%	奶酪制作：0% 加工过的奶酪：8%
链霉素	20 min	100℃	33	Moats 1988	—	巴氏杀菌：0% 长期影响：8%	灭菌：98%	奶酪制作：0% 加工过的奶酪：8%
链霉素	30 min	100℃	42	Moats 1988	—	巴氏杀菌：0% 长期影响：8%	灭菌：98%	奶酪制作：0% 加工过的奶酪：8%
链霉素	280~1 320 min	71℃	100	Moats 1988	—	巴氏杀菌：0% 长期影响：8%	灭菌：98%	奶酪制作：0% 加工过的奶酪：8%
链霉素	30 min	60℃	NS	Zorraquino et al.，2009	—	巴氏杀菌：0% 长期影响：8%	灭菌：98%	奶酪制作：0% 加工过的奶酪：8%

（续表）

药品	实验热稳定性数据：加热时间	实验热稳定性数据：加热温度	实验热稳定性数据：影响［%失活］	实验热稳定性数据：参考	实验热稳定性数据：评论	药物失活作为加工类型的功能：巴氏杀菌[1]	药物失活作为加工类型的功能：灭菌/保留[2]	药物灭活作为加工类型的功能：巴氏杀菌奶酪制作[3]
链霉素	20 min	120℃	98	Zorraquino et al.，2009	—	巴氏杀菌：0% 更长的冲击：8%	灭菌：98%	乳酪制作：0% 被处理的乳酪：8%
链霉素	10 s	140℃	26	Zorraquino et al.，2009	—	巴氏杀菌：0% 更长的冲击：8%	灭菌：98%	乳酪制作：0% 被处理的乳酪：8%
磺胺溴二甲嘧啶	没有可用的数据；假设与磺胺甲磺胺嘧啶相同	没有可用的数据；假设与磺胺甲磺胺嘧啶相同	无数据可用；假设与磺胺甲磺胺嘧啶相同	没有可用的数据；假设与磺胺甲磺胺嘧啶相同	没有可用的数据；假设与磺胺甲磺胺嘧啶相同	巴氏杀菌：0% 更长的冲击：0%	灭菌：20%	乳酪制作：0% 被处理的乳酪：0%
磺胺氯达嗪	没有可用的数据；假设与磺胺甲磺胺嘧啶相同	没有可用的数据；假设与磺胺甲磺胺嘧啶相同	无数据可用；假设与磺胺甲磺胺嘧啶相同	没有可用的数据；假设与磺胺甲磺胺嘧啶相同	没有可用的数据；假设与磺胺甲磺胺嘧啶相同	巴氏杀菌：0% 更长的冲击：0%	灭菌：20%	乳酪制作：0% 被处理的乳酪：0%
磺胺地索辛	没有可用的数据；假设与磺胺甲磺胺嘧啶相同	没有可用的数据；假设与磺胺甲磺胺嘧啶相同	无数据可用；假设与磺胺甲磺胺嘧啶相同	没有可用的数据；假设与磺胺甲磺胺嘧啶相同	没有可用的数据；假设与磺胺甲磺胺嘧啶相同	巴氏杀菌：0% 更长的冲击：0%	灭菌：20%	乳酪制作：0% 被处理的乳酪：0%
磺胺乙酰嗪	没有可用的数据；假设相同属性作为相关的磺酰胺 sulfamethazine	没有可用的数据；假设与相关的磺酰胺 sulfamethazine 相同的性质	无数据可用；假设与相关的磺酰胺 sulfamethazine 相同的性质	没有可用的数据；假设与相关的磺酰胺 sulfamethazine 相同的性质	没有可用的数据；假设与相关的磺酰胺 sulfamethazine 相同的性质	巴氏杀菌：0% 更长的冲击：0%	灭菌：20%	乳酪制作：0% 被处理的乳酪：0%

（续表）

药品	实验热稳定性数据：加热时间	实验热稳定性数据：加热温度	实验热稳定性数据：影响［%失活］	实验热稳定性数据：参考	实验热稳定性数据：评论	药物失活作为加工类型的功能：巴氏杀菌[1]	药物失活作为加工类型的功能：灭菌/保留[2]	药物灭活作为加工类型的功能：巴氏杀菌奶酪制作[3]
磺胺甲嘧啶	30～60 min	65℃	0～2.5	Papapanagiotou et al.，2005	—	巴氏杀菌：0% 更长的冲击：0%	灭菌：20%	乳酪制作：0% 被处理的乳酪：0%
磺胺甲嘧啶	15 s	72℃	1	Papapanagiotou et al.，2005	—	巴氏杀菌：0% 更长的冲击：0%	灭菌：20%	乳酪制作：0% 被处理的乳酪：0%
磺胺甲嘧啶	2 min	72℃	0	Papapanagiotou et al.，2005	—	巴氏杀菌：0% 更长的冲击：0%	灭菌：20%	乳酪制作：0% 被处理的乳酪：0%
磺胺甲嘧啶	10 min	72℃	0	Papapanagiotou et al.，2005	—	巴氏杀菌：0% 更长的冲击：0%	灭菌：20%	乳酪制作：0% 被处理的乳酪：0%
磺胺甲嘧啶	2～4 min	100℃	9	Papapanagiotou et al.，2005	—	巴氏杀菌：0% 更长的冲击：0%	灭菌：20%	乳酪制作：0% 被处理的乳酪：0%
磺胺甲嘧啶	10 min	100℃	19	Papapanagiotou et al.，2005	—	巴氏杀菌：0% 更长的冲击：0%	灭菌：20%	乳酪制作：0% 被处理的乳酪：0%
磺胺甲嘧啶	10～20 min	121℃	19～22	Papapanagiotou et al.，2005	—	巴氏杀菌：0% 更长的冲击：0%	灭菌：20%	乳酪制作：0% 被处理的乳酪：0%
磺胺甲嘧啶	2～10 min	97.5℃	5～25	Das and Bawa，2010	—	巴氏杀菌：0% 更长的冲击：0%	灭菌：20%	乳酪制作：0% 被处理的乳酪：0%

（续表）

药品	实验热稳定性数据：加热时间	实验热稳定性数据：加热温度	实验热稳定性数据：影响［%失活］	实验热稳定性数据：参考	实验热稳定性数据：评论	药物失活作为加工类型的功能：巴氏杀菌[1]	药物失活作为加工类型的功能：灭菌/保留[2]	药物灭活作为加工类型的功能：巴氏杀菌奶酪制作[3]
磺胺甲嘧啶	15min	100℃	≈5	Hsieh，2011	在水中加热	巴氏杀菌：0% 更长的冲击：0%	灭菌：20%	乳酪制作：0% 被处理的乳酪：0%
磺胺甲嘧啶	15 min	121℃	≈5	Hsieh，2011	在水中加热	巴氏杀菌：0% 更长的冲击：0%	灭菌：20%	乳酪制作：0% 被处理的乳酪：0%
磺胺甲嘧啶	6 h	100℃	稳定	Rose et al.，1995	在水中加热	巴氏杀菌：0% 更长的冲击：0%	灭菌：20%	乳酪制作：0% 被处理的乳酪：0%
磺胺喹啉	3、6 和 9 min	170，180，190℃（油炸的鸡肉球）	在不同油炸条件下类似 SMZ 的降解	Ismail – Fitry et al.，2011	假设类似 salfamethazine SMZ	巴氏杀菌：0% 更长的冲击：0%	灭菌：20%	乳酪制作：0% 被处理的乳酪：0%
四环素	15 min	121℃	≈75～100	Hsieh，2011	在水中加热	巴氏杀菌：20%（用于土霉素的结果） 更长的影响：24%	灭菌：100%	乳酪制作：20%（用于 oxytetracycl 的结果） 加工过的奶酪：24%
四环素	20～30 min	118～121℃	100	Hassani et al.，2008	基于缓冲的加热数据估计	巴氏杀菌：20%（用于土霉素的结果） 更长的影响：24%	灭菌：100%	乳酪制作：20%（用于 oxytetracycl 的结果） 加工过的奶酪：24%

（续表）

药品	实验热稳定性数据：加热时间	实验热稳定性数据：加热温度	实验热稳定性数据：影响［%失活］	实验热稳定性数据：参考	实验热稳定性数据：评论	药物失活作为加工类型的功能：巴氏杀菌[1]	药物失活作为加工类型的功能：灭菌/保留[2]	药物灭活作为加工类型的功能：巴氏杀菌奶酪制作[3]
四环素	7～15 s	135～140℃	23～24	Hassani et al., 2008	基于缓冲的加热数据估计	巴氏杀菌：20%（用于土霉素的结果） 更长的影响：24%	灭菌：100%	乳酪制作：20%（用于 oxytetracy-cl 的结果） 加工过的奶酪：24%
四环素	15 min	121℃	基于 MIC 数据的热不稳定性	Traub and Leon-hard，1995	汤中加热，数据次优	巴氏杀菌：20%（用于土霉素的结果） 更长的影响：24%	灭菌：100%	乳酪制作：20%（用于 oxytetracy-cl 的结果） 加工过的奶酪：24%
噻	微波烘烤 pototao 5～6.5 min，内部温度为 98～102℃		稳定	Friar and Rey-ndds，1991	微波和烤箱烘烤的马铃薯数据；数据次优	巴氏杀菌：0% 更长的冲击：0%	灭菌：0%	乳酪制作：0% 被处理的乳酪：0%
噻	63～101℃内温 50～60 min 马铃薯烘炉		稳定	Friar and Rey-ndds，1991	微波和烤箱烘烤的马铃薯数据；数据次优	巴氏杀菌：0% 更长的冲击：0%	灭菌：0%	
米考星	30 min	60℃	21 红霉素	Zorraquino et al., 2011	基于相关 macr-olide 抗生素的数据（即，红霉素、螺旋霉素、泰洛星）；米考星与泰洛星密切相关。根据泰洛星数据使用了最保守的估计	巴氏杀菌：0% 更长的冲击：10%	灭菌：50%	乳酪制作：0% 被处理的乳酪：10%

（续表）

药品	实验热稳定性数据：加热时间	实验热稳定性数据：加热温度	实验热稳定性数据：影响［%失活］	实验热稳定性数据：参考	实验热稳定性数据：评论	药物失活作为加工类型的功能：巴氏杀菌[1]	药物失活作为加工类型的功能：灭菌/保留[2]	药物灭活作为加工类型的功能：巴氏杀菌奶酪制作[3]
米考星	30 min	60℃	13 螺旋霉素	Zorraquino et al.，2011	基于相关 macrolide 抗生素的数据（即，红霉素、螺旋霉素、泰洛星）；米考星与泰洛星密切相关。根据泰洛星数据使用了最保守的估计	巴氏杀菌：0% 更长的冲击：10%	灭菌：50%	乳酪制作：0% 被处理的乳酪：10%
米考星	30 min	60℃	Ns 泰洛星	Zorraquino et al.，2011	基于相关 macrolide 抗生素的数据（即，红霉素、螺旋霉素、泰洛星）；米考星与泰洛星密切相关。根据泰洛星数据使用了最保守的估计	巴氏杀菌：0% 更长的冲击：10%	灭菌：50%	乳酪制作：0% 被处理的乳酪：10%
米考星	20 min	120℃	> 93 红霉素	Zorraquino et al.，2011	基于相关 macrolide 抗生素的数据（即，红霉素、螺旋霉素、泰洛星）；米考星与泰洛星密切相关。根据泰洛星数据使用了最保守的估计	巴氏杀菌：0% 更长的冲击：10%	灭菌：50%	乳酪制作：0% 被处理的乳酪：10%

（续表）

药品	实验热稳定性数据：加热时间	实验热稳定性数据：加热温度	实验热稳定性数据：影响［%失活］	实验热稳定性数据：参考	实验热稳定性数据：评论	药物失活作为加工类型的功能：巴氏杀菌[1]	药物失活作为加工类型的功能：灭菌/保留[2]	药物灭活作为加工类型的功能：巴氏杀菌奶酪制作[3]
米考星	20 min	120℃	64 螺旋霉素	Zorraquino et al.，2011	基于相关 macrolide 抗生素的数据（即，红霉素、螺旋霉素、泰洛星）；米考星与泰洛星密切相关。根据泰洛星数据使用了最保守的估计	巴氏杀菌：0% 更长的冲击：10%	灭菌：50%	乳酪制作：0% 被处理的乳酪：10%
米考星	20 min	120℃	51 泰洛星	Zorraquino et al.，2011	基于相关 macrolide 抗生素的数据（即，红霉素、螺旋霉素、泰洛星）；米考星与泰洛星密切相关。根据泰洛星数据使用了最保守的估计	巴氏杀菌：0% 更长的冲击：10%	灭菌：50%	乳酪制作：0% 被处理的乳酪：10%
米考星	10 s	140℃	30 红霉素	Zorraquino et al.，2011	基于相关 macrolide 抗生素的数据（即，红霉素、螺旋霉素、泰洛星）；米考星与泰洛星密切相关。根据泰洛星数据使用了最保守的估计	巴氏杀菌：0% 更长的冲击：10%	灭菌：50%	乳酪制作：0% 被处理的乳酪：10%

（续表）

药品	实验热稳定性数据：加热时间	实验热稳定性数据：加热温度	实验热稳定性数据：影响［%失活］	实验热稳定性数据：参考	实验热稳定性数据：评论	药物失活作为加工类型的功能：巴氏杀菌[1]	药物失活作为加工类型的功能：灭菌/保留[2]	药物灭活作为加工类型的功能：巴氏杀菌奶酪制作[3]
替米考星	10 s	140℃	35 螺旋霉素	Zorraquino et al.，2011	基于相关大环内酯类抗生素（红霉素、螺旋霉素、泰乐菌素）的数据；Tilmicosin 与泰乐菌素密切相关	巴氏杀菌：0% 长时间影响：10%	杀菌：50%	奶酪制作：0% 经加工的奶酪：10%
替米考星	10 s	140℃	12 泰乐菌素	Zorraquino et al.，2011	基于相关大环内酯类抗生素（红霉素、螺旋霉素、泰乐菌素）的数据；Tilmicosin 与泰乐菌素密切相关	巴氏杀菌：0% 长时间影响：10%	杀菌：50%	奶酪制作：0% 经加工的奶酪：10%
替米考星	60 min	100℃	10 ~ 20 螺旋霉素	Moats 1988	基于相关大环内酯类抗生素的数据（如螺旋霉素、弗米西汀、油酸霉素）	—	—	—
替米考星	120 min	100℃	35 螺旋霉素	Moats 1988	基于相关大环内酯类抗生素的数据（如螺旋霉素、弗米西汀、油酸霉素）	—	—	—

（续表）

药品	实验热稳定性数据：加热时间	实验热稳定性数据：加热温度	实验热稳定性数据：影响［%失活］	实验热稳定性数据：参考	实验热稳定性数据：评论	药物失活作为加工类型的功能：巴氏杀菌[1]	药物失活作为加工类型的功能：灭菌/保留[2]	药物灭活作为加工类型的功能：巴氏杀菌奶酪制作[3]
替米考星	180 min	100℃	50 螺旋霉素	Moats 1988	基于相关大环内酯类抗生素的数据（如螺旋霉素、弗来米西汀、油酸霉素）	—	—	—
替米考星	20 min	120℃	0~20 螺旋霉素	Moats 1988	基于相关大环内酯类抗生素的数据（如螺旋霉素、弗来米西汀、油酸霉素）	—	—	—
替米考星	60~180 min	100℃	85~100 弗来米西汀	Moats 1988	基于相关大环内酯类抗生素的数据（如螺旋霉素、弗来米西汀、油酸霉素）	—	—	—
替米考星	20 min	120℃	75 弗来米西汀	Moats 1988	基于相关大环内酯类抗生素的数据（如螺旋霉素、弗来米西汀、油酸霉素）	—	—	—

（续表）

药品	实验热稳定性数据：加热时间	实验热稳定性数据：加热温度	实验热稳定性数据：影响［%失活］	实验热稳定性数据：参考	实验热稳定性数据：评论	药物失活作为加工类型的功能：巴氏杀菌[1]	药物失活作为加工类型的功能：灭菌/保留[2]	药物灭活作为加工类型的功能：巴氏杀菌奶酪制作[3]
替米考星	60～180 min	100℃	85～100 油酸霉素	Moats 1988	基于相关大环内酯类抗生素的数据（如螺旋霉素、弗来米西汀、油酸霉素）	—	—	—
替米考星	20 min	120℃	60～100 油酸霉素	Moats 1988	基于相关大环内酯类抗生素的数据（如螺旋霉素、弗来米西汀、油酸霉素）	—	—	—
替米考星	基于相关大环内酯类抗生素的数据（如螺旋霉素、弗来米西汀、油酸霉素）	基于相关大环内酯类抗生素的数据（如螺旋霉素、弗来米西汀、油酸霉素）	基于相关大环内酯类抗生素的数据（如螺旋霉素、弗来米西汀、油酸霉素）	基于相关大环内酯类抗生素的数据（如螺旋霉素、弗来米西汀、油酸霉素）	基于相关大环内酯类抗生素的数据（如螺旋霉素、弗来米西汀、油酸霉素）	巴氏杀菌：0% 长时间影响：10%	杀菌：50%	奶酪制作：0% 经加工的奶酪：0%
苄吡二胺	无失活数据可用，假设没有灭活	无失活数据可用，假设没有灭活	无失活数据可用，假设没有灭活	无失活数据可用，假设没有灭活	无失活数据可用，假设没有灭活	巴氏杀菌：0% 长时间影响：0%	杀菌：0%	奶酪制作：0% 经加工的奶酪：0%
拖拉霉素	没有数据；假设与 Tilmicosin 相同，即使 Tulathromycin 是一种三苯胺	没有数据；假设与 Tilmicosin 相同，即使 Tulathromycin 是一种三苯胺	没有数据；假设与 Tilmicosin 相同，即使 Tulathromycin 是一种三苯胺	没有数据；假设与 Tilmicosin 相同，即使 Tulathromycin 是一种三苯胺	没有数据；假设与 Tilmicosin 相同，即使 Tulathromycin 是一种三苯胺	巴氏杀菌：0% 长时间影响：10%	杀菌：50%	奶酪制作：0% 经加工的奶酪：0%

（续表）

药品	实验热稳定性数据：加热时间	实验热稳定性数据：加热温度	实验热稳定性数据：影响［%失活］	实验热稳定性数据：参考	实验热稳定性数据：评论	药物失活作为加工类型的功能：巴氏杀菌[1]	药物失活作为加工类型的功能：灭菌/保留[2]	药物灭活作为加工类型的功能：巴氏杀菌奶酪制作[3]
泰乐菌素	30 min	60℃	0	Zorraquino et al.，2011	—	巴氏杀菌：0% 长时间影响：10%	杀菌：50%	奶酪制作：0% 经加工的奶酪：10%
	20 min	120℃	51	Zorraquino et al.，2011	—			
	10 s	140℃	12	Zorraquino et al.，2011	—			

[1] 为便于建模，假设了两种不同类型的巴氏杀菌：（1）巴氏杀菌（例如用于制造液体牛奶、黄油、冰淇淋、重奶油、NFDM、乳清）；（2）长时间巴氏杀菌的影响（例如用于制造酸奶或酸奶油）；

[2] 为便于建模，假设了一种灭菌方式（例如，蒸馏），例如用于生产蒸发牛奶；

[3] 为便于建模，假设了两种巴氏奶酪制造类型：（1）奶酪制造（例如用于制造切打奶酪或马苏里拉奶酪）；（2）经加工的奶酪制造（例如用于加工或“美国”奶酪的制造）。

附录 5.15　标准 C：乳制品加工条件概述

建模类别是指基于多标准的排序模型；就此排序而言，热处理分类如下：

1. 巴氏杀菌（例如 HTST，LHLT，UHT）：用于制造液态奶、脱脂奶粉、冰淇淋、重力稀奶油、黄油。

2. 高强度巴氏杀菌（如 85～95℃/15～30min）：用于制造酸奶和酸奶油。

3. 灭菌（例如蒸馏条件）：用于制造淡炼乳。

4. 奶酪制造：用于生产奶酪，马苏里拉奶酪和切打奶酪。

加工奶酪制造：用于制造美国奶酪

表 A5.26　乳制品加工条件概述

乳制品	加热：温度/时间条件	加热：建模类别（见后文）	pH 变化/培养	pH 变化/培养：对模型的影响（见后文）	处理	对模型的影响（见后文）	评论	参考文献
液态奶	巴氏杀菌：72℃/15 s（即 HTST）；63℃/30 min（即，LHLT）；140℃/2 s（即，UHT）	巴氏杀菌	—	—	—	—	—	HHS 2011
酸奶	高强度巴氏杀菌：85℃/30 min；95℃/10 min	巴氏杀菌效果更长	酸化（pH 值 4.6）	无变化	—	—	—	Chandan and Shahani，1993；Fox et al.，2000A
炼乳	灭菌:117℃/15 min；126℃/2 min；> 140℃/>2 s（罕见）	消毒	—	—	干燥剩余 77%的水（真空烘干）	适度增加	干燥导致水溶性药物浓度（无变化为脂溶性药物）(118)	Bassette and Acosta，1988 年
非脂肪奶粉（NFDM）	巴氏杀菌：72℃/15 s；88℃/30 min（高温）；70℃/2 min（低热量）	热处理喷雾干燥（与巴氏灭菌相似的影响）	—	—	烘干：剩余水量 < 5%（滚筒/喷雾干燥）	剧烈增长	干燥会导致水溶性药物浓度的增加（脂溶性药物无法改变）	USDEC 2009
干酪	巴氏杀菌：72℃/15 s；凝乳形成步骤 40~45℃/≈4 h 凝乳烹饪：42 ~ 60℃/0~45 min	奶酪制作	酸化（pH 值 4.6）	无变化	—	—	相在 pH 值 4.6 下分离	Fox et al.，2000A
冰淇淋	巴氏杀菌：68℃/30 min；79℃/25 s；82℃/15 s；	巴氏杀菌	—	—	冷冻：-18℃	无变化	冻结结果没有变化，因为有限的现有数据表明冻结对药物残留浓度没有影响	Jimenez-Flores，2006

（续表）

乳制品	加热：温度/时间条件	加热：建模类别（见后文）	pH 变化/培养	pH 变化/培养：对模型的影响（见后文）	处理	对模型的影响（见后文）	评论	参考文献
酸奶油	高强度巴氏杀菌：85~95℃/15~30min；培养：20~24℃/14~24 h；	更长影响巴氏杀菌	酸化（pH 值 4.5~4.6）	无变化	—	—		Smiddy et al.，2009 年
重奶油	巴氏杀菌：>80℃/15 s；135~150℃/10 s；	巴氏杀菌	—	—	—	—	由于脂肪含量较高，因此巴氏灭菌温度高于液态奶	Smiddy et al.，2009
黄油	巴氏杀菌：85℃/15 s	巴氏杀菌	—	—	—	—	由于脂肪含量较高，因此巴氏灭菌温度高于液态奶	Wilbey，R. A. 2009
马苏里拉	巴氏杀菌；见液态奶；豆腐烹饪：60~65℃ >30 min	奶酪制造	pH 值 5.2	无变化	—	—	在 pH 值 5.2 时发生相的分离	Fox et al.，2000b
切打奶酪	巴氏杀菌；见液态奶；凝乳烹饪：35~40℃ >30 min	奶酪制造	pH 值 6（凝乳形成）；pH 值 5.2（熟化）	无变化	老化	无变化	在 pH 值 6 时发生相的分离。由于可用数据有限，熟化导致无变化，即乳酪熟化对药物残留浓度没有影响	Lawrence et al.，1999

（续表）

乳制品	加热：温度/时间条件	加热：建模类别（见后文）	pH 变化/培养	pH 变化/培养：对模型的影响（见后文）	处理	对模型的影响（见后文）	评论	参考文献
加工奶酪（美国）	巴氏杀菌；见液态奶；凝乳烹饪：参见马苏里拉奶酪和切打奶酪。 额外加热：70～95℃/4～15 min（典型行业操作）；65.5℃/30 s（合法最小）；	加工奶酪制造	pH 值 5.8	无变化	老化	无变化	熟化结果没有变化，因为有限的现有数据表明奶酪熟化对药物残留浓度没有影响	Fox et al.，2000b

附录 5.16　标准 C：WWEIA/NHANES 受访者食用的食品中含有的乳制品

表 A5.27　WWEIA/NHANES 受访者食用的食品中含有的乳制品

乳制品	WWEIA/NHANES 食物代码	WWEIA/NHANES 食物说明	乳制品成分（%）
黄油	13210180	布丁，墨西哥面包（辣椒面包）	1.73
黄油	26311120	烤龙虾	3.01
黄油	27135050	牛肉丸	8
黄油	27146250	鸡肉或火鸡	7.19
黄油	27146400	基辅炸鸡	9.65
黄油	27150060	纽堡式火锅龙虾	6
黄油	27150070	黄油酱龙虾（混合）	3
黄油	27150130	纽堡海鲜	6.11
黄油	27150230	蒜蓉大虾意大利面	18.15
黄油	27220190	加奶油或白酱的香肠和面条（混合）	2.03
黄油	27250040	蟹饼	4.29
黄油	27250260	烤龙虾馅面包	8.58
黄油	28110220	牛腰肉，切碎，加肉汁，马铃薯泥，蔬菜（冷冻食品）	3.92
黄油	28110270	肉汁牛肉、马铃薯、蔬菜（冷冻食品）	0.97
黄油	28110310	索尔兹伯里肉汁牛排，马铃薯，蔬菜（冷冻食品）	5.04
黄油	28110390	索尔兹伯里肉汁牛排，马铃薯，蔬菜，甜点（冷冻食品）	0.1
黄油	28110620	牛肉短肋，无骨，配烧烤酱，马铃薯，蔬菜（冷冻食品）	—
黄油	28110640	瑞典肉丸，酱汁，配面条（冷冻食品）	—
黄油	28143010	鸡肉和蔬菜，米饭，东方风味（冷冻食品）	—
黄油	28143150	鸡肉蔬菜面（冷冻食品）	—
黄油	28143170	奶油酱汁鸡肉和面条和蔬菜（冷冻食品）	—
黄油	28143180	牛油鸡肉加马铃薯和蔬菜（冷冻食品）	—
黄油	28143190	蘑菇鸡，白米和野生米，蔬菜（速冻粉）	—
黄油	28143200	酱油鸡肉、米饭和蔬菜（冷冻食品）	—
黄油	28143210	橙汁鸡肉配杏仁饭（速冻膳食）	—
黄油	28144100	鸡肉和蔬菜面条加奶油酱（速冻粉）	—

（续表）

乳制品	WWEIA/NHANES 食物代码	WWEIA/NHANES 食物说明	乳制品成分 （%）
黄油	28145100	火鸡配调味料、肉汁、蔬菜和水果（速冻食品）	—
黄油	28150210	菠菜碎黑线鱼（速冻粉）	—
黄油	28150220	西兰花切碎，比目鱼（速冻食品）	—
黄油	28150510	柠檬黄油酱鱼加淀粉，蔬菜（速冻粉）	—
黄油	28152030	海鲜，米饭，蔬菜（冷冻食品）	—
黄油	28154010	酱油虾和蔬菜面（速冻食品）	—
黄油	28355140	新英格兰蛤蜊汤，罐装，低钠，即食	—
黄油	28355310	炖牡蛎	—
黄油	32101500	鸡蛋	—
黄油	51108100	印度平面包	—
黄油	51158100	墨西哥卷	—
黄油	51188100	意大利式甜面包	—
黄油	53103550	蛋糕，黄油，无糖霜	—
黄油	53103600	奶油蛋糕、黄油	—
黄油	53115600	无糖罂粟籽蛋糕	—
黄油	53116350	蛋糕，普埃托里康风格（蓬克）	—
黄油	53215500	椰子饼干	—
黄油	53216000	坚果椰子饼干	—
黄油	53341750	馅饼	—
黄油	53441110	蜜糖果仁千层酥	—
黄油	53452170	糕点，饼干型（油炸食品）	—
黄油	53520200	吉事果	—
黄油	54403020	爆米花，油爆米花，黄油	—
黄油	54403040	爆米花，空气弹，黄油	—
黄油	58120120	牛肉、猪肉、鱼或家禽，无酱汁	—
黄油	58122220	肉汤，马铃薯	—
黄油	58124250	传统希腊式馅饼	—
切打奶酪	28143220	小牛肉与辣椒酱，米饭（冷冻食品）	—
切打奶酪	28144100	鸡肉和蔬菜主菜，配上面条和奶油酱（冷冻食品）	—
切打奶酪	32105010	加奶酪煎鸡蛋卷或炒鸡蛋	—
切打奶酪	32105045	煎鸡蛋卷或炒鸡蛋，配上奶酪和深绿色蔬菜	—
切打奶酪	32105055	煎鸡蛋卷或炒鸡蛋，配上奶酪和非深绿色蔬菜	—
切打奶酪	32105080	煎鸡蛋卷或炒鸡蛋，配上火腿或培根和奶酪	—
切打奶酪	32105081	煎鸡蛋卷或炒鸡蛋，配上火腿或培根、奶酪和深绿色蔬菜	—

（续表）

乳制品	WWEIA/NHANES 食物代码	WWEIA/NHANES 食物说明	乳制品成分（%）
切打奶酪	32105082	煎鸡蛋卷或炒鸡蛋，配上火腿或培根、奶酪和非深绿色蔬菜	—
切打奶酪	32105085	煎鸡蛋卷或炒鸡蛋，配上火腿或培根、奶酪和番茄	—
切打奶酪	32105119	煎鸡蛋卷或炒鸡蛋，配上香肠、奶酪和非深绿色蔬菜	—
切打奶酪	32105121	煎鸡蛋卷或炒鸡蛋，配上香肠和奶酪	—
切打奶酪	32105126	煎鸡蛋卷或炒鸡蛋，配上热狗和奶酪	—
切打奶酪	32105150	煎鸡蛋卷或炒鸡蛋，配上奶酪、豆类、番茄和辣椒酱	—
切打奶酪	32105161	煎鸡蛋卷或炒鸡蛋，配上香肠和奶酪	—
切打奶酪	32105190	鸡蛋砂锅，配上面包、奶酪、牛奶和肉	—
切打奶酪	32400050	蛋白煎鸡蛋卷或炒蛋，配上奶酪	—
切打奶酪	41205020	豆泥奶酪	—
切打奶酪	51111010	面包，配奶酪	—
切打奶酪	51111040	面包，配奶酪，烘烤	—
切打奶酪	51154600	面包卷，配奶酪	—
切打奶酪	53452450	芝士泡芙	—
切打奶酪	54327950	薄脆饼干，圆柱形，花生酱填充	—
切打奶酪	54328110	饼干，夹心式，花生酱填充，减少脂肪	—
切打奶酪	54402500	咸味小吃，小麦和玉米片	—
切打奶酪	54408300	椒盐脆饼，奶酪填充	—
切打奶酪	54420200	杂粮混合物，面包棒、芝麻酱、椒盐脆饼、黑麦片	—
切打奶酪	58100120	卷饼，配上牛肉，豆子和奶酪	—
切打奶酪	58100130	卷饼，配上牛肉和奶酪，无豆	—
切打奶酪	58100140	卷饼，配上牛肉、豆类、奶酪和酸奶油	—
切打奶酪	58100160	墨西哥卷饼，配上牛肉、豆类、米饭和奶酪	—
切打奶酪	58100220	墨西哥卷饼，配上鸡肉、豆子和奶酪	—
切打奶酪	58100230	墨西哥卷饼，配上鸡肉和奶酪	—
切打奶酪	58100245	卷饼，配上鸡肉、豆角、奶酪和酸奶油	—
切打奶酪	58100250	墨西哥卷饼，配上鸡肉、米饭和奶酪	—
切打奶酪	58100255	卷饼，配上鸡肉、豆类、米饭和奶酪	—
切打奶酪	58100320	墨西哥卷饼，配上豆子和奶酪，无肉	—
切打奶酪	58100330	卷饼包括米饭、豆类、奶酪、酸奶油、生菜、番茄和鳄梨酱，无肉	—
切打奶酪	58100350	墨西哥卷饼，配上鸡蛋和奶酪，无豆	—
切打奶酪	58100520	安吉拉卷，配上牛肉、豆类和奶酪	—
切打奶酪	58100530	安吉拉卷，配上牛肉和奶酪，无豆	—

（续表）

乳制品	WWEIA/NHANES 食物代码	WWEIA/NHANES 食物说明	乳制品成分（%）
切打奶酪	58100560	安吉拉卷，配上火腿和奶酪，无豆	—
切打奶酪	58100620	安吉拉卷，配上鸡肉、豆类和奶酪、番茄酱	—
切打奶酪	58100630	安吉拉卷，配上鸡肉和奶酪、无豆、番茄酱	—
切打奶酪	58100720	辣酱玉米饼，配上豆子和奶酪，无肉	—
切打奶酪	58100800	安吉拉卷，配上奶酪，无肉、无豆	—
切打奶酪	58101300	炸玉米饼或炸玉米粉圆饼，配上牛肉、奶酪和生菜	—
切打奶酪	58101320	炸玉米饼或炸玉米粉圆饼，配上牛肉、奶酪、生菜、番茄和沙拉	—
切打奶酪	58101350	软的炸玉米饼，配上牛肉、奶酪、生菜、番茄和酸奶油	—
切打奶酪	58101400	软的炸玉米饼，配上牛肉、奶酪和生菜	—
切打奶酪	58101450	软的炸玉米饼，配上鸡肉、奶酪和生菜	—
切打奶酪	58101460	软的炸玉米饼，配上鸡肉、奶酪、生菜、番茄和酸奶油	—
切打奶酪	58101520	炸玉米饼或炸玉米粉圆饼，配上鸡肉、奶酪、生菜、番茄和沙拉	—
切打奶酪	58101530	软的炸玉米饼，配上牛肉、奶酪、生菜、番茄和沙拉	—
切打奶酪	58101600	软的炸玉米饼，配上豆类、奶酪和生菜	—
切打奶酪	58101610	软的炸玉米饼，配上奶酪、生菜、番茄或沙拉	—
切打奶酪	58101615	软的炸玉米饼，配上奶酪、生菜、番茄或沙拉、酸奶油	—
切打奶酪	58101720	炸玉米饼或炸玉米粉圆饼，配上豆子和奶酪、无肉，配上生菜、番茄和沙拉	—
切打奶酪	58101730	炸玉米饼或炸玉米粉圆饼，配上豆子、奶酪、肉、生菜、番茄和沙拉	—
切打奶酪	58101820	墨西哥砂锅由碎牛肉、豆类、番茄酱、奶酪、塔科调味料和玉米片制成	—
切打奶酪	58101830	墨西哥砂锅由碎牛肉、番茄酱、奶酪、塔科调味料和玉米片制成	—
切打奶酪	58101910	炸玉米饼或炸玉米粉圆饼，配上沙拉、牛肉和奶酪、玉米片	—
切打奶酪	58101930	塔科或炸玉米粉圆饼，配上沙拉、牛肉、豆类和奶酪	—
切打奶酪	58101940	塔科或炸玉米粉圆饼，配上沙拉、肉类、奶酪	—
切打奶酪	58104080	玉米片，配上牛肉，豆子，奶酪和酸奶油	—
切打奶酪	58104090	玉米片，配上奶酪和酸奶油	—
切打奶酪	58104120	玉米片，配上豆子和奶酪	—
切打奶酪	58104130	玉米片，配上牛肉，豆子和奶酪	—
切打奶酪	58104140	玉米片，配上牛肉和奶酪	—
切打奶酪	58104180	玉米片，配上牛肉、豆类、奶酪、西红柿、酸奶油和洋葱	—

（续表）

乳制品	WWEIA/NHANES 食物代码	WWEIA/NHANES 食物说明	乳制品成分（%）
切打奶酪	58104250	玉米片，配上鸡肉或火鸡和奶酪	—
切打奶酪	58104260	墨西哥拼盘，有豆、奶酪、生菜和番茄	—
切打奶酪	58104280	墨西哥拼盘，有牛肉、奶酪、生菜、番茄和酸奶油	—
切打奶酪	58104290	墨西哥拼盘，有牛肉、奶酪、生菜、番茄和沙拉	—
切打奶酪	58104310	墨西哥拼盘，有豆子、鸡肉、奶酪、生菜和番茄	—
切打奶酪	58104320	墨西哥拼盘，有鸡肉、奶酪、生菜、番茄和酸奶油	—
切打奶酪	58104340	墨西哥拼盘，有鸡肉、奶酪、生菜、番茄和沙拉	—
切打奶酪	58104510	香辣馅炸玉米饼，配上牛肉、奶酪、生菜和番茄	—
切打奶酪	58104520	香辣馅炸玉米饼，配上豆类和奶酪，无肉、生菜和番茄	—
切打奶酪	58104530	香辣馅炸玉米饼，配上鸡肉和奶酪	—
切打奶酪	58104710	墨西哥馅饼配上奶酪，无肉	—
切打奶酪	27446315	鸡肉或火鸡沙拉加培根（鸡肉或火鸡、培根、奶酪、生菜或蔬菜、番茄或胡萝卜、其他蔬菜），不加调味料	—
切打奶酪	27446320	鸡肉或火鸡（面包，油炸）花园沙拉，培根（鸡肉或火鸡培根，奶酪，生菜或蔬菜，番茄或胡萝卜，其他蔬菜），不加调味料	—
切打奶酪	27460490	朱丽安沙拉（肉、奶酪、鸡蛋、蔬菜），不加调味料	—
切打奶酪	27460510	火腿，鱼，奶酪，蔬菜	—
切打奶酪	27500200	用肉、家禽或鱼、蔬菜和奶酪包好的三明治	—
切打奶酪	27510420	塔科汉堡，包子	—
切打奶酪	27540210	用鸡肉条（面包、油炸）、奶酪、生菜包好，然后铺好	—
切打奶酪	27540300	用鸡肉条、奶酪、生菜包好，然后撒好	—
切打奶酪	27560705	香肠球（用饼干和奶酪制成）	—
切打奶酪	28110380	索尔兹伯里牛排加肉汁，通心粉和奶酪，蔬菜（冷冻食品）	—
切打奶酪	28140150	冷冻鸡肉餐	—
切打奶酪	58104730	油炸玉米粉饼，配上肉和奶酪	—
切打奶酪	58104740	油炸玉米粉饼，配上家禽肉和奶酪	—
切打奶酪	58106910	薄皮海鲜披萨	—
切打奶酪	58106920	厚皮海鲜披萨	—
切打奶酪	58107220	薄皮白披萨	—
切打奶酪	58107225	普通皮白披萨	—
切打奶酪	58107230	厚皮白披萨	—
切打奶酪	58108000	半圆形烤馅饼，配上奶酪，无肉	—
切打奶酪	58116115	馅饼、墨西哥卷饼，里面装满了奶酪和蔬菜	—
切打奶酪	58116310	馅饼，波多黎各式的风格（巴斯德奶酪，小馅饼）	—

（续表）

乳制品	WWEIA/NHANES 食物代码	WWEIA/NHANES 食物说明	乳制品成分（%）
切打奶酪	58120110	薄饼，装满肉、鱼或家禽，加酱油	—
切打奶酪	58125180	奶酪乳蛋饼，无肉	—
切打奶酪	58126150	卷饼，肉和奶酪填充，配上番茄酱	—
切打奶酪	58126270	卷饼，鸡肉或火鸡肉、奶酪填充，无肉汁	—
切打奶酪	58126290	卷饼，肉和奶酪填充，低脂	—
切打奶酪	58127150	糕点，蔬菜和奶酪夹心	—
切打奶酪	58130013	意大利千层面，配上肉酱罐头	—
切打奶酪	58131323	肉馅的馄饨，配上番茄酱或肉酱罐头	—
切打奶酪	58131523	奶酪陷的馄饨，配上番茄酱罐头	—
切打奶酪	58145115	通心粉或面条、奶酪和备好的芝士，在盒内混合	—
切打奶酪	58145120	通心粉或面条、奶酪和金枪鱼	—
切打奶酪	58145130	通心粉或面条、奶酪和牛肉	—
切打奶酪	58146150	意大利面，配上奶酪和番茄酱，无肉	—
切打奶酪	58148180	通心粉或意大利面，配上奶酪、沙拉	—
切打奶酪	58161110	米饭砂锅，配上奶酪	—
切打奶酪	58161120	糙米砂锅，配上奶酪	—
切打奶酪	58162090	肉塞辣椒	—
切打奶酪	58162110	米饭和肉塞辣椒	—
切打奶酪	58162120	米饭塞辣椒	—
切打奶酪	58302000	通心粉和奶酪（减肥冷冻食品）	—
切打奶酪	58303100	米饭，配上西兰花、芝士酱	—
切打奶酪	58304010	意大利面和肉丸冷冻餐	—
切打奶酪	58305250	意大利面配蔬菜和芝士（饮食冷冻食品）	—
切打奶酪	58306010	牛肉玉米卷饼冷冻餐	—
切打奶酪	58306020	牛肉辣酱玉米饼馅，配上辣椒肉汁、大米、炸豆泥（冷冻食品）	—
切打奶酪	58306070	奶酪辣酱玉米饼馅（减肥餐）	—
切打奶酪	58306100	鸡肉玉米卷饼（饮食冷冻餐食品）	—
切打奶酪	71301020	白马铃薯，煮熟的，配上奶酪	—
切打奶酪	71301120	白马铃薯，煮熟的，配上火腿和奶酪	—
切打奶酪	71405100	白马铃薯，炸薯饼，配上奶酪	—
切打奶酪	71410500	白马铃薯皮和坚果肉，油炸，配上奶酪	—
切打奶酪	71411000	白马铃薯皮和坚果肉，油炸，配上奶酪和培根	—
切打奶酪	71501070	白马铃薯，干的，捣碎，配上牛奶、脂肪和鸡蛋	—

（续表）

乳制品	WWEIA/NHANES 食物代码	WWEIA/NHANES 食物说明	乳制品成分（%）
切打奶酪	71507040	白马铃薯，填充，烘烤，果皮不吃，里面塞满西兰花和芝士	—
切打奶酪	71508040	白马铃薯，酿，烤，剥皮，塞满西兰花和芝士	—
切打奶酪	71801100	马铃薯奶酪汤	—
切打奶酪	72125250	菠菜，煮熟的，配上少量芝士	—
切打奶酪	72125251	新鲜菠菜，配上芝士烹饪	—
切打奶酪	72125252	冷冻菠菜，煮熟的，配上芝士	—
切打奶酪	72125253	罐装菠菜，配上芝士煮熟	—
切打奶酪	72201230	西兰花，煮熟的，配上少量芝士	—
切打奶酪	72201231	新鲜西兰花，配上芝士烹饪	—
切打奶酪	72201232	冷冻西兰花，煮熟的，配上芝士	—
切打奶酪	73102251	新鲜胡萝卜，配上芝士烹饪	—
切打奶酪	73102252	冷冻胡萝卜，煮熟的，配上芝士	—
切打奶酪	73305010	南瓜，冬季的，烤，配上奶酪	—
切打奶酪	75140500	西兰花沙拉，配上花椰菜、奶酪、培根和调味酱	—
切打奶酪	75143200	生菜沙拉，配上芝士、番茄或胡萝卜，其他蔬菜可有可无，无调味品	—
切打奶酪	75143350	生菜沙拉，配上鸡蛋、奶酪、番茄或胡萝卜，其他蔬菜可有可无，无调味品	—
切打奶酪	75145000	七层沙拉（用洋葱、芹菜、青椒、豌豆、蛋黄酱、奶酪、鸡蛋或培根组合制成的生菜沙拉）	—
切打奶酪	75401010	芦笋，生理盐水泡的，配上奶油或芝士	—
切打奶酪	75401011	新鲜芦笋，配上奶油或芝士搅成糊状	—
切打奶酪	75401012	冷冻芦笋，煮熟的，配上奶油或芝士搅成糊状	—
切打奶酪	75403010	豆子，成串的，绿的，配上少量奶油或芝士	—
切打奶酪	75403011	新鲜豆子，成串的，绿的，配上奶油或芝士	—
切打奶酪	75403012	冷冻豆子，成串的，绿的，配上奶油或芝士	—
切打奶酪	75403013	罐装豆子，成串的，绿的，奶油或芝士	—
切打奶酪	75409010	花椰菜，配上少量奶油	—
切打奶酪	75409011	新鲜花椰菜，配上奶油	—
切打奶酪	75409012	冷冻花椰菜，配上奶油	—
切打奶酪	75409020	花椰菜，蘸面糊，炒	—
切打奶酪	75416600	豌豆沙拉，配上奶酪	—
切打奶酪	75418040	南瓜，夏季的，配上芝士酱	—
乳清干酪	14200100	奶酪，松软干酪，冷冻餐状	—
乳清干酪	14201010	奶酪，松软干酪，奶油，大大小小的豆腐状	—

（续表）

乳制品	WWEIA/NHANES 食物代码	WWEIA/NHANES 食物说明	乳制品成分（%）
乳清干酪	14201200	松软奶酪，农场制得的	—
乳清干酪	14202010	奶酪，松软干酪，配上水果	—
乳清干酪	14202020	奶酪，松软干酪，配上蔬菜	—
乳清干酪	14203010	奶酪，松软干酪，干豆腐状	—
乳清干酪	14203020	奶酪，松软干酪，盐渍，干豆腐状	—
乳清干酪	14204010	奶酪，松软干酪，低脂（1%~2%脂肪）	—
乳清干酪	14204020	奶酪，松软干酪，低脂，脂肪调制	—
乳清干酪	14204030	奶酪，松软干酪，低脂，配上蔬菜	—
乳清干酪	14206010	奶酪，松软干酪，低脂肪，低钠	—
乳清干酪	14207010	奶酪，松软干酪，低脂肪，降低乳糖含量	—
乳清干酪	14610200	奶酪，松软干酪，配上果冻	—
乳清干酪	14610210	奶酪，松软干酪，配上果冻和水果	—
乳清干酪	14610250	奶酪，松软干酪，配上果冻和蔬菜	—
乳清干酪	53104550	芝士蛋糕，配上水果	—
乳清干酪	53251100	饼干，牛角包	—
乳清干酪	53400200	薄饼卷奶酪	—
乳清干酪	53400300	薄饼卷水果	—
乳清干酪	53511500	丹麦糕点，配上奶酪，无脂肪，无胆固醇	—
乳清干酪	58122320	克尼什芝士馅饼（装满奶酪的糕点）	—
鲜奶油	12130100	奶油，鲜，液体	—
鲜奶油	12140000	奶油，鲜，生的，甜	—
鲜奶油	13250000	巧克力慕斯	—
鲜奶油	13250100	慕斯，不是巧克力的	—
鲜奶油	13252600	提拉米苏	—
鲜奶油	14650160	意大利面酱	—
鲜奶油	28140730	鸡肉馅饼，裹面包屑，配上番茄酱和奶酪、阿尔弗雷多面条、蔬菜（冷冻食品）	—
鲜奶油	28143190	蘑菇酱腌鸡，配上白米和菰米，蔬菜（冷冻食品）	—
鲜奶油	53106500	蛋糕，奶油，没有结冰或打顶	—
鲜奶油	53118550	三奶蛋糕	—
鲜奶油	53341750	芝士馅饼	—
鲜奶油	53344300	甜点披萨	—
鲜奶油	53347100	树莓奶油馅饼	—
鲜奶油	53348000	草莓奶油馅饼	—
鲜奶油	53452420	糕点，泡芙，奶油蛋羹或奶油填充，冰或不冰	—

（续表）

乳制品	WWEIA/NHANES 食物代码	WWEIA/NHANES 食物说明	乳制品成分（%）
鲜奶油	58146130	意大利面配奶酪火腿酱	—
鲜奶油	63402960	水果沙拉（不含柑橘类水果）加奶油	—
鲜奶油	83105000	果汁，用果汁和奶油制成	—
鲜奶油	91501040	凝胶状点心，水果和鲜奶油制成	—
鲜奶油	93301400	爱尔兰咖啡	—
浓缩复合乳	11210050	牛奶，脱水，未标明脂肪含量（未标明稀释液，用于咖啡或茶，假设未经稀释）	—
浓缩复合乳	11211050	牛奶，脱水，全脂（未标明稀释液，用于咖啡或茶）	—
浓缩复合乳	11211400	牛奶，脱水，2%脂肪（未标明稀释液）	—
浓缩复合乳	11212050	牛奶，浓缩，加糖（未标明稀释液）	—
浓缩复合乳	11220000	牛奶，浓缩，甜味（未标明稀释液）	—
浓缩复合乳	11512500	西班牙式热巧克力饮料，波多黎各风格的，由牛奶制成	—
浓缩复合乳	11512510	热巧克力，波多黎各风格，由低脂牛奶制成	—
浓缩复合乳	13210350	奶油冻，波多黎各风格（布丁）	—
浓缩复合乳	13252100	椰子奶油冻，波多黎各风格［椰子（果）布丁］	—
浓缩复合乳	13252200	牛奶甜点或牛奶糖，波多黎各风格（牛奶太妃）	—
浓缩复合乳	53115600	蛋糕，罂粟籽，没有结冰	—
浓缩复合乳	53118550	三奶蛋糕	—
浓缩复合乳	53205600	饼干，焦糖涂层，配上坚果	—
浓缩复合乳	53211000	巧克力饼干，含坚果，为全麦饼干	—
浓缩复合乳	53247500	香草焦糖饼干，含椰子和巧克力涂层	—
浓缩复合乳	83112900	牛奶，配醋和糖酱	—
冰淇淋	11541000	奶昔，加微量香料	—
冰淇淋	11541100	奶昔，自制或喷泉型，加微量香料	—
冰淇淋	11541110	奶昔，自制或喷泉式巧克力味	—
冰淇淋	11541120	奶昔，自制或喷泉型，巧克力以外的口味	—
冰淇淋	11541400	麦芽奶昔	—
冰淇淋	11541500	奶昔，用脱脂牛奶、巧克力制成	—
冰淇淋	11541510	奶昔，用脱脂牛奶制成的，除巧克力以外的其他口味	—
冰淇淋	11542000	奶昔，淡淡的味道	—
冰淇淋	11542100	奶昔，巧克力味	—
冰淇淋	11542200	奶昔，除了巧克力以外的口味	—
冰淇淋	13110000	冰淇淋，常规口味	—
冰淇淋	13110100	冰淇淋，除巧克力以外的常规口味	—
冰淇淋	13110110	冰淇淋，常规，巧克力	—

（续表）

乳制品	WWEIA/NHANES 食物代码	WWEIA/NHANES 食物说明	乳制品成分（%）
冰淇淋	13110120	冰淇淋，浓郁香味，除了巧克力以外	—
冰淇淋	13110130	冰淇淋，浓郁巧克力味	—
冰淇淋	13110140	冰淇淋，非常淡的味道	—
冰淇淋	13110200	冰淇淋，软饮料，巧克力以外的味道	—
冰淇淋	13110210	冰淇淋，软饮料，巧克力味	—
冰淇淋	13110220	冰淇淋，软冰淇淋，淡香味	—
冰淇淋	13110310	冰淇淋，不添加糖，淡淡的风味	—
冰淇淋	13110320	冰淇淋，不加糖，除巧克力以外的口味	—
冰淇淋	13110330	冰淇淋，不加糖，巧克力味	—
冰淇淋	13120050	冰淇淋棒或棒，不用巧克力或糕点覆盖	—
冰淇淋	13120100	冰淇淋棒或棒，巧克力覆盖	—
冰淇淋	13120110	冰淇淋棒或棒，巧克力或焦糖覆盖，加入坚果	—
冰淇淋	13120120	冰淇淋棒或棒，浓郁的巧克力味冰淇淋，浓厚的巧克力覆盖	—
冰淇淋	13120121	冰淇淋棒或棒，浓厚的巧克力覆盖	—
冰淇淋	13120130	冰淇淋棒或棒，巧克力覆盖，加入坚果	—
冰淇淋	13120140	冰淇淋棒或棒，巧克力味，巧克力覆盖	—
冰淇淋	13120300	冰淇淋棒，糕点覆盖	—
冰淇淋	13120400	冰淇淋棒或棒，加入水果	—
冰淇淋	13120500	冰淇淋三明治	—
冰淇淋	13120550	冰淇淋饼干三明治	—
冰淇淋	13120700	坚果冰淇淋，巧克力以外的味道	—
冰淇淋	13120710	冰淇淋蛋筒，巧克力外皮，加入坚果，巧克力以外的味道	—
冰淇淋	13120720	冰淇淋蛋筒，巧克力覆盖或浸渍，巧克力以外的味道	—
冰淇淋	13120730	冰淇淋蛋筒除了巧克力之外，不打顶	—
冰淇淋	13120740	冰淇淋蛋筒，不打顶，淡淡的风味	—
冰淇淋	13120750	冰淇淋蛋筒，加入坚果，巧克力冰淇淋	—
冰淇淋	13120760	冰淇淋蛋筒，巧克力覆盖或浸渍，巧克力冰淇淋	—
冰淇淋	13120770	冰淇淋蛋卷，不打顶，巧克力冰淇淋	—
冰淇淋	13120780	冰淇淋蛋卷，巧克力覆盖，加坚果，巧克力冰淇淋	—
冰淇淋	13120790	冰淇淋圣代锥	—
冰淇淋	13120800	冰淇淋苏打水，巧克力以外的味道	—
冰淇淋	13120810	冰淇淋苏打水，巧克力味	—
冰淇淋	13121000	冰淇淋圣代，稍微加其他的修饰，奶油打顶	—

（续表）

乳制品	WWEIA/NHANES 食物代码	WWEIA/NHANES 食物说明	乳制品成分（%）
冰淇淋	13121100	冰淇淋圣代，加果酱、奶油	—
冰淇淋	13121200	冰淇淋圣代，预包装类型，巧克力以外的口味	—
冰淇淋	13121300	冰淇淋圣代，加巧克力或软糖奶油、奶油	—
冰淇淋	13121400	冰淇淋圣代，加奶油而不是水果或巧克力配料，	—
冰淇淋	13121500	冰淇淋圣代，加奶油芝士、糕点、奶油	—
冰淇淋	13122100	冰淇淋派，没有外壳	—
冰淇淋	13122500	冰淇淋派，饼干外壳，使用软糖面包和奶油	—
冰淇淋	13126000	炸冰淇淋	—
冰淇淋	13130100	淡冰淇淋，淡淡的奶味（以前称为冰牛奶）	—
冰淇淋	13130300	淡冰淇淋，除巧克力以外的口味（以前称为冰奶）	—
冰淇淋	13130310	淡冰淇淋，巧克力味（以前称为冰牛奶）	—
冰淇淋	13130320	淡冰淇淋，不添加糖，淡淡的风味	—
冰淇淋	13130330	淡冰淇淋，不加糖，除巧克力以外的口味	—
冰淇淋	13130340	淡冰淇淋，不加糖，巧克力味	—
冰淇淋	13130590	淡冰淇淋，软冰淇淋，淡淡的味道（以前称为冰牛奶）	—
冰淇淋	13130600	淡冰淇淋，软冰淇淋，巧克力以外的味道（以前称为冰奶）	—
冰淇淋	13130610	淡冰淇淋，软冰淇淋，巧克力味（以前称为冰牛奶）	—
冰淇淋	13130620	淡冰淇淋，软冰淇淋，巧克力以外的味道（以前称为冰奶）	—
冰淇淋	13130630	淡冰淇淋，软冰淇淋，巧克力味（以前称为冰牛奶）	—
冰淇淋	13130640	淡冰淇淋，软冰淇淋，淡淡的香味（以前称为冰牛奶）	—
冰淇淋	13130700	淡冰淇淋，软冰淇淋，配上糖果或饼干混合	—
冰淇淋	13135000	用冰淇淋做的冰淇淋三明治，巧克力以外的味道	—
冰淇淋	13135010	冰淇淋三明治，用淡巧克力冰淇淋制成	—
冰淇淋	13136000	冰淇淋三明治，用淡巧克力冰淇淋制成，不加糖加冰淇淋	—
冰淇淋	13140100	淡冰淇淋，棒，巧克力涂层（以前称为冰牛奶）	—
冰淇淋	13140110	淡冰淇淋，棒，巧克力覆盖，加坚果（以前称为冰牛奶）	—
冰淇淋	13140450	淡冰淇淋，锥形，常规（以前称为冰牛奶）	—
冰淇淋	13140500	淡冰淇淋，锥形巧克力味（以前称为冰牛奶）	—
冰淇淋	13140550	淡冰淇淋，锥形巧克力味（以前称为冰牛奶）	—
冰淇淋	13140600	冰淇淋，圣代冰淇淋，软冰淇淋，使用巧克力或软糖奶油、奶油（以前称为冰牛奶）	—
冰淇淋	13140630	淡冰淇淋，圣代，软冰淇淋，果酱，奶油（以前称为冰牛奶）	—

（续表）

乳制品	WWEIA/NHANES 食物代码	WWEIA/NHANES 食物说明	乳制品成分（%）
冰淇淋	13140650	淡冰淇淋，圣代冰淇淋，软冰淇淋，不包括水果或巧克力雪顶，加奶油（以前称为冰牛奶）	—
冰淇淋	13140660	淡冰淇淋，圣代，软冰淇淋，巧克力或软糖雪顶（不含鲜奶油）（以前称为冰牛奶）	—
冰淇淋	13140670	淡冰淇淋，圣代，软冰淇淋，果汁（不含鲜奶油）（以前称为冰牛奶）	—
冰淇淋	13140680	淡冰淇淋，圣代冰淇淋，软冰淇淋，不包括水果或巧克力雪顶（不含鲜奶油）（以前称为冰牛奶）	—
冰淇淋	13140700	淡冰淇淋，冰淇淋或奶棒（以前称为冰牛奶）	—
冰淇淋	13140900	淡冰淇淋，软糖棒冰（以前称为冰牛奶）	—
冰淇淋	13142000	牛奶甜点棒或者棍，冷冻的，加上椰子	—
冰淇淋	13160150	无脂冰淇淋，不加糖，巧克力味	—
冰淇淋	13160160	无脂冰淇淋，不加糖，除巧克力以外的其他口味	—
冰淇淋	13160400	无脂冰淇淋，除巧克力之外的其他口味	—
冰淇淋	13160410	无脂冰淇淋，巧克力味	—
冰淇淋	13160420	不含脂肪的冰淇淋，淡淡的味道	—
冰淇淋	13161000	牛奶甜点棒，冷冻的，由低脂牛奶制成	—
冰淇淋	13161500	牛奶甜点夹心棒，冷冻，由低脂牛奶制成	—
冰淇淋	13161520	牛奶甜点夹心棒，冷冻，含有低热量甜味剂，由低脂牛奶制成	—
冰淇淋	13161600	牛奶甜点棒，冷冻，由低脂牛奶和低热量甜味剂制成	—
冰淇淋	13161630	淡冰淇淋棒或棍，低热量甜味剂，巧克力涂层（以前称为冰牛奶）	—
冰淇淋	13170000	火焰冰淇淋	—
冰淇淋	53112000	蛋糕，冰淇淋和蛋糕卷，巧克力味	—
冰淇淋	53112100	蛋糕，冰淇淋和蛋糕卷，而不是巧克力味	—
冰淇淋	53430300	可丽饼，甜点类型，冰淇淋填充	—
冰淇淋	91611050	冰棒充满冰淇淋，所有风味品种	—
液态奶	11100000	牛奶，常规	—
液态奶	11111000	乳，牛的，液体，整体	—
液态奶	11111100	乳，牛奶，液体，整体，低钠	—
液态奶	11111150	乳，钙强化，牛的，液体，整体	—
液态奶	11111160	乳，钙强化，牛的，液体，1%脂肪	—
液态奶	11111170	乳，强化钙，牛的，液体，脱脂或低脂	—
液态奶	11112000	乳，牛的，液体，除整体外，脂肪含量为2%，1%或脱脂	—

（续表）

乳制品	WWEIA/NHANES 食物代码	WWEIA/NHANES 食物说明	乳制品成分（%）
液态奶	11112110	乳，牛的，液体，2%脂肪	—
液态奶	11112120	乳，牛的，液体，嗜酸乳杆菌，1%脂肪	—
液态奶	11112130	乳，牛的，液体，嗜酸乳杆菌，2%脂肪	—
液态奶	11112210	乳，牛的，液体，1%脂肪	—
液态奶	11113000	乳，牛的，液体，脱脂或低脂乳，0.5%或更少的乳脂	—
液态奶	11114000	乳，牛的，液体，充满植物油，未标明脂肪百分比	—
液态奶	11114100	乳，牛的，液体，充满植物油，整体	—
液态奶	11114200	乳，牛的，液体，充满植物油，低脂肪	—
液态奶	11114300	乳，牛的，液体，乳糖减少，1%脂肪	—
液态奶	11114310	牛奶，奶牛，液体，低乳糖，1%脂肪，富含钙	
液态奶	11114320	牛奶，奶牛，液体，低乳糖，无脂肪	
液态奶	11114321	牛奶，奶牛，液体，低乳糖，无脂肪，富含钙	
液态奶	11114330	牛奶，奶牛，液体，低乳糖，2%脂肪	
液态奶	11114350	牛奶，奶牛，液体，低乳糖，全部	
液态奶	11115000	脱脂乳，液体，无脂肪	
液态奶	11115100	脱脂乳，液体，1%脂肪	
液态奶	11115200	脱脂乳，液体，2%脂肪	
液态奶	11115300	脱脂乳，液体，全部	
液态奶	11511000	牛奶，巧克力，未进一步标明	
液态奶	11511100	牛奶，巧克力，全脂牛奶为主	
液态奶	11511200	牛奶，巧克力，减脂牛奶为主，2%（以前称“低脂”）	
液态奶	11511300	牛奶，巧克力，脱脂奶为主	
液态奶	11511400	牛奶，巧克力，低脂牛奶为主	
液态奶	11512000	可可，热巧克力，不来自干混料，全脂牛奶制成	
液态奶	11513000	可可粉和糖混合物，添加牛奶，未指定牛奶的类型	
液态奶	11513100	可可粉和糖混合物，添加全脂牛奶	
液态奶	11513150	可可粉和糖混合物，添加减脂牛奶	
液态奶	11513200	可可粉和糖混合物，添加低脂牛奶	
液态奶	11513300	可可粉和糖混合物，添加脱脂牛奶	
液态奶	11513400	巧克力酱，添加牛奶，未指定牛奶的类型	
液态奶	11513500	巧克力酱，添加全脂牛奶	
液态奶	11513550	巧克力酱，添加减脂牛奶	
液态奶	11513600	巧克力酱，添加低脂牛奶	
液态奶	11513700	巧克力酱，添加脱脂牛奶	

（续表）

乳制品	WWEIA/NHANES食物代码	WWEIA/NHANES食物说明	乳制品成分（%）
液态奶	11516000	可可，乳清，和低热量甜味剂混合物，添加低脂牛奶	
液态奶	11519000	牛奶饮料，全脂牛奶制成，除巧克力以外的口味	
液态奶	11519040	牛奶，除巧克力以外的口味，未进一步标明	
液态奶	11519050	牛奶，除巧克力以外的口味，全脂牛奶为主	
液态奶	11519105	牛奶，除巧克力以外的口味，减脂牛奶为主	
液态奶	11519200	牛奶，除巧克力以外的口味，低脂牛奶为主	
液态奶	11519205	牛奶，除巧克力以外的口味，脱脂牛奶为主	
液态奶	11525000	牛奶，麦芽，强化，天然口味，由牛奶制成	
液态奶	11526000	牛奶，麦芽，强化，巧克力，由牛奶制成	
液态奶	11531000	蛋酒，由全脂牛奶制成	
液态奶	11531500	蛋酒，由2%减脂牛奶制成（以前用2%减脂牛奶做蛋酒）	
液态奶	11541000	奶昔，未指定风味和类型	
液态奶	11541110	奶昔，自制或喷泉式，巧克力	
液态奶	11541120	奶昔，自制或喷泉式，除巧克力以外的口味	
液态奶	11551400	麦芽奶昔	
液态奶	11551050	牛奶果汁饮料	
液态奶	11560000	巧克力风味饮料，乳清和牛奶为基础	
液态奶	11560020	调味牛奶饮料，乳清和牛奶为基础，除巧克力以外的口味	
液态奶	11561000	咖啡牛奶	
液态奶	11561010	糖制咖啡牛奶	
液态奶	11611000	即时早餐，液体，听装	
液态奶	11612000	即时早餐，粉末，添加牛奶	
液态奶	11641000	膳食补充或替代，以牛奶为主，高蛋白，液体	
液态奶	11641020	膳食补充或替代，以牛奶为主，可直接饮用	
液态奶	13200110	布丁，未进一步标明	
液态奶	13210110	布丁，面包	
液态奶	13210220	布丁，巧克力，可直接食用，未指定干混或罐装	
液态奶	13210250	布丁，巧克力，可直接食用，低热量，含有人造甜味剂，未指定干混或罐装	
液态奶	13210270	卡仕达酱，波多黎各风格（Maicena，Natilla）	
液态奶	13210280	布丁，除巧克力以外的口味，可直接食用，未指定干混或罐装	
液态奶	13210290	布丁，除巧克力以外的口味，可直接食用，低热量，含有人造甜味剂，未指定干混或罐装	

（续表）

乳制品	WWEIA/NHANES 食物代码	WWEIA/NHANES 食物说明	乳制品成分（%）
液态奶	13210300	卡仕达酱	
液态奶	13210410	布丁，大米	
液态奶	13210450	布丁，大米口味，添加坚果（印度甜点）	
液态奶	13210500	布丁，木薯，来源于家庭食谱，由牛奶制成	
液态奶	13210520	布丁，木薯，来源于干混工艺，由牛奶制成	
液态奶	13210710	布丁，印度（牛奶，糖蜜和玉米面为基础的布丁）	
液态奶	13210750	布丁，南瓜	
液态奶	13210810	波多黎各南瓜布丁（Flan de calabaza）	
液态奶	13220110	布丁，除巧克力以外的口味，从干混合物中制备，添加牛奶	
液态奶	13220120	布丁，巧克力，从干混合物中制备，添加牛奶	
液态奶	13220210	布丁，除巧克力以外的口味，从干混合物中制备，低热量，含有人造甜味剂，添加牛奶	
液态奶	13220220	布丁，巧克力，从干混合物中制备，低热量，含有人造甜味剂，添加牛奶	
液态奶	13241000	布丁，用水果和香草薄饼	
液态奶	13250000	慕斯，巧克力	
液态奶	13411000	白酱，牛奶酱	
液态奶	13412000	牛奶肉汁，快速肉汁	
液态奶	14630200	奶酪蛋奶酥	
液态奶	14630300	威尔士干酪	
液态奶	14660200	起司，小圆块或小碎块，面包屑，油炸	
液态奶	14710100	切打奶酪汤	
液态奶	14710200	啤酒汤，由牛奶制作	
液态奶	21103110	牛排，面包屑或面粉，烘烤或油炸，NS 指食用脂肪	
液态奶	21103120	牛排，面包屑或面粉，烘烤或油炸，只探讨食用脂肪	
液态奶	21103130	牛排，面包屑或面粉，烘烤或油炸，只探讨食用脂肪	
液态奶	21500200	碎牛肉或肉饼，面包屑，需煮熟	
液态奶	22002100	猪肉，肉酱或小馅饼，需煮熟	
液态奶	22101400	猪排，糊状物，油炸，未标明食用脂肪	
液态奶	22101410	猪排，糊状物，油炸，肥瘦适中	
液态奶	22101420	猪排，糊状物，油炸，肥瘦适中	
液态奶	22201050	猪排牛排或炸肉排，糊状物，未标明食用脂肪	
液态奶	22201060	猪排牛排或炸肉排，糊状物，肥瘦适中	
液态奶	22201070	猪排牛排或炸肉排，糊状物，肥瘦适中	

（续表）

乳制品	WWEIA/NHANES 食物代码	WWEIA/NHANES 食物说明	乳制品成分（%）
液态奶	22210450	猪排，里脊肉，糊状物，油炸	
液态奶	26100130	鱼肉，未指定类型，裹面包屑或裹面炸脆，烘烤	
液态奶	26107130	鲶鱼，裹面包屑或裹面炸脆，烘烤	
液态奶	26109130	鳕鱼，裹面包屑或裹面炸脆，烘烤	
液态奶	26111130	黄花鱼，裹面包屑或裹面炸脆，烘烤	
液态奶	26115130	比目鱼，裹面包屑或裹面炸脆，烘烤	
液态奶	26117130	黑线鳕，裹面包屑或裹面炸脆，烘烤	
液态奶	26127130	鲈鱼，裹面包屑或裹面炸脆，烘烤	
液态奶	26141130	海鲈鱼，裹面包屑或裹面炸脆，烘烤	
液态奶	26151130	鳟鱼，裹面包屑或裹面炸脆，烘烤	
液态奶	26157130	无须鳕，裹面包屑或裹面炸脆，烘烤	
液态奶	26158020	罗非鱼，裹面包屑或裹面炸脆，烘烤	
液态奶	27113000	牛奶配奶油或白汁（混合）	
液态奶	27113200	乳酪碎片或干牛肉	
液态奶	27113300	瑞典肉丸加奶油或白汁（混合）	
液态奶	27114000	牛肉配蘑菇汤（混合）	
液态奶	27116300	糖醋酱牛肉（混合）	
液态奶	27120060	糖醋猪肉	
液态奶	27120090	火腿或猪肉配蘑菇汤（混合）	
液态奶	27120120	香肠肉汁	
液态奶	27143000	鸡肉或火鸡奶油沙司（混合）	
液态奶	27144000	鸡肉或火鸡配蘑菇汤（混合）	
液态奶	27146100	糖醋鸡肉或火鸡	
液态奶	27150030	帝王蟹	
液态奶	27150100	咖喱虾	
液态奶	27150170	糖醋虾	
液态奶	27211190	龙虾酱（肉汤为主）	
液态奶	27211500	牛肉和马铃薯配奶酪酱（混合）	
液态奶	27212050	牛肉和通心粉配奶酪酱（混合）	
液态奶	27212300	牛肉和面条配奶油或白汁（混合）	
液态奶	27212400	牛肉和面条配蘑菇汤（混合）	
液态奶	27213300	牛肉和米饭配奶油（混合）	
液态奶	27213400	牛肉和米饭配蘑菇汤（混合）	
液态奶	27214100	牛肉肉饼	

（续表）

乳制品	WWEIA/NHANES 食物代码	WWEIA/NHANES 食物说明	乳制品成分（%）
液态奶	27214110	牛肉肉饼配番茄酱	
液态奶	27220010	火腿肉饼（不是午餐肉）	
液态奶	27220030	火腿和米饭配蘑菇汤（混合）	
液态奶	27220080	火腿炸肉饼	
液态奶	27220150	香肠和米饭配蘑菇汤（混合）	
液态奶	27220190	香肠和米饭配奶油或白汁（混合）	
液态奶	27220520	火腿或猪肉和马铃薯配奶酪酱（混合）	
液态奶	27230010	牛肉或羊肉面包	
液态奶	27235000	鹿肉饼	
液态奶	27236000	鹿肉和面条配奶油或白汁（混合）	
液态奶	27242250	鸡肉或火鸡和面条配蘑菇汤（混合）	
液态奶	27242300	鸡肉或火鸡和面条配奶油或白汁（混合）	
液态奶	27243300	鸡肉或火鸡和米饭配奶油酱（混合）	
液态奶	27246100	鸡肉或火鸡配水饺（混合）	
液态奶	27246300	鸡肉或火鸡蛋糕，馅饼，或炸肉饼	
液态奶	27246400	鸡肉或火鸡蛋奶酥	
液态奶	27246500	鸡肉或火鸡肉饼	
液态奶	27246505	鸡肉或火鸡肉饼配番茄酱	
液态奶	27250110	扇贝和面条配奶酪酱（混合）	
液态奶	27250124	虾和面条配蘑菇汤（混合）	
液态奶	27250126	虾和面条配奶油或白汁（混合）	
液态奶	27250130	虾和面条配奶酪酱（混合）	
液态奶	27250250	比目鱼配螃蟹馅	
液态奶	27250610	金枪鱼面条砂锅配奶油或白汁	
液态奶	27250630	金枪鱼面条砂锅配蘑菇汤	
液态奶	27250810	鱼和米饭配番茄酱	
液态奶	27250820	鱼和米饭配奶油酱	
液态奶	27250830	鱼和米饭配蘑菇汤	
液态奶	27250900	鱼和面条配蘑菇汤	
液态奶	27260010	肉饼，未指定肉的类型	
液态奶	27260050	肉丸，配面包屑，未指定肉的类型，配肉汤	
液态奶	27260080	用牛肉和猪肉做成的肉饼	
液态奶	27260090	由牛肉，小牛肉和猪肉做成的肉饼	
液态奶	27260100	用牛肉和猪肉做成的肉饼，配番茄酱	

（续表）

乳制品	WWEIA/NHANES 食物代码	WWEIA/NHANES 食物说明	乳制品成分（%）
液态奶	27311510	牛肉配上牧羊人的馅饼	
液态奶	27313310	牛肉，面条，蔬菜（包括胡萝卜，西兰花和/或深绿色多叶植物），配蘑菇汤（混合）	
液态奶	27320030	火腿或猪肉，面条或蔬菜（排除胡萝卜，西兰花和/或深绿色多叶植物），配奶酪酱（混合）	
液态奶	27320120	香肠，马铃薯，和蔬菜（包括胡萝卜，西兰花和/或深绿色多叶植物），配卤酱（混合）	
液态奶	27320130	香肠，马铃薯，和蔬菜（排除胡萝卜，西兰花和/或深绿色多叶植物），配卤酱（混合）	
液态奶	27330010	羊肉配上牧羊人的馅饼	
液态奶	27341035	鸡肉或火鸡，马铃薯，和蔬菜（包括胡萝卜，西兰花和/或深绿色多叶植物），配奶油酱，白汁或蘑菇汤基酱（混合）	
液态奶	27341040	鸡肉或火鸡，马铃薯，和蔬菜（排除胡萝卜，西兰花和/或深绿色多叶植物），配奶油酱，白汁或蘑菇汤基酱（混合）	
液态奶	27343470	鸡肉或火鸡，面条，和蔬菜（包括胡萝卜，西兰花和/或深绿色多叶植物），配奶油酱，白汁或蘑菇汤基酱（混合）	
液态奶	27343480	鸡肉或火鸡，面条，和蔬菜（排除胡萝卜，西兰花和/或深绿色多叶植物），配奶油酱，白汁或蘑菇汤基酱（混合）	
液态奶	27343950	鸡肉或火鸡，面条，和蔬菜（包括胡萝卜，西兰花和/或深绿色多叶植物），配奶酪酱（混合）	
液态奶	27343960	鸡肉或火鸡，面条，和蔬菜（排除胡萝卜，西兰花和/或深绿色多叶植物），配奶酪酱（混合）	
液态奶	27347240	鸡肉或火鸡，水饺，和蔬菜（包括胡萝卜，西兰花和/或深绿色多叶植物），配卤酱（混合）	
液态奶	27347250	鸡肉或火鸡，水饺，和蔬菜（包括胡萝卜，西兰花和/或深绿色多叶植物），配卤酱（混合）	
液态奶	27350410	金枪鱼面条砂锅蔬菜和蘑菇汤	
液态奶	27443110	鸡肉或火鸡王配蔬菜（包括胡萝卜，西兰花和/或深绿色多叶植物（无番茄）），配奶油，白汁或蘑菇汤基酱	
液态奶	27443120	鸡肉或火鸡王配蔬菜（包括胡萝卜，西兰花和/或深绿色多叶植物（无番茄）），配奶油，白汁或蘑菇汤基酱	
液态奶	27443150	鸡或火鸡王	
液态奶	27450510	金枪鱼砂锅配蔬菜和蘑菇汤，无面条	
液态奶	27515080	牛排三明治，清淡，饼干	
液态奶	27550000	鱼肉三明治，面包，涂抹	
液态奶	27560300	玉米热狗（法兰克福香肠和带有玉米面包的热狗）	

（续表）

乳制品	WWEIA/NHANES 食物代码	WWEIA/NHANES 食物说明	乳制品成分（%）
液态奶	27560350	夹有香肠的薄烤饼（法兰克福香肠和裹在面团里的热狗）	
液态奶	28110330	索尔兹伯里牛排配肉汁，马铃薯，蔬菜，甜点（冷冻餐）	
液态奶	28110370	索尔兹伯里牛排配肉汁，配通心粉和奶酪，蔬菜（冷冻餐）	
液态奶	28110380	索尔兹伯里牛排配肉汁，配通心粉和奶酪（冷冻餐）	
液态奶	28140100	鸡肉晚餐，未进一步标明（冷冻餐）	
液态奶	28140150	鸡肉馅饼（冷冻餐）	
液态奶	28140810	鸡肉，油炸，马铃薯，蔬菜，甜点（冷冻餐）	
液态奶	28141600	火鸡王配米饭（冷冻餐）	
液态奶	28141610	鸡肉和蔬菜配奶油或白汁（饮食冷冻餐）	
液态奶	28143180	马铃薯配黄油酱和蔬菜（饮食冷冻餐）	
液态奶	28144100	鸡肉和蔬菜主菜配面条和奶油酱（冷冻餐）	
液态奶	28145710	脆皮火鸡（冷冻餐）	
液态奶	28150210	鳕鱼配切碎的菠菜（饮食冷冻餐）	
液态奶	28150220	比目鱼配切碎西兰花（饮食冷冻餐）	
液态奶	28160300	肉饼晚餐，未进一步标明（冷冻餐）	
液态奶	28160310	肉饼配马铃薯，蔬菜（冷冻餐）	
液态奶	28340590	鸡肉玉米汤配面条，家常菜	
液态奶	28345010	鸡肉或火鸡汤，奶油罐头，还原钠，未指定用牛奶或水制作	
液态奶	28345020	鸡肉或火鸡汤，奶油罐头，还原钠，用牛奶或水制作	
液态奶	28345110	鸡肉或火鸡汤，奶油，未指定用牛奶或水制作	
液态奶	28345120	鸡肉或火鸡汤，奶油，用牛奶制作	
液态奶	28345160	鸡肉和蘑菇汤，奶油，用牛奶制作	
液态奶	28350050	鱼杂烩	
液态奶	28350110	螃蟹汤，未指定番茄和奶油口味	
液态奶	28350210	蛤蜊杂烩，未指定至曼哈顿或新英格兰风格	
液态奶	28355110	蛤蜊杂烩，新英格兰，未指定用水或牛奶制作	
液态奶	28355120	蛤蜊杂烩，新英格兰，用牛奶制作	
液态奶	28355210	螃蟹汤，奶油，用牛奶制作	
液态奶	28355250	龙虾浓汤	
液态奶	28355310	生蚝炖汤	
液态奶	28355410	虾汤，奶油，未指定用牛奶或水制作	
液态奶	28355420	虾汤，奶油，用牛奶制作	

（续表）

乳制品	WWEIA/NHANES 食物代码	WWEIA/NHANES 食物说明	乳制品成分（%）
液态奶	32104900	蛋煎蛋卷或炒蛋，未指定添加在烹饪中的脂肪	
液态奶	32104950	蛋煎蛋卷或炒蛋，烹饪时不添加脂肪	
液态奶	32105000	蛋煎蛋卷或炒蛋，烹饪时添加脂肪	
液态奶	32105010	蛋煎蛋卷或炒蛋，配奶酪	
液态奶	32105013	蛋煎蛋卷或炒蛋，配海鲜	
液态奶	32105020	蛋煎蛋卷或炒蛋，配鱼	
液态奶	32105030	蛋煎蛋卷或炒蛋，配火腿或培根	
液态奶	32105040	蛋煎蛋卷或炒蛋，配深绿色蔬菜	
液态奶	32105045	蛋煎蛋卷或炒蛋，配奶酪和深绿色蔬菜	
液态奶	32105048	蛋煎蛋卷或炒蛋，配蘑菇	
液态奶	32105050	蛋煎蛋卷或炒蛋，配除了深绿色以外的蔬菜	
液态奶	32105055	蛋煎蛋卷或炒蛋，配奶酪和除了深绿色以外的蔬菜	
液态奶	32105060	蛋煎蛋卷或炒蛋，配火腿或培根和除了深绿色以外的蔬菜	
液态奶	32105070	蛋煎蛋卷或炒蛋，配蘑菇	
液态奶	32105080	蛋煎蛋卷或炒蛋，配火腿或培根和奶酪	
液态奶	32105081	蛋煎蛋卷或炒蛋，配火腿或培根，奶酪和深绿色蔬菜	
液态奶	32105082	蛋煎蛋卷或炒蛋，配火腿或培根，奶酪和除了深绿色以外的蔬菜	
液态奶	32105085	蛋煎蛋卷或炒蛋，配火腿或培根，奶酪和番茄	
液态奶	32105100	蛋煎蛋卷或炒蛋，配马铃薯和洋葱（玉米饼，传统风格西班牙煎蛋卷）	
液态奶	32105110	蛋煎蛋卷或炒蛋，配牛肉	
液态奶	32105118	蛋煎蛋卷或炒蛋，配香肠和除了深绿色以外的蔬菜	
液态奶	32105119	蛋煎蛋卷或炒蛋，配香肠，奶酪和除了深绿色以外的蔬菜	
液态奶	32105121	蛋煎蛋卷或炒蛋，配香肠和奶酪	
液态奶	32105122	蛋煎蛋卷或炒蛋，配香肠，奶酪和蘑菇	
液态奶	32105125	蛋煎蛋卷或炒蛋，配热狗	
液态奶	32105126	蛋煎蛋卷或炒蛋，配热狗和奶酪	
液态奶	32105130	蛋煎蛋卷或炒蛋，配西班牙煎蛋，洋葱，辣椒，西红柿和蘑菇	
液态奶	32105150	蛋煎蛋卷或炒蛋，配奶酪，豆类，番茄和辣椒酱	
液态奶	32105160	蛋煎蛋卷或炒蛋，配香肠	
液态奶	32105161	蛋煎蛋卷或炒蛋，配香肠和奶酪	
液态奶	32105170	蛋煎蛋卷或炒蛋，配鸡肉或火鸡	

（续表）

乳制品	WWEIA/NHANES 食物代码	WWEIA/NHANES 食物说明	乳制品成分（%）
液态奶	32105190	鸡蛋砂锅配面包，奶酪，牛奶和肉	
液态奶	32400010	蛋白煎蛋卷或炒蛋，未指定烹饪时添加的脂肪	
液态奶	32400011	蛋白煎蛋卷或炒蛋，烹饪时不添加脂肪	
液态奶	32400012	蛋白煎蛋卷或炒蛋，烹饪时添加脂肪	
液态奶	32400050	蛋白煎蛋卷或炒蛋，配奶酪	
液态奶	33201010	炒鸡蛋，由无胆固醇的冷冻混合物制成	
液态奶	33201110	炒鸡蛋，由无胆固醇的冷冻混合物制成，配奶酪	
液态奶	33201500	炒鸡蛋，由无胆固醇的冷冻混合物制成，配蔬菜	
液态奶	33202010	炒鸡蛋，由冷冻混合物制成	
液态奶	33301010	炒鸡蛋，由包装的液体混合物制成	
液态奶	41436000	营养补充剂，适用于糖尿病患者，液体	
液态奶	51000180	面包，由家庭食谱制成或在面包店购买，未指定主要面粉	
液态奶	51000190	面包，由家庭食谱制成或在面包店购买，烘烤，未指定主要面粉	
液态奶	51000250	面包卷，家庭食谱制成或在面包店购买，未指定主要面粉	
液态奶	51101050	面包，白色，由家庭食谱制成或在面包店购买，烘烤	
液态奶	51101060	面包，白色，由家庭食谱制成或在面包店购买，烘烤	
液态奶	51115010	面包，玉米面和糖蜜	
液态奶	51115020	面包，玉米面和糖蜜，烘烤	
液态奶	51140100	面包，面团，油炸	
液态奶	51161030	面包卷，甜味，配水果，速冻，按规定饮食	
液态奶	51161050	面包卷，甜味，配坚果，速冻	
液态奶	51161070	面包卷，甜味，配水果，速冻，无脂肪	
液态奶	51165060	咖啡蛋糕，酵母类型，由家庭食谱制成或在面包店购买	
液态奶	51165100	咖啡蛋糕，酵母类型，无脂肪，无巧克力，配水果	
液态奶	51167000	奶油糕点	
液态奶	51188100	潘妮托妮（意大利式甜面包）	
液态奶	51201060	面包，全麦，100%，由家庭食谱制成或在面包店购买	
液态奶	51300140	面包，全麦，未指定 100%，由家庭食谱制成或在面包店购买	
液态奶	51300150	面包，全麦，未指定 100%，由家庭食谱制成或在面包店购买，烘烤	
液态奶	51502010	面包卷，麦片	
液态奶	51801010	面包，大麦	

（续表）

乳制品	WWEIA/NHANES 食物代码	WWEIA/NHANES 食物说明	乳制品成分 （%）
液态奶	51804010	面包，黄豆	
液态奶	51804020	面包，黄豆，烘烤	
液态奶	51805010	面包，葵花粉	
液态奶	51805020	面包，葵花粉，烘烤	
液态奶	52101000	饼干，发酵粉或酪乳型，未指定由混合制成，冷藏面团或家庭食谱	
液态奶	52101100	饼干，发酵粉或酪乳型，混合制成	
液态奶	52104010	饼干，发酵粉或酪乳型，家常食谱	
液态奶	52104040	饼干，全麦	
液态奶	52104100	饼干，奶酪	
液态奶	52104200	饼干，肉桂葡萄干	
液态奶	52201000	玉米面包，混合制成	
液态奶	52202060	玉米面包，家常食谱	
液态奶	52206060	玉米面包松饼，棒状，圆形，家常食谱	
液态奶	52220110	玉米面包，多米尼加风格（Arepa Dominicana）	
液态奶	52302100	松饼，水果，无脂肪，无胆固醇	
液态奶	52302500	松饼，巧克力片	
液态奶	52302600	松饼，巧克力	
液态奶	52302610	松饼，巧克力，低脂肪	
液态奶	52303010	松饼，全麦	
液态奶	52303500	松饼，小麦	
液态奶	52304060	松饼，麸皮加水果，无脂肪，无胆固醇	
液态奶	52304100	松饼，麦片	
液态奶	52306010	松饼，清淡	
液态奶	52306300	松饼，起司	
液态奶	52306700	松饼，胡萝卜	
液态奶	52307120	松饼，杂粮，配水果	
液态奶	52311010	酥饼	
液态奶	52403000	面包，坚果	
液态奶	52405010	面包，水果，无坚果	
液态奶	52406010	面包，全麦，配坚果	
液态奶	52408000	面包，爱尔兰苏打水	
液态奶	53100100	面包，未指定类型，有或没有糖衣	
液态奶	53102000	蛋糕，苹果酱，未指定有糖衣	
液态奶	53102200	蛋糕，苹果酱，没有糖衣	

（续表）

乳制品	WWEIA/NHANES 食物代码	WWEIA/NHANES 食物说明	乳制品成分（%）
液态奶	53102600	蛋糕，香蕉，没有糖衣	
液态奶	53102700	蛋糕，香蕉，有糖衣	
液态奶	53103550	蛋糕，黄油，没有糖衣	
液态奶	53103600	蛋糕，黄油，有糖衣	
液态奶	53104580	芝士蛋糕型甜点，由酸奶和水果制成	
液态奶	53105050	巧克力/软糖/魔鬼蛋糕，由家庭食谱制作或购买即食，未指定糖衣	
液态奶	53105160	巧克力/软糖/魔鬼蛋糕，无糖衣和填充，由家庭食谱制作或购买即食	
液态奶	53105200	巧克力/软糖/魔鬼蛋糕，标准型混合物（蛋和水添加到干混合物），糖衣，涂层或填充	
液态奶	53105260	巧克力/软糖/魔鬼蛋糕，涂层或填充，由家庭食谱制作或购买即食	
液态奶	53105600	蛋糕，巧克力，魔鬼的食物或软糖，布丁类混合物，由“精简版”配方制作（鸡蛋和水添加到干混合物中，不加油）糖衣，涂层或填充	
液态奶	53107000	蛋糕，小蛋糕，未标明类型或糖衣成分	—
液态奶	53107200	蛋糕，小蛋糕，未标明类型或糖衣成分	—
液态奶	53108000	蛋糕，小蛋糕，巧克力，未标明糖衣成分	—
液态奶	53109210	蛋糕，小蛋糕，无巧克力填充，低脂，无胆固醇	—
液态奶	53111500	蛋糕，全麦饼干，无糖衣	—
液态奶	53112000	蛋糕，冰淇淋和蛋糕卷，巧克力	—
液态奶	53112100	蛋糕，冰淇淋和蛋糕卷，无巧克力	—
液态奶	53115200	蛋糕，硬的，有糖衣	—
液态奶	53115320	蛋糕，坚果，有糖衣	—
液态奶	53115410	蛋糕，燕麦片，有糖衣	—
液态奶	53116000	磅蛋糕，无糖衣	—
液态奶	53116020	磅蛋糕，有糖衣	—
液态奶	53116270	磅蛋糕，巧克力	—
液态奶	53116390	磅蛋糕，少脂肪，无胆固醇	—
液态奶	53116560	蛋糕，葡萄干坚果，有糖衣	—
液态奶	53117200	蛋糕，香料，有糖衣	—
液态奶	53118310	蛋糕，海绵，巧克力，有糖衣	—
液态奶	53118350	甘薯蛋糕，有糖衣	—
液态奶	53118500	奶油蛋糕	—
液态奶	53119000	水果蛋糕（所有水果）	—

（续表）

乳制品	WWEIA/NHANES 食物代码	WWEIA/NHANES 食物说明	乳制品成分（%）
液态奶	53120060	蛋糕，白色，由家庭食谱制成或购买即食，未标明糖衣成分	—
液态奶	53120160	蛋糕，白色，没有结冰，由家庭食谱制成或购买即食	—
液态奶	53120200	蛋糕，白色，标注型混合（蛋白和水加入混合），有结冰	—
液态奶	53120260	蛋糕，白色，结冰，由家庭食谱或购买即食	—
液态奶	53120350	蛋糕，白色，布丁式混合物（油，蛋白和水加入混合），加上糖霜	—
液态奶	53120400	蛋糕，白色，无蛋，低脂肪	—
液态奶	53121060	蛋糕，黄色，由家庭食谱制成或购买即食，NS 为糖霜	—
液态奶	53121160	蛋糕，黄色，无结冰，由家庭食谱制成或购买即食	—
液态奶	53121200	蛋糕，黄色，标准型混合物（鸡蛋和水添加到干混合物），有结冰	—
液态奶	53121260	蛋糕，黄色，结冰，由家庭食谱或购买即食	—
液态奶	53121330	蛋糕，黄色，布丁类混合物（油，蛋和加入干混合物的水），并结冰	—
液态奶	53122070	蛋糕，脆饼，饼干类型，奶油和水果	—
液态奶	53122080	蛋糕，脆饼，饼干类型，水果	—
液态奶	53124120	蛋糕，西葫芦，结冰	—
液态奶	53204850	蛋糕，布朗尼，无脂肪，无胆固醇，有结冰	—
液态奶	53206550	饼干，巧克力，燕麦片和椰子（不烘烤）	—
液态奶	53210900	饼干，全麦饼干夹心巧克力和棉花糖填充	—
液态奶	53233000	饼干，燕麦片	—
液态奶	53233050	饼干，燕麦三明治，奶油馅	—
液态奶	53233100	饼干，燕麦片，巧克力和花生酱（不烘烤）	—
液态奶	53241600	饼干，黄油或糖饼干，水果或坚果	—
液态奶	53244010	饼干，黄油或糖，巧克力糖衣或馅	—
液态奶	53341500	馅饼，酪乳	—
液态奶	53342000	馅饼，巧克力奶油	—
液态奶	53342070	馅饼，巧克力奶油，蛋挞	—
液态奶	53343070	馅饼，椰子奶油，蛋挞	—
液态奶	53345000	馅饼，柠檬奶油	—
液态奶	53345070	馅饼，柠檬奶油，蛋挞	—
液态奶	53346000	馅饼，花生酱奶油	—
液态奶	53346500	馅饼，菠萝奶油	—
液态奶	53360000	馅饼，红薯	—

（续表）

乳制品	WWEIA/NHANES 食物代码	WWEIA/NHANES 食物说明	乳制品成分（%）
液态奶	53382000	馅饼，巧克力棉花糖	—
液态奶	53400200	薄饼，奶酪填充	—
液态奶	53400300	薄饼，水果填充	—
液态奶	53410100	水果馅饼，苹果	—
液态奶	53410300	水果馅饼，浆果	—
液态奶	53410500	水果馅饼，樱桃	—
液态奶	53410800	水果馅饼，桃	—
液态奶	53410850	水果馅饼，梨	—
液态奶	53410860	水果馅饼，菠萝	—
液态奶	53410900	水果馅饼，大黄茎	—
液态奶	53415120	油炸苹果	—
液态奶	53415200	油炸香蕉	—
液态奶	53430000	可丽饼，甜点类型，馅料	—
液态奶	53430100	可丽饼，甜点类型，巧克力填充	—
液态奶	53430200	可丽饼，甜点类型，水果填充	—
液态奶	53441210	Basbousa（粗面粉点心盘）	—
液态奶	53452170	糕点，饼干类型，油炸	—
液态奶	53452420	点心，泡芙，奶油或奶油填充，冰或不冰	—
液态奶	53511500	丹麦糕点，奶酪，无脂肪，无胆固醇	—
液态奶	53520150	甜甜圈，蛋糕类型，巧克力覆盖，蘸花生	—
液态奶	53520160	甜甜圈，巧克力，蛋糕类型，巧克力糖衣	—
液态奶	53520500	甜甜圈，东方的	—
液态奶	53521100	甜甜圈，巧克力，发酵或酵母，巧克力糖衣	—
液态奶	53521130	甜甜圈，凸起或酵母，巧克力覆盖	—
液态奶	55103000	煎饼，水果	—
液态奶	55103100	煎饼，巧克力片	—
液态奶	55105000	煎饼，荞麦	—
液态奶	55105100	煎饼，玉米面	—
液态奶	55105200	煎饼，全麦	—
液态奶	55202000	华夫饼，小麦，麸皮或杂粮	—
液态奶	55203500	华夫饼，坚果和蜂蜜	—
液态奶	55204000	华夫饼，玉米面	—
液态奶	55205000	华夫饼，100%全麦或100%全谷物	—
液态奶	55211050	华夫饼，简单，低脂	—

（续表）

乳制品	WWEIA/NHANES 食物代码	WWEIA/NHANES 食物说明	乳制品成分（%）
液态奶	55301000	法式烤面包，原味	—
液态奶	55401000	可丽饼，原味	—
液态奶	55610300	饺子，原味	—
液态奶	55801000	漏斗蛋糕	—
液态奶	56201300	磨碎的，煮熟的，玉米或汉堡，未标明规则，快速的或即时的，未标明烹饪中加入的脂肪，用牛奶制成	—
液态奶	56201530	玉米面糊，用牛奶制成	—
液态奶	56201540	玉米面，用牛奶和糖制成，波多黎各风格（Harina de maiz）	—
液态奶	56201550	玉米面饺子	—
液态奶	56201700	玉米淀粉加牛奶，作为谷物食用（2-1/2 杯牛奶中的玉米淀粉 2 汤匙）	—
液态奶	56203210	燕麦，未标明规则，快速或瞬间，用牛奶制成，脂肪不加入烹饪	—
液态奶	56203211	燕麦，煮熟的，定期，用牛奶，脱脂	—
液态奶	56203212	燕麦片，熟食，快速（1 或 3 min），用牛奶制成，脂肪不加入烹饪	—
液态奶	56203213	燕麦，煮熟的，即食，牛奶制成，脱脂	—
液态奶	56203220	燕麦片，未标明规则，快速或及食，用牛奶和脂肪制成	—
液态奶	56203221	燕麦粥，经常烹饪，用牛奶和脂肪制成	—
液态奶	56203222	燕麦片，煮熟的，快（1 或 3 min），用牛奶制成，加入烹饪脂肪	—
液态奶	56203223	燕麦片，煮熟，即食，用牛奶和脂肪制成	—
液态奶	56203230	燕麦片，未标明规则，快速或及时，用牛奶制成，未标明烹饪中加入的脂肪	—
液态奶	56203231	燕麦片，煮熟的，定期，用牛奶制成，未标明烹饪中加入的脂肪	—
液态奶	56203232	燕麦片，煮熟的，快（1 或 3 min），用牛奶制成，未标明烹饪中加入的脂肪	—
液态奶	56203233	燕麦片，煮熟，即食，用牛奶制成，未标明烹饪中加入的脂肪	—
液态奶	56205060	大米，用牛奶煮熟	—
液态奶	56205080	米饭，奶油，用牛奶和糖制成，波多黎各风格	—
液态奶	56207040	小麦，奶油，煮熟的，用牛奶制成	—
液态奶	56208530	燕麦麸皮麦片，煮熟的，用牛奶制成，脂肪不加入烹饪	—
液态奶	58100160	墨西哥卷饼，牛肉，豆类，米饭和奶酪	—
液态奶	58101800	在玉米面包皮上加入番茄酱和炸玉米饼调味料的碎牛肉	—

（续表）

乳制品	WWEIA/NHANES 食物代码	WWEIA/NHANES 食物说明	乳制品成分（%）
液态奶	58120110	薄饼，装满肉，鱼和家禽，加酱油	—
液态奶	58120120	可丽饼，装满牛肉，猪肉	—
液态奶	58122220	面疙瘩，马铃薯	—
液态奶	58124210	糕点，奶酪填充	—
液态奶	58127110	在糕点上的蔬菜	—
液态奶	58127150	蔬菜和奶酪在糕点上	—
液态奶	58127210	羊角面包三明治，充满火腿和奶酪	—
液态奶	58128000	肉汁饼干	—
液态奶	58128120	玉米面与鸡肉或火鸡和蔬菜拌匀	—
液态奶	58131120	馄饨，未标明馅成分，奶油沙司	—
液态奶	58131330	馄饨，肉馅，奶油酱	—
液态奶	58131535	馄饨，奶酪，奶油酱	—
液态奶	58131600	馄饨，奶酪和菠菜填充，奶油酱	—
液态奶	58132310	意大利面配番茄酱和肉丸或意大利肉酱或意大利肉酱和肉丸	—
液态奶	58132360	意大利面配番茄酱和肉丸，全麦面条或肉酱意大利面条，全麦面条或意大利面肉酱和肉丸，去全麦面条	—
液态奶	58132460	意大利面配番茄酱和用菠菜面制成的肉丸，或用菠菜面制成的肉酱意大利面	—
液态奶	58145110	通心粉或面条与奶酪	—
液态奶	58145114	通心粉或奶酪面条，由干混合而成	—
液态奶	58145115	通心粉或面条与奶酪，从已经准备好的奶酪酱盒装混合	—
液态奶	58145120	通心粉或面条与奶酪和金枪鱼	—
液态奶	58145150	通心粉或面条与奶酪和猪肉或火腿	—
液态奶	58145160	通心粉或面条与奶酪和法兰克福香肠或热狗	—
液态奶	58145170	通心粉和奶酪与鸡蛋	—
液态奶	58145190	通心粉或面条与奶酪和鸡肉或火鸡	—
液态奶	58147310	通心粉，奶油	—
液态奶	58149160	牛奶面条布丁	—
液态奶	58155610	米饭油条，波多黎各风格（almojabana）	—
液态奶	58161110	米饭砂锅与奶酪	—
液态奶	58161120	糙米砂锅配奶酪	—
液态奶	58301110	蔬菜烤宽面条（冷冻餐）	—
液态奶	58302000	通心粉和奶酪（减肥冷冻餐）	—
液态奶	58304010	意大利面和肉丸晚餐，未进一步标明（冷冻餐）	—

（续表）

乳制品	WWEIA/NHANES 食物代码	WWEIA/NHANES 食物说明	乳制品成分（%）
液态奶	58305250	蔬菜和奶酪酱意面（饮食冷冻餐）	—
液态奶	58306100	鸡肉玉米卷饼（减肥冷冻餐）	—
液态奶	58403050	鸡肉面条汤，奶油	—
液态奶	58450300	用牛奶制成的汤面	—
液态奶	63402990	水果沙拉（包括柑橘类水果）和布丁	—
液态奶	63403000	水果沙拉（不包括柑橘类水果）和布丁	—
液态奶	71301000	白马铃薯，煮熟的，酱，未标明酱料	—
液态奶	71301020	白马铃薯熟，配奶酪	—
液态奶	71301120	白马铃薯熟，火腿和奶酪	—
液态奶	71305010	白马铃薯，扇形	—
液态奶	71305110	白马铃薯扇形，火腿	—
液态奶	71501000	白马铃薯，马铃薯泥，未进一步标明	—
液态奶	71501010	白马铃薯，新鲜，捣碎，用牛奶制成	—
液态奶	71501015	新鲜，牛奶，酸奶油或奶油干酪制成	—
液态奶	71501020	白马铃薯，新鲜，捣碎，用牛奶和脂肪制成	—
液态奶	71501025	白马铃薯，新鲜，捣碎，用牛奶，酸奶油或奶油干酪和脂肪制成	—
液态奶	71501040	白马铃薯，干，捣碎，用牛奶和脂肪制成	—
液态奶	71501050	白马铃薯，新鲜，马铃薯泥，牛奶，脂肪和奶酪制成	—
液态奶	71501060	白马铃薯，干，捣碎，用牛奶，脂肪和鸡蛋制成	—
液态奶	71501090	白马铃薯，干，捣碎，用牛奶制成，不含脂肪	—
液态奶	71501300	干马铃薯，马铃薯泥，未标明牛奶或脂肪	—
液态奶	71501310	新鲜马铃薯，马铃薯泥，未标明牛奶或脂肪	—
液态奶	71508120	白马铃薯，塞满火腿，西兰花和奶酪酱，烤，剥皮吃	—
液态奶	71801000	马铃薯汤，未标明牛奶或水制备	—
液态奶	71801010	马铃薯汤，奶油，用牛奶调制	—
液态奶	71801100	马铃薯和奶酪汤	—
液态奶	71802010	通心粉和马铃薯汤	—
液态奶	71803010	马铃薯杂烩	—
液态奶	72125240	菠菜蛋奶酥	—
液态奶	72201240	西兰花，煮熟的，未标明形态，配蘑菇酱	—
液态奶	72201242	西兰花，煮熟的，从冷冻，蘑菇酱	—
液态奶	72202020	西兰花砂锅（西兰花，米饭，奶酪和蘑菇酱）	—
液态奶	72202030	西兰花，蘸面糊油炸	—
液态奶	72302000	花椰菜汤	—

（续表）

乳制品	WWEIA/NHANES 食物代码	WWEIA/NHANES 食物说明	乳制品成分（%）
液态奶	72302100	西兰花奶酪汤，用牛奶制成	—
液态奶	73305020	南瓜，冬天，蛋奶酥	—
液态奶	73409000	甘薯，砂锅或马铃薯泥	—
液态奶	73501000	胡萝卜汤，奶油，用牛奶调制	—
液态奶	73501010	胡萝卜加米汤，奶油，用牛奶制成	—
液态奶	74202050	番茄，红色，不改变原样炒制	—
液态奶	74202051	番茄，红色，新鲜，油炸	—
液态奶	74205010	番茄，绿色，煮熟的，NS 作为形式	—
液态奶	74205011	番茄，绿色，煮熟的，新鲜	—
液态奶	74601010	番茄汤，奶油，用牛奶制成	—
液态奶	74602300	番茄汤罐头，少钠，准备牛奶	—
液态奶	75216070	玉米，晒干，煮熟	—
液态奶	75340160	蔬菜和面食配奶油或奶酪酱（西兰花，意大利面，胡萝卜，玉米，西葫芦，辣椒，花椰菜，豌豆等）熟	—
液态奶	75402020	棉豆，未成熟，煮熟的，未标明形态，配蘑菇酱	—
液态奶	75403020	豆类，串，绿，煮熟的，NS，形成蘑菇酱	—
液态奶	75403022	豆，串，绿，煮熟的，冷冻，蘑菇酱	—
液态奶	75403023	豆类，串，绿，煮熟的，罐装，蘑菇酱	—
液态奶	75411010	玉米，扇贝或布丁	—
液态奶	75411020	玉米油条	—
液态奶	75418060	西葫芦蛋奶酥	—
液态奶	75601000	芦笋汤，奶油，NS，用牛奶或水制成	—
液态奶	75601010	芦笋汤，奶油，用牛奶制成	—
液态奶	75602010	花椰菜汤，奶油，用牛奶调制	—
液态奶	75603000	芹菜汤，奶油，未标明用牛奶或水制成	—
加工奶酪	27510435	双培根芝士汉堡（2 个肉饼，每个 1/3 磅肉），蛋黄酱或芝士沙拉酱，包子上	
加工奶酪	27510440	培根芝士汉堡，1/4 磅肉，蛋黄酱或沙拉酱番茄，面包里	
加工奶酪	27510450	芝士汉堡，1/4 磅肉，火腿，面包里	
加工奶酪	27510480	芝士汉堡（芝士酱汉堡包），1/4 磅肉，烤洋葱，黑麦小圆面包里	
加工奶酪	27510700	肉丸和意大利面酱酱水下三明治	
加工奶酪	27513041	烤牛肉三明治，奶酪，生菜，番茄和酱	
加工奶酪	27513050	烤牛肉三明治配奶酪	
加工奶酪	27515020	牛排和奶酪三明治，配生菜和番茄	

（续表）

乳制品	WWEIA/NHANES 食物代码	WWEIA/NHANES 食物说明	乳制品成分（%）
加工奶酪	27515040	牛排和奶酪潜艇三明治，简单，滚动	
加工奶酪	27520135	培根，鸡肉和番茄三明治，配奶酪，生菜和酱	
加工奶酪	27520166	培根，鸡胸肉（面包屑，油炸）和番茄三明治配奶酪，生菜和酱	
加工奶酪	27520320	火腿和奶酪三明治，生菜和酱	
加工奶酪	27520350	火腿和奶酪三明治，涂抹，烤	
加工奶酪	27520360	火腿和奶酪三明治，面包，生菜和酱	
加工奶酪	27520370	火腿和奶酪三明治，面包里	
加工奶酪	27520390	可可粉和糖混合火腿和奶酪潜艇三明治，生菜，番茄和酱	
加工奶酪	27540230	鸡肉馅饼三明治配奶酪，小麦面包，生菜，番茄和番茄酱	
加工奶酪	27540250	可可粉和鸡胸肉，烤，三明治配奶酪，全麦卷，生菜，番茄和非蛋黄酱类	
加工奶酪	27540280	可可粉和糖混合物鸡胸肉，烤，三明治配奶酪，面包，生菜，番茄和酱	
加工奶酪	27540291	可可粉和糖混合鸡潜艇三明治，与奶酪，生菜，番茄和酱	
加工奶酪	27540350	土耳其潜艇三明治，与奶酪，生菜，番茄和酱	
加工奶酪	27541001	土耳其，火腿，和烤牛肉三明治配奶酪，生菜，番茄和番茄酱	
加工奶酪	27550100	巧克力酱鱼三明治，面包，奶酪和酱	
加工奶酪	27550751	金枪鱼沙拉潜艇，配奶酪，生菜和番茄	
加工奶酪	27560330	法兰克福香肠或热狗，奶酪，简单，包子	
加工奶酪	27560370	可可，乳清，低卡甜味法兰克福或辣椒和奶酪	
加工奶酪	27560670	英式松饼上加香肠和乳酪	
加工奶酪	27560910	冷切潜艇三明治，与奶酪，生菜，番茄和酱	
加工奶酪	28110370	肉汁牛排，通心粉和奶酪，蔬菜（冷冻餐）	
加工奶酪	32105010	煎蛋卷或炒蛋，配奶酪	
加工奶酪	32105080	煎蛋卷或炒鸡蛋，火腿或培根和奶酪	
加工奶酪	32105085	煎蛋卷或炒鸡蛋，火腿或培根，奶酪和番茄	
加工奶酪	32202000	鸡蛋，奶酪，火腿和熏肉包	
加工奶酪	32202010	牛奶，奶酪和英式松饼上的火腿	
加工奶酪	32202020	蛋，奶酪和火腿饼干	
加工奶酪	32202025	百吉饼上的鸡蛋，奶酪和火腿	
加工奶酪	32202030	鸡蛋，奶酪和英式松饼上的香肠	

（续表）

乳制品	WWEIA/NHANES 食物代码	WWEIA/NHANES 食物说明	乳制品成分（%）
加工奶酪	32202035	奶昔，自制或喷鸡蛋，额外的奶酪（2 片）和额外的香肠（2 饼）包子	
加工奶酪	32202045	蛋，奶酪和百吉饼上的牛排	
加工奶酪	32202050	蛋，奶酪和香肠在饼干上	
加工奶酪	32202055	鸡蛋，奶酪和香肠平底锅蛋糕三明治	
加工奶酪	32202070	蛋，奶酪和培根饼干	
加工奶酪	32202075	蛋，奶酪和培根烤盘蛋糕三明治	
加工奶酪	32202080	蛋，奶酪和培根用英式松饼	
加工奶酪	32202085	百吉饼上的鸡蛋，奶酪和培根	
加工奶酪	32202120	百吉饼上的鸡蛋，奶酪和香肠	
加工奶酪	32202200	即时早餐鸡蛋和奶酪饼干	
加工奶酪	52104100	饼干，奶酪	
加工奶酪	52306300	松饼，奶酪	
加工奶酪	53104000	蛋糕，胡萝卜，NS 对结冰	
加工奶酪	53104260	蛋糕，胡萝卜，结冰	
加工奶酪	53104520	芝士蛋糕，饮食	
加工奶酪	53104550	与水果的芝士蛋糕	
加工奶酪	53104600	芝士蛋糕，巧克力	
加工奶酪	53124120	蛋糕，西葫芦，结冰	
加工奶酪	53204500	饼干，布朗尼，奶油芝士馅，无结冰	
加工奶酪	53340500	馅饼，樱桃，奶油奶酪和酸奶油	
加工奶酪	53344200	混合馅饼装满奶油或奶油奶酪	
加工奶酪	54304000	饼干，奶酪，定期	
加工奶酪	54304100	饼干，奶酪，减少脂肪	
加工奶酪	56201060	磨碎的，煮熟的，玉米或汉堡包，奶酪，NS，定期，快速或即时，NS 对脂肪添加烹饪	
加工奶酪	56201061	磨碎的，煮熟的，玉米或汉堡包，奶酪，NS，定期，快速或即时，烹饪时不添加脂肪	
加工奶酪	56201071	磨碎的，煮熟的，玉米或哈密瓜，奶酪，常规，脂肪不加入烹饪	
加工奶酪	56201072	磨碎的，煮熟的，玉米或哈密瓜，奶酪，常规，脂肪添加在烹饪过程	
加工奶酪	56201081	磨碎的，煮熟的，玉米或哈密瓜，奶酪，快速，脂肪不加入烹饪	
加工奶酪	56201082	磨碎的，煮熟的，玉米或哈密瓜，加上奶酪，快速，脂肪加入烹饪	

（续表）

乳制品	WWEIA/NHANES 食物代码	WWEIA/NHANES 食物说明	乳制品成分（%）
加工奶酪	56201091	磨碎的，煮熟的，玉米或哈密瓜，奶酪，即时，脂肪不添加在烹饪过程	
加工奶酪	56201092	磨碎的，煮熟的，玉米或哈密瓜，加入奶酪，即时，加入烹饪的脂肪	
加工奶酪	58100255	卷饼配鸡肉，豆角，米饭和奶酪	
加工奶酪	58100340	墨西哥卷饼配鸡蛋，香肠，奶酪和蔬菜	
加工奶酪	58100410	卷饼配牛肉，奶酪和酸奶油	
加工奶酪	58104100	奶酪玉米片，无肉，无豆	
加工奶酪	58111200	泡芙，油炸，蟹肉和奶油芝士填满	
加工奶酪	58121610	饺子，马铃薯或奶酪填充	
加工奶酪	58126130	半圆卷饼，肉和奶酪填充，没有肉汁	
加工奶酪	58126270	半圆卷饼，鸡肉或土耳其，和奶酪填充，没有肉汁	
加工奶酪	58127210	羊角面包三明治，充满火腿和奶酪	
加工奶酪	58127310	羊角面包三明治配火腿，鸡蛋和奶酪	
加工奶酪	58127330	羊角面包三明治配香肠，鸡蛋和奶酪	
加工奶酪	58127350	羊角面包三明治配培根，鸡蛋和奶酪	
加工奶酪	58145110	通心粉或面条与奶酪	
加工奶酪	58145113	通心粉或面条与奶酪，罐头	
加工奶酪	58145114	通心粉或奶酪面条，由干混合而成	
加工奶酪	58145120	通心粉或面条与奶酪和金枪鱼	
加工奶酪	58145130	通心粉或面条与奶酪和牛肉	
加工奶酪	58145140	通心粉或面条与奶酪和番茄	
加工奶酪	58145150	通心粉或面条与奶酪和猪肉或火腿	
加工奶酪	58145160	通心粉或面条与奶酪和法兰克福香肠或热狗	
加工奶酪	58145170	通心粉和奶酪与鸡蛋	
加工奶酪	58145190	通心粉或面条与奶酪和鸡肉或火鸡	
加工奶酪	58146115	通心粉或面条与奶酪，从已经准备好的奶酪盒装混合	
加工奶酪	58200100	裹着三明治，装满肉类，家禽或鱼类，蔬菜和大米	
加工奶酪	58200250	黄花鱼裹着三明治，装满蔬菜	
加工奶酪	58200300	裹着三明治，装满肉，家禽或鱼，蔬菜，米饭和奶酪	
加工奶酪	58306100	鸡肉玉米卷饼（饮食冷冻餐）	
加工奶酪	71204000	马铃薯泡芙，奶酪填充	
加工奶酪	71402500	白薯，薯条，奶酪	
加工奶酪	71402505	白马铃薯，炸薯条，奶酪和培根	
加工奶酪	71402510	白马铃薯，炸薯条，辣椒和奶酪	

（续表）

乳制品	WWEIA/NHANES 食物代码	WWEIA/NHANES 食物说明	乳制品成分（%）
加工奶酪	71501015	白马铃薯，新鲜，捣碎，用牛奶和酸奶油和/或奶油乳酪	
加工奶酪	71501025	白马铃薯，新鲜，捣碎，用牛奶和酸奶油和/或奶油奶酪和脂肪	
加工奶酪	71501050	白马铃薯，新鲜，马铃薯泥，牛奶，脂肪和奶酪制成	
加工奶酪	71501055	白马铃薯，新鲜，马铃薯泥，用酸奶油和/或奶油干酪制成和脂肪	
加工奶酪	71507020	白马铃薯，酿，烤，去皮，塞满奶酪	
加工奶酪	71508020	白马铃薯，酿，烤，去皮，塞满奶酪	
加工奶酪	71508060	白马铃薯，酿，烤，带皮，塞满培根和奶酪	
加工奶酪	71508070	白马铃薯，酿，烤，果皮未食用，塞满鸡肉，西兰花和洋葱起司酱	
加工奶酪	72125260	菠菜和奶酪砂锅	
加工奶酪	72202020	西兰花砂锅（西兰花，米饭，奶酪和蘑菇酱）	
加工奶酪	75340160	蔬菜和意大利面组合奶油或奶酪酱（西兰花，意大利面，胡萝卜，玉米，西葫芦，辣椒，花椰菜，豌豆等），煮熟	
加工奶酪	75410550	墨西哥胡椒，塞满奶酪，涂面包屑或捣碎，油炸	
加工奶酪	75418020	西葫芦，番茄沙司和奶酪	
加工奶酪	75440500	蔬菜组合（包括胡萝卜，西兰花和/或深绿叶），煮熟的，奶酪酱	
加工奶酪	75440150	蔬菜组合（不包括胡萝卜，西兰花和深绿叶），煮熟的，奶酪酱	
加工奶酪	83112600	奶油芝士酱	
加工奶酪	91501050	果冻奶油奶酪	
加工奶酪	91501080	水果和奶油奶酪的明胶甜点	
酸奶油	12310100	牛肉酸奶油	
酸奶油	12310200	酸奶油，一半和一半	
酸奶油	12310300	酸奶油，减少脂肪	
酸奶油	12310350	酸奶油，轻	
酸奶油	12310370	酸奶油，无脂肪	
酸奶油	12320200	酸奶油，填充，酸味酱，不含乳脂	
酸奶油	12350000	浸，酸奶油基	
酸奶油	12350020	浸，酸奶油基，减少热量	
酸奶油	12350100	蘸菠菜	
酸奶油	13252600	提拉米苏	
酸奶油	26119160	鲱鱼，腌制，奶油酱	

（续表）

乳制品	WWEIA/NHANES 食物代码	WWEIA/NHANES 食物说明	乳制品成分（%）
酸奶油	27113100	俄式牛柳丝	
酸奶油	27120080	火腿沙拉酱	
酸奶油	27212350	牛肉沙拉面条	
酸奶油	28110660	牛肉和肉丸，瑞典，肉汁，面条（减肥冷冻餐）	
酸奶油	28144100	鸡和蔬菜进入面条和奶油酱（冷冻餐）	
酸奶油	53104580	芝士蛋糕型甜点，由酸奶和水果制成	
酸奶油	53340500	鸡肉或馅饼，樱桃，奶油奶酪和酸奶油	
酸奶油	58100140	卷饼配牛肉，豆类，奶酪和酸奶油	
酸奶油	58100245	卷饼配鸡肉，豆角，奶酪和酸奶油	
酸奶油	58100330	墨西哥卷饼，豆子，奶酪，酸奶油，生菜，番茄和鳄梨酱，素食	
酸奶油	58100410	鸡卷饼配牛肉，奶酪和酸奶油	
酸奶油	58101350	软牛肉，牛肉，奶酪，生菜，番茄和酸奶油	
酸奶油	58101460	软鸡肉，奶酪，生菜，番茄和酸奶油炸玉米饼	
酸奶油	58101615	软豆沙，奶酪，生菜，番茄和/或洋葱调味汁，酸奶油	
酸奶油	58104080	配牛肉，豆子，奶酪和酸奶油的玉米片	
酸奶油	58104090	奶酪和酸奶油玉米片	
酸奶油	58104180	牛肉，豆类，奶酪，番茄，酸奶油和洋葱玉米片	
酸奶油	58104280	墨西哥拼盘牛肉，奶酪，生菜，番茄和酸奶油	
酸奶油	58104320	墨西哥拼盘鸡肉，奶酪，生菜，番茄和酸奶油	
酸奶油	58104550	墨西哥鸡肉卷，酸奶油，生菜和番茄，没有奶酪	
酸奶油	58306100	鸡肉玉米卷饼（饮食冷冻餐）	
酸奶油	71501015	白马铃薯，从新鲜，捣碎，用牛奶和酸奶油和/或奶油乳酪	
酸奶油	71501025	白马铃薯，从新鲜，捣碎，用牛奶和酸奶油和/或奶油奶酪和脂肪	
酸奶油	71501055	白马铃薯，新鲜，马铃薯泥 ，用酸奶油和/或奶油干酪制成和脂肪	
酸奶油	71507000	白马铃薯，酿，烤，去皮，未标明浇头配料	
酸奶油	71507010	白马铃薯，酿，烤，去皮，塞满酸奶油	
酸奶油	71508010	白马铃薯，酿，烤，带皮，塞满酸奶油	
酸奶油	72202010	西兰花砂锅（西兰花，面条和奶油沙司）	
酸奶油	75142500	黄瓜沙拉配奶油酱	
酸奶油	75601100	甜菜汤（罗宋汤）	
酸奶油	81302060	辣根酱	
酸奶油	91501060	果冻配酸奶油	

（续表）

乳制品	WWEIA/NHANES 食物代码	WWEIA/NHANES 食物说明	乳制品成分（%）
酸奶油	91501070	水果和酸奶油明胶甜点	
酸奶	11410000	酸奶，NS 类型的牛奶或香精	
酸奶	11411010	酸奶，原味，未标明牛奶类型	
酸奶	11411100	酸奶，原味，未标明牛奶类型	
酸奶	11411200	酸奶，原味，全脂牛奶	
酸奶	11411300	酸奶，原味，低脂牛奶	
酸奶	11420000	酸奶，原味，脱脂牛奶	
酸奶	11421000	酸奶，香草，柠檬或咖啡的味道，未标明牛奶类型	
酸奶	11422000	酸奶，香草，柠檬或咖啡味，全脂牛奶	
酸奶	11422100	酸奶，香草，柠檬，枫木或咖啡香精，低脂牛奶，低甜度热量甜味剂	
酸奶	11423000	酸奶，香草，柠檬，枫木或咖啡香精，脱脂牛奶	
酸奶	11424000	酸奶，香草，柠檬，枫木或咖啡香精，脱脂牛奶，低糖甜热量甜味剂	
酸奶	11425000	酸奶，巧克力，未标明牛奶类型	
酸奶	11426000	酸奶，巧克力，全脂牛奶	
酸奶	11427000	酸奶，巧克力，脱脂牛奶	
酸奶	11430000	酸奶，水果味，未标明牛奶类型	
酸奶	11431000	酸奶，水果味，全脂牛奶	
酸奶	11432000	酸奶，水果味，低脂牛奶	
酸奶	11432500	酸奶，水果味，低脂牛奶，甜味剂和低热量甜味剂	
酸奶	11433000	酸奶，水果味，脱脂牛奶	
酸奶	11433500	酸奶，水果味，用低热量甜味剂甜化的脱脂牛奶	
酸奶	11445000	酸奶，水果和坚果，低脂牛奶	
酸奶	11445000	水果和低脂酸奶冻糕	
酸奶	11480010	酸奶，全脂牛奶，婴儿食品	
酸奶	11480040	酸奶，全脂牛奶，婴儿食品，水果和杂粮谷物酱，再加上 DHA	
酸奶	11552000	水果冰沙饮料，由水果或果汁和乳制品制成	
酸奶	11553100	水果冰沙饮料，未进一步标明	
酸奶	27516010	陀螺三明治（皮塔面包，牛肉，羊肉，洋葱，调味品），番茄和酱	
酸奶	51108100	印度烤饼，印度大饼	
酸奶	53104580	芝士蛋糕型甜点，由酸奶和水果制成	
酸奶	53441210	粗面粉蛋糕（粗面粉点心盘）	
酸奶	63401015	苹果和沙拉配酸奶和核桃	

（续表）

乳制品	WWEIA/NHANES 食物代码	WWEIA/NHANES 食物说明	乳制品成分（%）
酸奶	67250100	香蕉汁与低脂酸奶，婴儿食品	
酸奶	67250150	混合果汁低脂酸奶，婴儿食品	
酸奶	67404070	苹果酸奶甜点，婴儿食品，过滤	
酸奶	67404500	混合水果酸奶甜点，婴儿食品，过滤	
酸奶	67408500	香蕉酸奶甜点，婴儿食品，过滤	
酸奶	67413700	桃酸奶甜点，婴儿食品，过滤	
酸奶	67430500	酸奶和水果小吃，婴儿食品	
酸奶	83115000	酸奶配料	

WWEIA/NHANES：在美国我们吃什么，国家健康与营养调 2005—2010（CDC，2011）。根据食品和营养数据库膳食调查（FNDDS）5.0（USDA FSIS，2012a）确定乳制品成分百分比。

附录 5.17　标准 C：分析的描述

我们使用 What We Eat In America（在美国我们吃什么，WWEIA）数据库、National Health and Nutrition Examination Surveys（全国健康和营养检查调查，NHANES，2013）的食品消费调查部分 2005—2006、2007—2008 以及 2009—2010 的数据，获得 12 种选定的乳及乳制品的消费数据。这一数据集包括在 NHANES 移动考试中心有关最近 24h 消费的所有食物的初次访谈中调查的受访者提供的数据，也包括 3~10 天后的一次电话采访中有关 24h 食品召回的信息。父母提供年幼孩子的摄食数据。测定 NHANES 参与者的体重作为调查过程的一部分。

为分析乳制品成分百分比（如作为菠菜蘸料的一种成分的酸乳的比例），我们采用来自膳食调查营养与营养数据库（FDNDS）v. 5.0（USDA FSIS，2012a）的数据，调节烹饪过程中水分和脂肪变化。成分百分比见附录 5.16。每个调查对象的液态奶和加工乳制品采用两天平均值进行估计，按照每个人的体重千克数（kg bw）进行分类。

测定了 WWEIA/NHANES 数据以估计每个消费者的乳制品摄入量、每种乳制品的消费者百分比和日均乳制品摄入量。分析了 8 个年龄阶段组。所有分析采用 WWEIA/NHANES 统计分析。当基于一个不超过 68 规模的试验时，根据 WWIA/NHANES 准则（USDA，2010a；USDA，2010b；USDA，2012b）计算的可靠统计估计所需的最小值，标记估计平均乳制品摄入量。

开展敏感性分析以判断男性与女性对于特定乳制品的不同消费模式。用线性回归法评估了消费量（每公斤体重）的潜在性别差异，以消费量为因变量，性别作为各年龄组的自变量。

采用 Logistic 回归方法，以消费量（是/否）为变量，以性别为独立变量，对各年龄组消费者的潜在性别差异进行评价。在液态奶（6~12 岁和 13~19 岁）、黄油（年龄 50~59 岁）、切打奶酪（6~12 岁和 40~49 岁）、茅屋芝士（60~75 岁）、马苏里拉奶酪（13~19 岁）、加工奶酪（13~19 岁）、冰淇淋（6~12 岁和 13~19 岁）和酸奶（6~12 岁和 60~75 岁）中，发现了一些基于性别的差异。针对以下产品类别发现一些消费特定产品人员的百分比存在性别差异：液态奶（30~39 岁）、黄油（13~19 岁）、切打奶酪（40~49 岁）、平房奶酪（6~12 岁、40~49 岁）、马苏里拉干酪（13~19 岁）、加工奶酪（2~5 岁）、重奶油（20~29 岁）、酸奶油（13~19 岁）、冰淇淋（2~5 岁、40~49 岁）、炼乳（20~29 岁）、酸奶（30~39 岁、40~49 岁、50~59 岁、60~75 岁）。

表 A6. 1 是在每一个标准中排序前 1/3 的药物之间的比较，按药物分类。

表 A6.1　最高排序药物类别的比较

标准	糖苷类	氨酚	抗寄生虫药	β-内酰胺	氟喹诺酮	大环内酯类	非类固醇抗炎药	磺酰胺	四环素
A 给药评分的可能性（LODA）	二氢链霉素 庆大霉素 新霉素	氟苯尼考	氨丙啉 多拉菌素 埃普菌素 伊维菌素 莫西汀 噻苯达唑	* 头孢噻呋 * 头孢匹林 * 青霉素 阿莫西林 氨苄西林 氯西林 海特西林	—	红霉素 替米考星 吐拉霉素 泰乐菌素	* 氟尼辛 乙酰水杨酸	磺胺甲氧嗪 磺胺二甲氧嘧啶 磺胺二甲嘧啶	* 土霉素 四环素
A. 1 LODA-大道调查	—	—	—	* 头孢噻呋 * 头孢匹林 阿莫西林 氯唑西林 青霉素	—	—	—	—	* 土霉素
A. 1. 1 LODA-美国动植物卫生检验局数据	—	—	多拉菌素 埃普菌素 伊维菌素 莫西汀 噻苯达唑	* 头孢噻呋 * 头孢匹林 阿莫西林 氨苄西林 氯唑西林 海特西林 青霉素	—	—	—	—	* 土霉素 四环素
A. 1. 2 LODA-Sundof 数据	—	—	—	* 头孢噻呋 * 青霉素 氨苄西林 头孢匹林 氯唑西林	—	—	氟尼星	磺胺二甲氧嘧啶	* 土霉素

（续表）

标准	糖苷类	氨酚	抗寄生虫药	β-内酰胺	氟喹诺酮	大环内酯类	非类固醇抗炎药	磺酰胺	四环素
A.1.3 LODA-专家抽取	二氢链霉素	—	埃普菌素 莫西汀	*头孢噻呋 *头孢匹林 阿莫西林 氨苄西林 青霉素	—	—	氟尼星		*土霉素
A.2 市场状况——非处方药中的药物	*双氢链霉素 *庆大霉素 *新霉素 *链霉素	—	*阿苯达唑 *氨丙啉 *氯磺隆 *多拉菌素 *埃普菌素 *伊维菌素 *左旋咪唑 *莫西汀	*头孢匹林 *青霉素	—	*红霉素 *泰乐菌素	*乙酰水杨酸	*磺胺甲氧嗪 *磺胺氯哒嗪 *磺胺二甲氧嘧啶 *磺胺喹噁啉 *磺胺二甲嘧啶 *磺胺喹噁啉	*土霉素 *四环素
A.3 许可状态	*庆大霉素	—	*埃普菌素 *莫西汀 *噻苯达唑	*阿莫西林 *氨苄西林 *头孢噻呋 *头孢吡林 *氯唑西林 *海特西林 头孢噻呋 青霉素 氨苄西林 头孢匹林 氯唑西林青霉素	—	*红霉素	*氟尼星	*磺胺甲氧嗪 *磺胺二甲氧嘧啶 *磺胺乙氧哒嗪	*四环素

（续表）

标准	糖苷类	氨酚	抗寄生虫药	β-内酰胺	氟喹诺酮	大环内酯类	非类固醇抗炎药	磺酰胺	四环素
A. 4 使用证据	二氢链霉素	氟苯尼考	—	*头孢噻呋 *青霉素 氨苄西林 头孢匹林 氯唑西林	恩诺沙星	替米考星 吐拉霉素 泰乐菌素	*氟尼辛 乙酰水杨酸	磺胺二甲氧嘧啶 磺胺二甲嘧啶	土霉素
B 药物存在的可能性（LODP）	*庆大霉素 丁胺卡那霉素 卡那霉素 新霉素 链霉素	氯霉素 氟苯尼考	多拉菌素 伊维菌素 奥芬达唑	*氨苄西林 *青霉素 氯唑西林	*达氟沙星 *恩诺沙星	红霉素 加米霉素 噻二菌灵 替米考星 吐拉霉素	萘普生 保泰松	*磺胺氯哒嗪 *磺胺乙氧哒嗪 *磺胺喹噁啉 磺胺二甲氧嘧啶 磺胺二甲嘧啶	*四环素
B. 1 LODP 证据	*二氢链霉素 *卡那霉素 *新霉素	*氟苯尼考 *氯霉素	*阿苯达唑 *氯磺隆 *伊维菌素 *奥芬达唑	*头孢匹林 *青霉素	*恩诺沙星	*加米霉素 替米考星 *吐拉霉素	*保泰松	*磺胺二甲氧嘧啶 *磺胺乙氧哒嗪 *磺胺二甲嘧啶	*四环素
B. 2 LODP 药物滥用	*庆大霉素 *阿米卡星	*氯霉素	*阿苯达唑 *伊维菌素 *左旋咪唑 *莫西汀 奥芬达唑	*氨苄西林 *头孢噻呋 *头孢匹林 *青霉素	达氟沙星 恩诺沙星	加米霉素 替米考星	氟尼辛 萘普生	*磺胺甲氧嗪 *磺胺乙氧哒嗪 *磺胺二甲嘧啶 *磺胺氯吡嗪 磺胺喹噁啉	*四环素
B. 3 LODP 专家诱导	—	*氟苯尼考	阿苯达唑	—	恩诺沙星 达氟沙星	替米考星 吐拉霉素 泰乐菌素	保泰松	磺胺喹噁啉	—

（续表）

标准	糖苷类	氨酚	抗寄生虫药	β-内酰胺	氟喹诺酮	大环内酯类	非类固醇抗炎药	磺酰胺	四环素
C. 相对暴露	—	—	*氨丙啉 *多拉菌素 *埃普菌素 *伊维菌素 *莫西汀 *奥芬达唑 *噻苯达唑	—	—	*加米霉素 *吐拉霉素	—	—	—
C.1 加工影响	—	—	*氨丙啉 *多拉菌素 *埃普菌素 *伊维菌素 *莫西汀 *奥芬达唑 *噻苯达唑	—	—	*加米霉素 *吐拉霉素	—	—	—
D. 潜在的	—	*氯霉素	多拉菌素	阿莫西林 氨苄西林	—	—	*保泰松 氟尼星	磺胺甲氧嗪 磺胺喹噁啉	

*：获得最高得分的药物

附录 6.2　结果：通过各个次级标准及其因子获得的 54 种药物的评分和排序

标准 A

A1. 基于调查的给药评分（LODA）的可能性

图 A6.1 阐释了基于调查的 LODA（A1）. 图 A6.2 阐释了预示 A1 的三个因子（A1.1~A1.3）的 LODA 评分。A1.1、A1.2 和 A1.3 之间的相似性［来自美国农业部 USDA（Sundlof 等）和 2014 专家抽取数据集］是惊人的。尤其是考虑到前面提到的数据集的局限性。β-内酰胺和土霉素在因子 A1.1、A1.2 和 A1.3 中的 LODA 得分最高。β-内酰胺和土霉素在总体次级标准 A1 中也具有最高的 LODA 评分。

A2. 基于药品营销现状的 LODA

图 6.3 解释了药物营销状态的评分。按照非处方药（OTC）销售的药物给予比处方药稍高的评分。本研究中过半药物是非处方药，包括所有的抗寄生虫药、四环素类药物以及大部分氨基糖苷类和磺胺类药物。这些药物可通过 OTC 途径获取，稍稍提高了这些药物的排序分数。

A3. 基于药物许可状态的 LODA

图 6.3 也展示了基于药物许可状态的评分。用这一数据集，非法药物如苯巴比妥、硝基呋喃唑酮、呋喃唑酮、达氟沙星和氯霉素均以极低的分数被分离。

A4. 基于奶牛场药物使用证据的 LODA

图 6.3 也展示了来自 2009—2014 年 FDA 奶牛场检查中药物使用证据的评分。最常鉴定到的药物包括非甾体抗炎药、氟尼辛和乙酰水杨酸、β-内酰胺类药物和甲砜霉素、氟苯尼考。

标准 B

B1. 基于贮奶罐或运输车奶罐中药物鉴定证据的药物存在的可能性（LODP）

图 A6.4 显示次级标准 B1 及其因子 B1.1 和 B1.2 的药物评分。具有最高“证据”得分的药物是大环内酯类药物（吐拉霉素和替米考星）；磺胺类药物（磺胺二甲嘧啶和磺胺二甲氧嘧啶）；氨基糖苷类药物（庆大霉素和新霉素）；以及下列来自不同药物类别的单个药物：四环素、氟苯尼考、恩诺沙星、多拉菌素和氯唑西林。

B2. 基于药物误用滥用可能性和后果的药物存在可能性（LODP）

图 A6.5 显示了次级标准 B2 及其因子 B2.1 和 B2.2 的药物评分。B2 评分最高的药物包括四环素、磺胺类药物（磺胺喹噁啉、磺胺乙氧哒嗪和磺胺吡啶）；β-内酰胺类药物（青霉素和氨苄西林）；非甾体抗炎药（苯巴比妥和萘普生）；氨基糖苷类抗生素（庆大霉素、卡那霉素和阿米卡星）；喹诺酮类药物（恩诺沙星和达诺沙星）；氨酚（氯霉素）；抗寄生虫药（奥芬达唑和伊维菌素）；硝基呋喃（呋喃西林）。

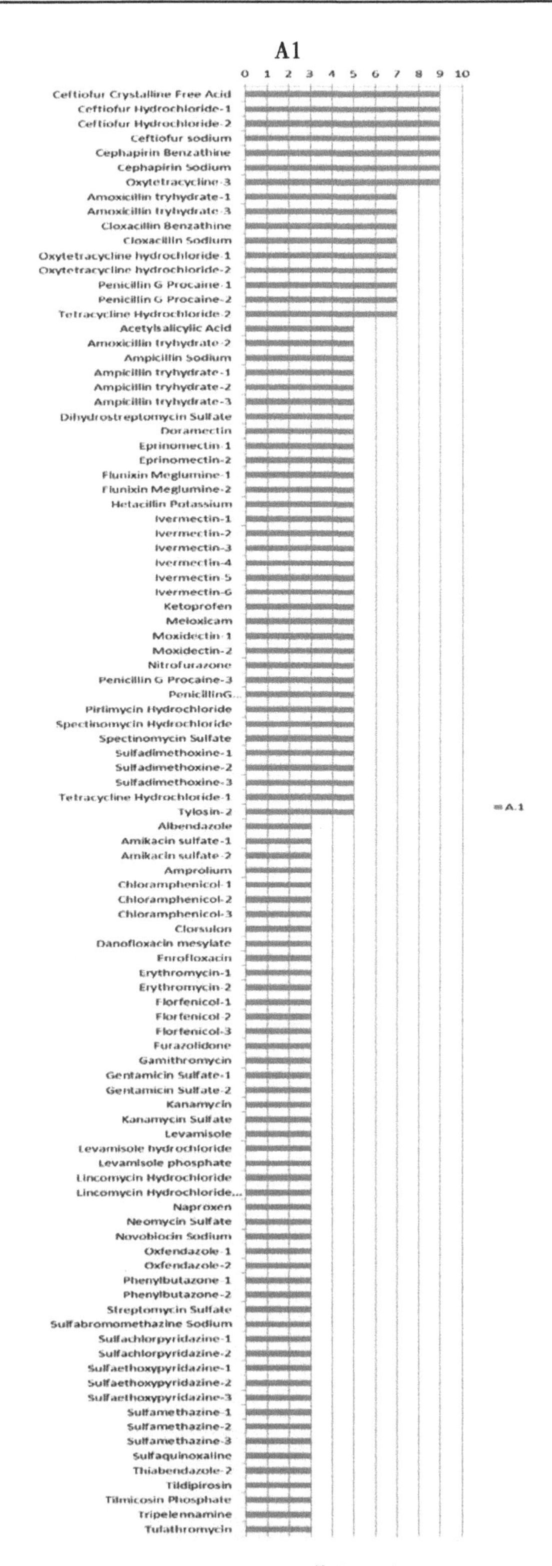
A1
0 1 2 3 4 5 6 7 8 9 10
Ceftiofur Crystalline Free Acid
Ceftiofur Hydrochloride-1
Ceftiofur Hydrochloride-2
Ceftiofur sodium
Cephapirin Benzathine
Cephapirin Sodium
Oxytetracycline-3
Amoxicillin tryhydrate-1
Amoxicillin tryhydrate-3
Cloxacillin Benzathine
Cloxacillin Sodium
Oxytetracycline hydrochloride-1
Oxytetracycline hydrochloride-2
Penicillin G Procaine-1
Penicillin G Procaine-2
Tetracycline Hydrochloride-2
Acetylsalicylic Acid
Amoxicillin tryhydrate-2
Ampicillin Sodium
Ampicillin tryhydrate-1
Ampicillin tryhydrate-2
Ampicillin tryhydrate-3
Dihydrostreptomycin Sulfate
Doramectin
Eprinomectin-1
Eprinomectin-2
Flunixin Meglumine-1
Flunixin Meglumine-2
Hetacillin Potassium
Ivermectin-1
Ivermectin-2
Ivermectin-3
Ivermectin-4
Ivermectin-5
Ivermectin-6
Ketoprofen
Meloxicam
Moxidectin-1
Moxidectin-2
Nitrofurazone
Penicillin G Procaine-3
PenicillinG...
Pirlimycin Hydrochloride
Spectinomycin Hydrochloride
Spectinomycin Sulfate
Sulfadimethoxine-1
Sulfadimethoxine-2
Sulfadimethoxine-3
Tetracycline Hydrochloride-1
Tylosin-2
Albendazole
Amikacin sulfate-1
Amikacin sulfate-2
Amprolium
Chloramphenicol-1
Chloramphenicol-2
Chloramphenicol-3
Clorsulon
Danofloxacin mesylate
Enrofloxacin
Erythromycin-1
Erythromycin-2
Florfenicol-1
Florfenicol-2
Florfenicol-3
Furazolidone
Gamithromycin
Gentamicin Sulfate-1
Gentamicin Sulfate-2
Kanamycin
Kanamycin Sulfate
Levamisole
Levamisole hydrochloride
Levamisole phosphate
Lincomycin Hydrochloride
Lincomycin Hydrochloride...
Naproxen
Neomycin Sulfate
Novobiocin Sodium
Oxfendazole-1
Oxfendazole-2
Phenylbutazone-1
Phenylbutazone-2
Streptomycin Sulfate
Sulfabromomethazine Sodium
Sulfachlorpyridazine-1
Sulfachlorpyridazine-2
Sulfaethoxypyridazine-1
Sulfaethoxypyridazine-2
Sulfaethoxypyridazine-3
Sulfamethazine-1
Sulfamethazine-2
Sulfamethazine-3
Sulfaquinoxaline
Thiabendazole-2
Tildipirosin
Tilmicosin Phosphate
Tripelennamine
Tulathromycin
A.1

图 A6.1　A1 药物评分

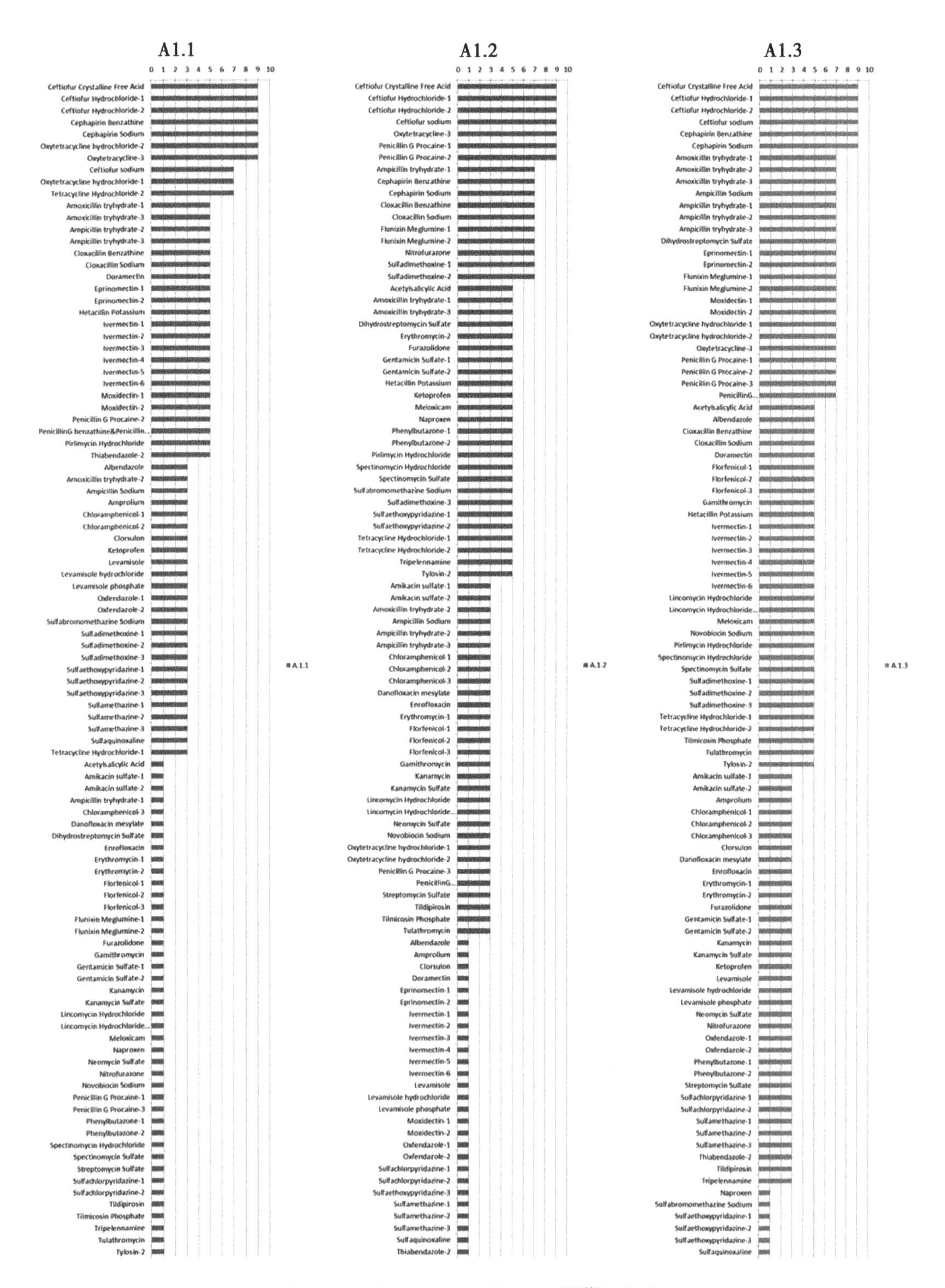

图 A6.2　A1.1、A1.2 和 A1.3 的药物评分

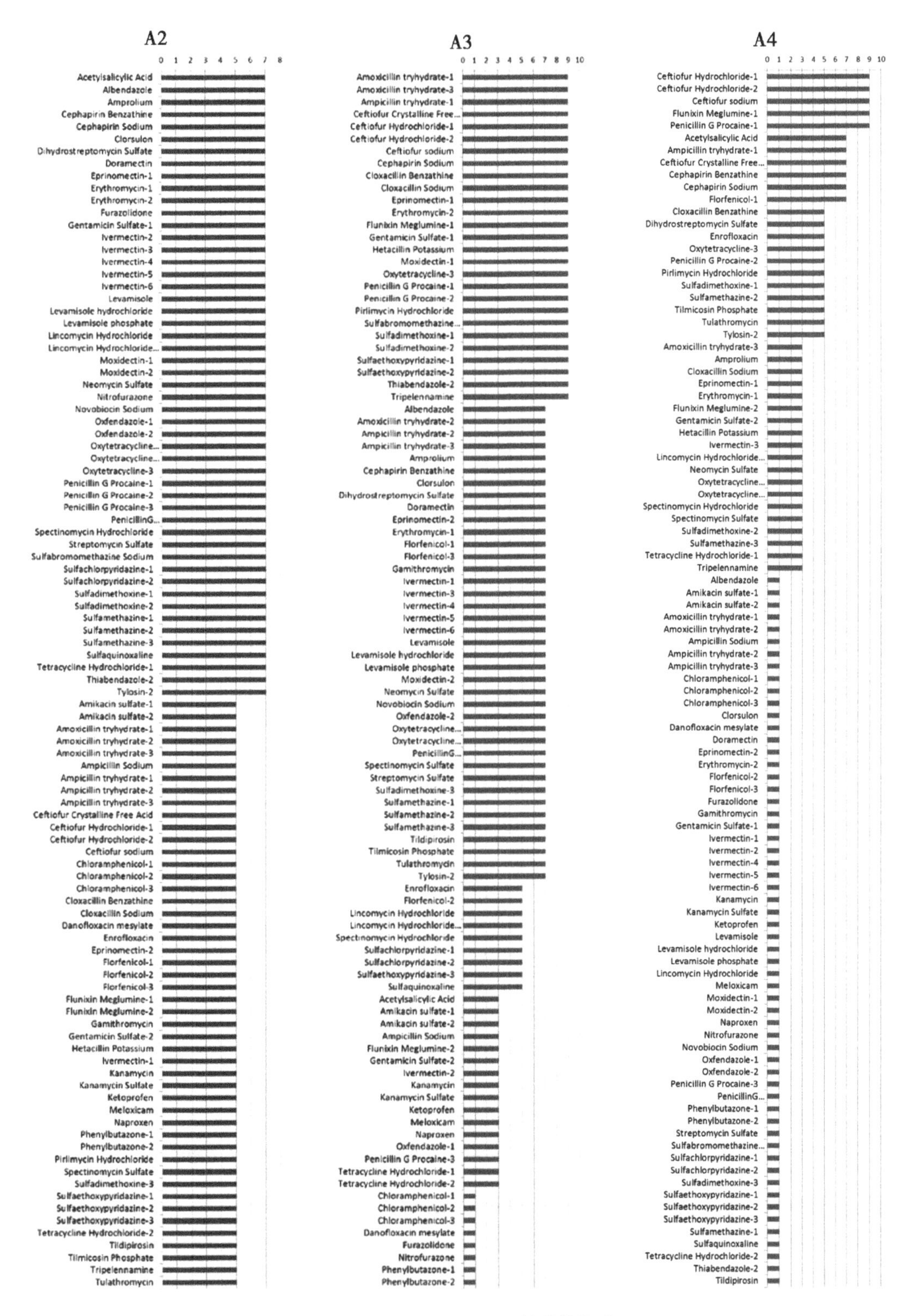

图 A6.3 A2、A3 和 A4 的药物评分

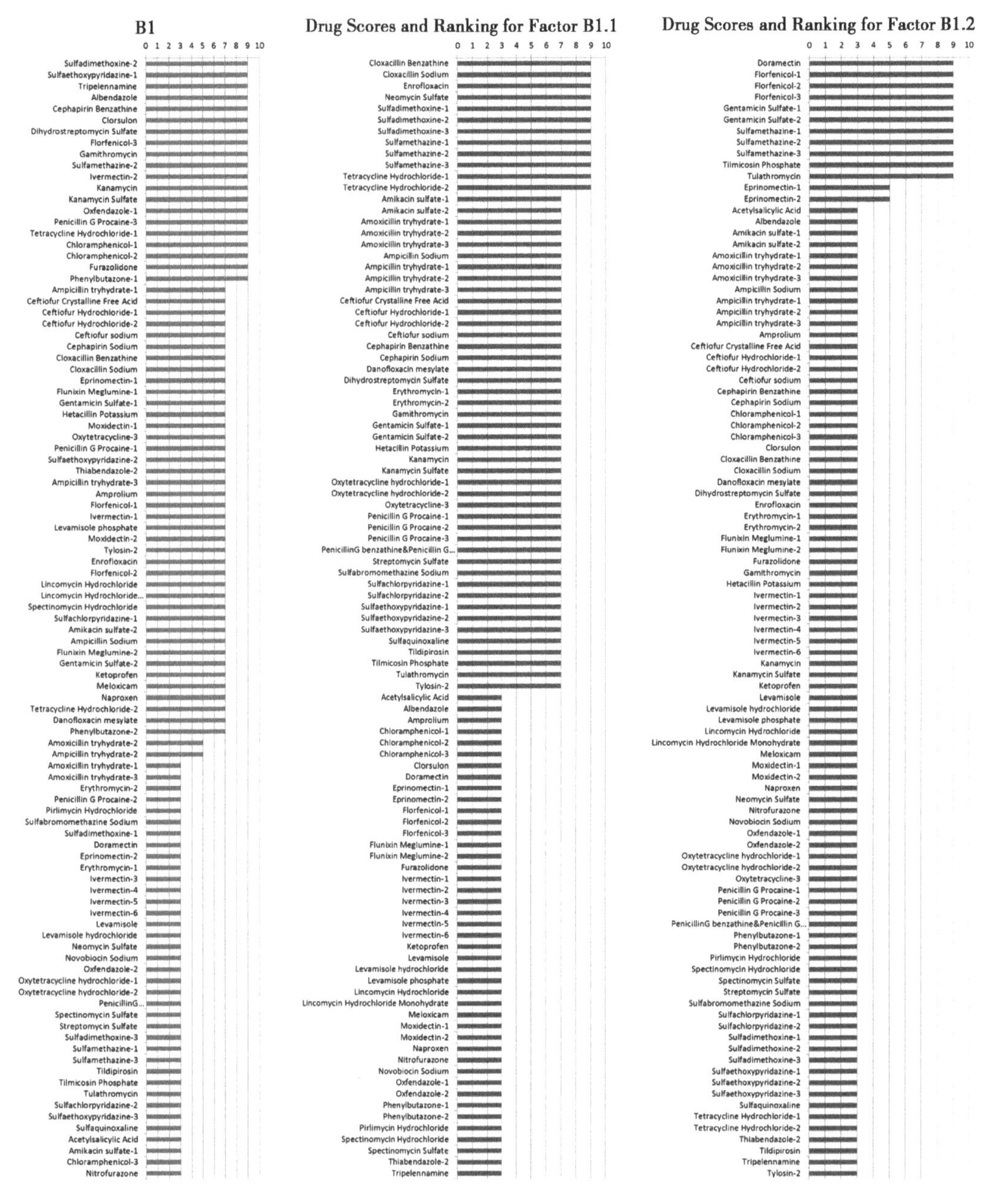

图 A6.4 次级标准 B1 及其因子 B1.1 和 B1.2 的药物评分

Figure A6.4 Drug scores for sub-criterion B1, and its factors B1.1 and B1.2

B3. 基于专家抽取信息的药物存在可能性（LODP）

基于专家小组对因子 B3.1（药物进入泌乳期牛奶的可能性）和因子 B3.2（药物进入贮奶罐内牛奶的可能性）的评价来指定 B3 评分。图 A6.6 给出药物标准分为 B3 及其因子 B3.1 和 B3.2。大环内酯类、妥拉索霉素、替米考星、吡啶霉素、环孢素、吡霉素、四环素、土霉素、氟喹诺酮、恩诺沙星、抗寄生虫药、奥芬达唑和多拉菌素被专家评定为最高，最有可能存在于贮奶罐（牛奶）中。与之形成鲜明对比，抗寄生虫药埃普菌素被认为是最不可能存在于贮奶罐（牛奶）中。

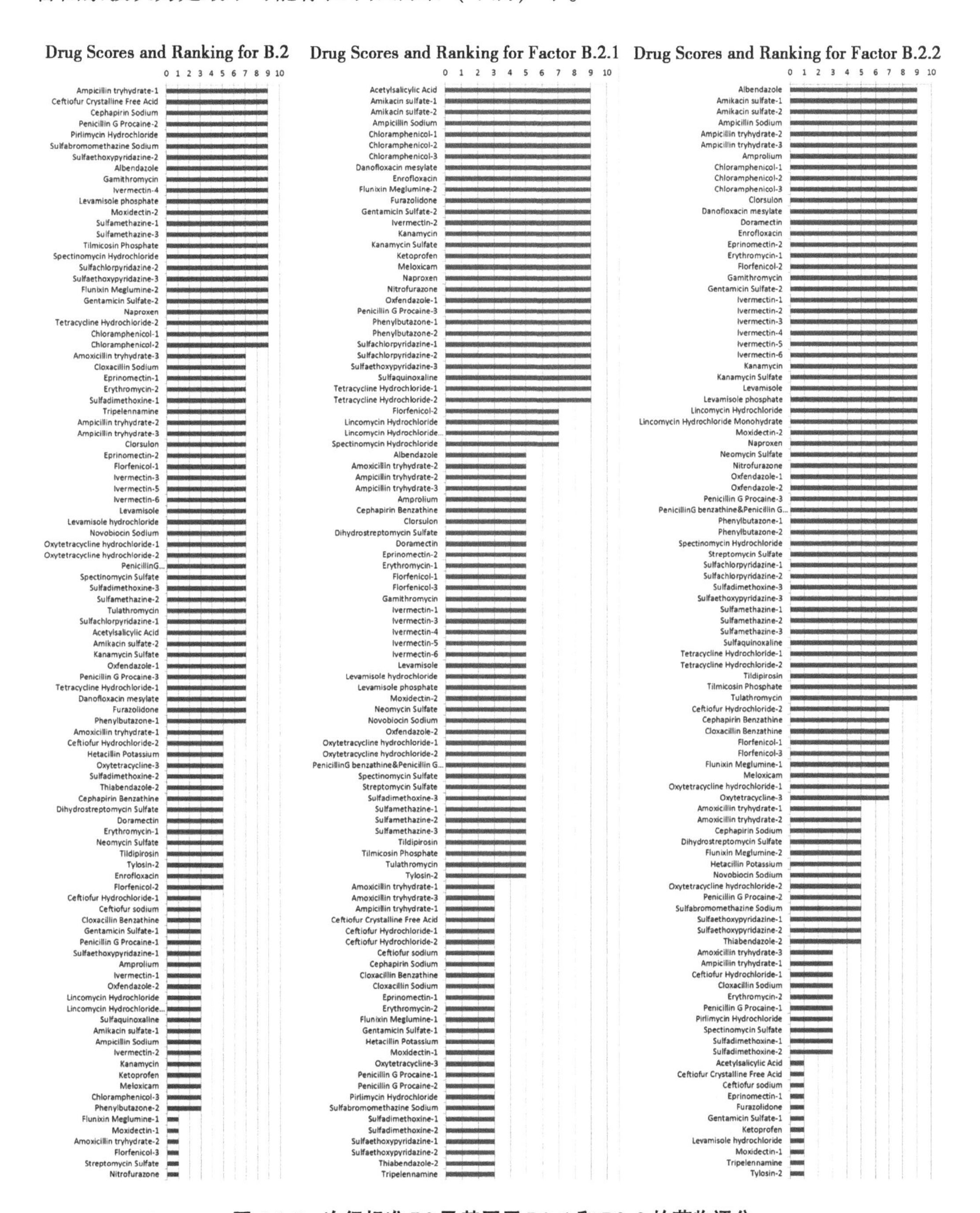

图 A6.5 次级标准 B2 及其因子 B2.1 和 B2.2 的药物评分

Figure A6.5 Drug scores for sub-criterion B2, and its factors B2.1 and B2.2

图 A6.6 次级标准 B3 及其因子 B3.1 和 B3.2 的药物评分

Figure A6.6 Drug scores for sub-criterion B3, and its factors B3.1 and B3.2

C1. 加工的影响

从加工的影响产生的评分分数产生可预测的药物浓度变化，即最终乳制品中的药物浓度相对于原奶中的初始浓度的变化。分数从 0.3（即 3.3 倍的减少）变化到 10 倍（即 10 倍的增加）。加工效应最高的药物残留物包括脂溶性药物，它们不受热降解或脱水的影响（或减少），并具有在一些高脂肪乳制品中浓缩的额外潜力。在高蛋白浓度的乳制品中也存在蛋白质可溶性药物残留的可能性，但由于缺乏关于药物残留物或重要代谢物的蛋白质结合特性的数据，这在此模型中没有得到阐明。

图 A6.6 描述了乳制品对每种药物残留物的处理（C1）的估计效应。图 A6.7 分别说明了加工过程对液态奶、黄油和蒸发奶中药物的影响。如图所示，脂溶性药物、安普前列素、多米尼汀、伊普霉素、伊维菌素、莫西汀、奥芬达唑、噻苯达唑和妥拉霉素在如黄油等高脂乳制品中的浓度最高可达 9 倍。

C1.1 产品组成

图 A6.8 描述了产品成分对相对药物浓度的估计效应。表 A6.1 显示了相对于牛奶的产品脂肪成分值。图 A6.9 图解说明乳制品相对于牛奶的产品脂肪成分值。在纳入基于多标准排序的乳和乳制品中，黄油是脂肪含量最高的乳制品。

图 6.9 显示了每一种药物—产品配对的产品成分值（C1.1），具体在表 5.21 和表 5.22

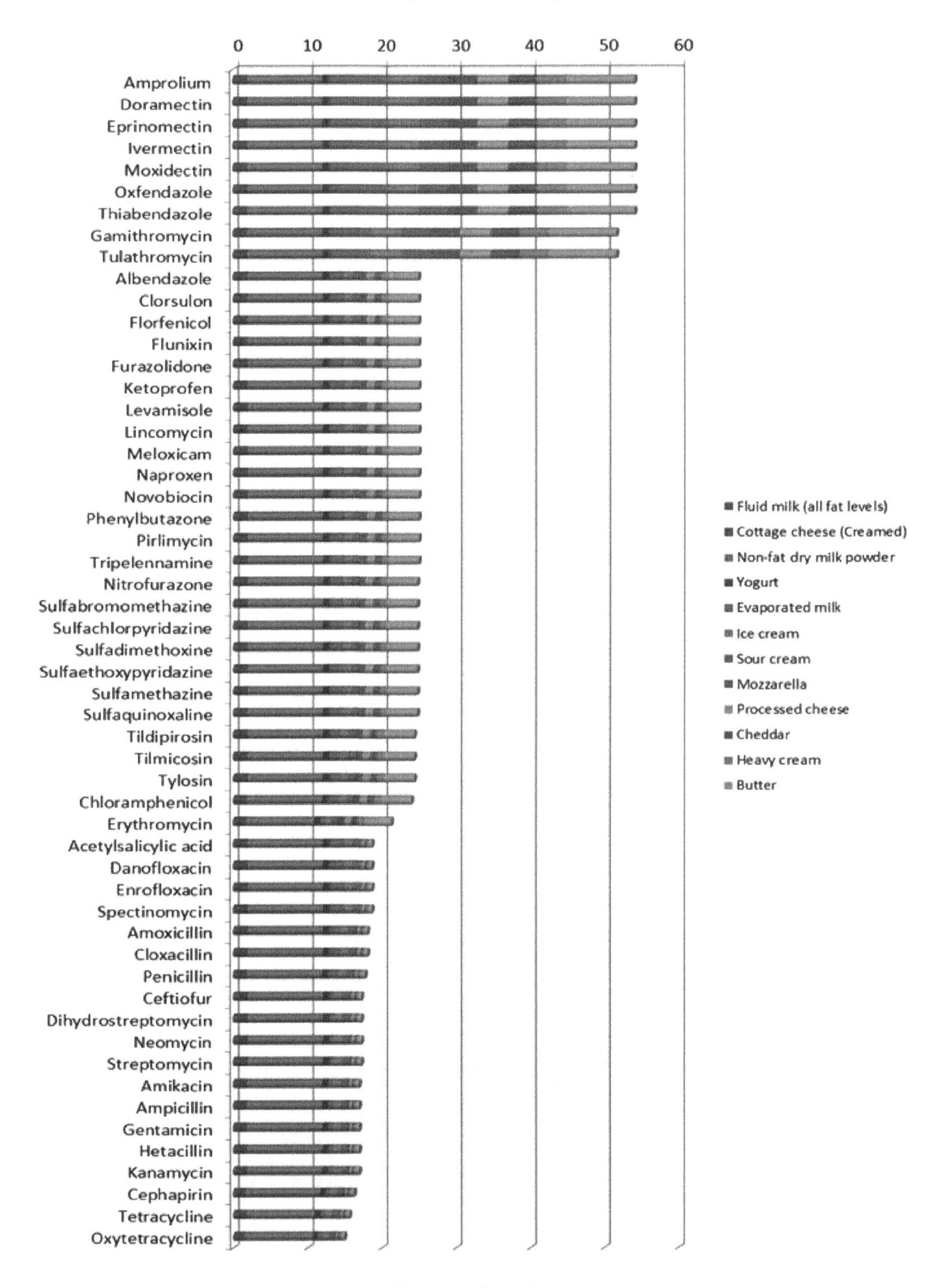
C1–Impact of Processing
0
10
20
30
40
50
60
Amprolium
Doramectin
Eprinomectin
Ivermectin
Moxidectin
Oxfendazole
Thiabendazole
Gamithromycin
Tulathromycin
Albendazole
Clorsulon
Florfenicol
Flunixin
Furazolidone
Ketoprofen
Levamisole
Lincomycin
Meloxicam
Naproxen
Novobiocin
Phenylbutazone
Pirlimycin
Tripelennamine
Nitrofurazone
Sulfabromomethazine
Sulfachlorpyridazine
Sulfadimethoxine
Sulfaethoxypyridazine
Sulfamethazine
Sulfaquinoxaline
Tildipirosin
Tilmicosin
Tylosin
Chloramphenicol
Erythromycin
Acetylsalicylic acid
Danofloxacin
Enrofloxacin
Spectinomycin
Amoxicillin
Cloxacillin
Penicillin
Ceftiofur
Dihydrostreptomycin
Neomycin
Streptomycin
Amikacin
Ampicillin
Gentamicin
Hetacillin
Kanamycin
Cephapirin
Tetracycline
Oxytetracycline
Fluid milk (all fat levels)
Cottage cheese (Creamed)
Non-fat dry milk powder
Yogurt
Evaporated milk
Ice cream
Sour cream
Mozzarella
Processed cheese
Cheddar
Heavy cream
Butter

图 A6.7　加工效应

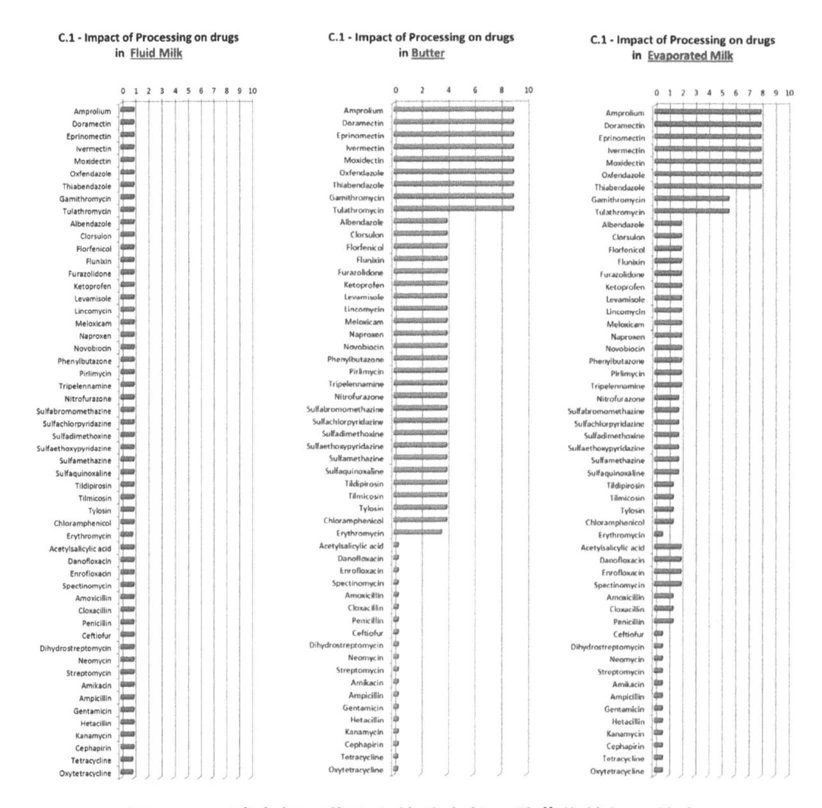

图 A6.8 液态奶、黄油和炼乳中每一种药物的加工效应

中有描述。在纳入基于多标准的排序的乳和乳制品中，黄油是脂肪含量最高的乳制品。

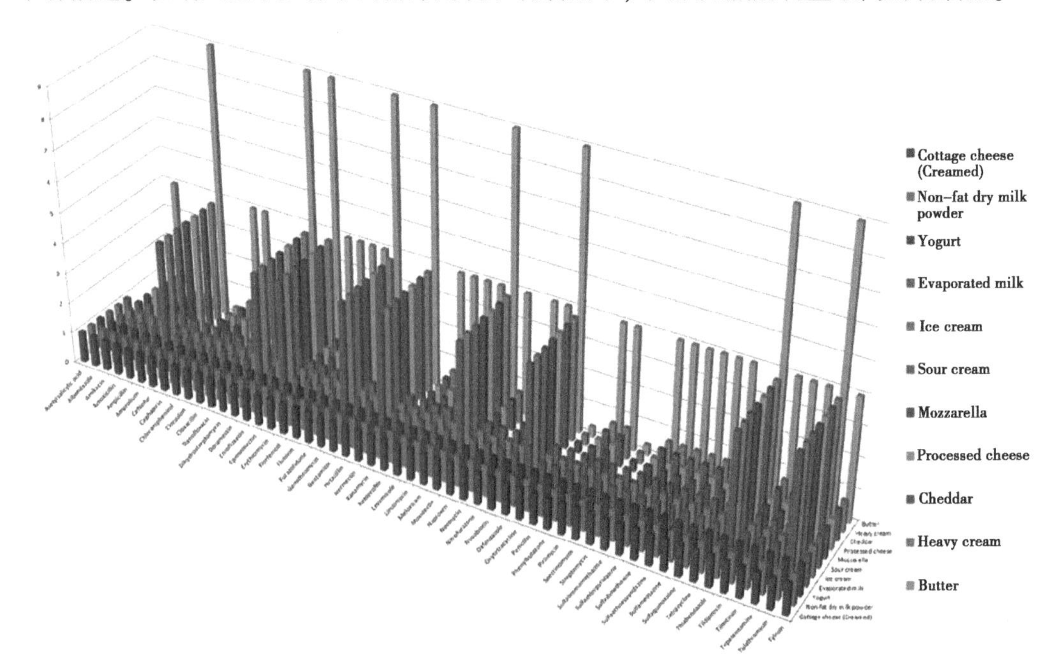

图 A6.9 产品成分值

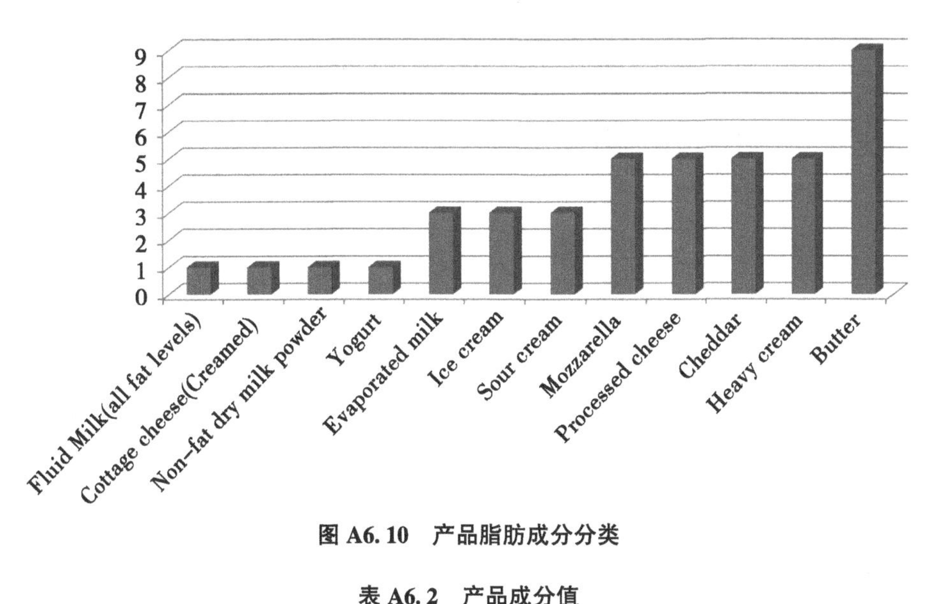

图 A6.10　产品脂肪成分分类

表 A6.2　产品成分值

乳成分	产品脂肪成分分类	乳制品中药物残留浓度的估计变化

图 A6.11 说明了纳入这一基于多标准排序中 54 个药物预期的药物（或主要药物代谢物）分配/分布行为。

这些总的类别制定是基于表观分配系数的价值和牛奶加工过程中的实验确定的药物分配。亲脂性药物将集中在高脂乳制品中，基于美国的日均消费量，这些药物预计会导致消费者暴露增加。

Hydrophilic (highly water soluble)	Intermediate	Lipophilic (highly fat-soluble)
•Acetylsalicylic acid	•Albendazole	•Amprolium
•Amikacin	•Chloramphenicol	•Doramectin
•Amoxicillin	•Clorsulon	•Eprinomectin
•Ampicillin	•Erythromycin	•Gamithromycin
•Ceftiofur	•Florfenicol	•Ivermectin
•Cephapirin	•Flunixin	•Moxidectin
•Cloxacillin	•Furazolidone	•Oxfendazole
•Danofloxacin	•Ketoprofen	•Thiabendazole
•Dihydrostreptomycin	•Levamisole	•Tulathromycin
•Enrofloxacin	•Lincomycin	
•Gentamicin	•Meloxicam	
•Hetacillin	•Naproxen	
•Kanamycin	•Nitrofurazone	
•Neomycin	•Novobiocin	
•Oxytetracycline	•Phenylbutazone	
•Penicillin	•Pirlimycin	
•Spectinomycin	•Sulfabromomethazine	
•Streptomycin	•Sulfachlorpyridazine	
•Tetracycline	•Sulfadimethoxine	
	•Sulfaethoxypyridazine	
	•Sulfamethazine	
	•Sulfaquinoxaline	
	•Tildipirosin	
	•Tilmicosin	
	•Tripelennamine	
	•Tylosin	

图 A6.11　亲水性、中性和亲脂性药物

C1.2　热降解效应

本研究中的大多数药物是热稳定的，但四环素类药物（四环素和土霉素）以及红霉素对热敏感，并且会受到巴氏杀菌的影响。这些热敏药物在加工乳和乳制品中的浓度预计会降低。

C1.3　脱水因子评分

图 A6.15 描述了脱水对药物残留物浓度的影响。

C2. 乳及乳制品消费量

C2.1　牛奶和乳制品的消费量（LADI 每人一生每日摄入量/每千克体重）

C2.2　个人消费乳制品的百分比。图 A6.20 说明了各年龄组的所有乳制品的加权百分比消耗（与液态奶相比）。液态奶的消费量超过了所有年龄组的乳制品消费量。

C2.3　各年龄组的年龄。在一个年龄组中花费的生命时间的比例。

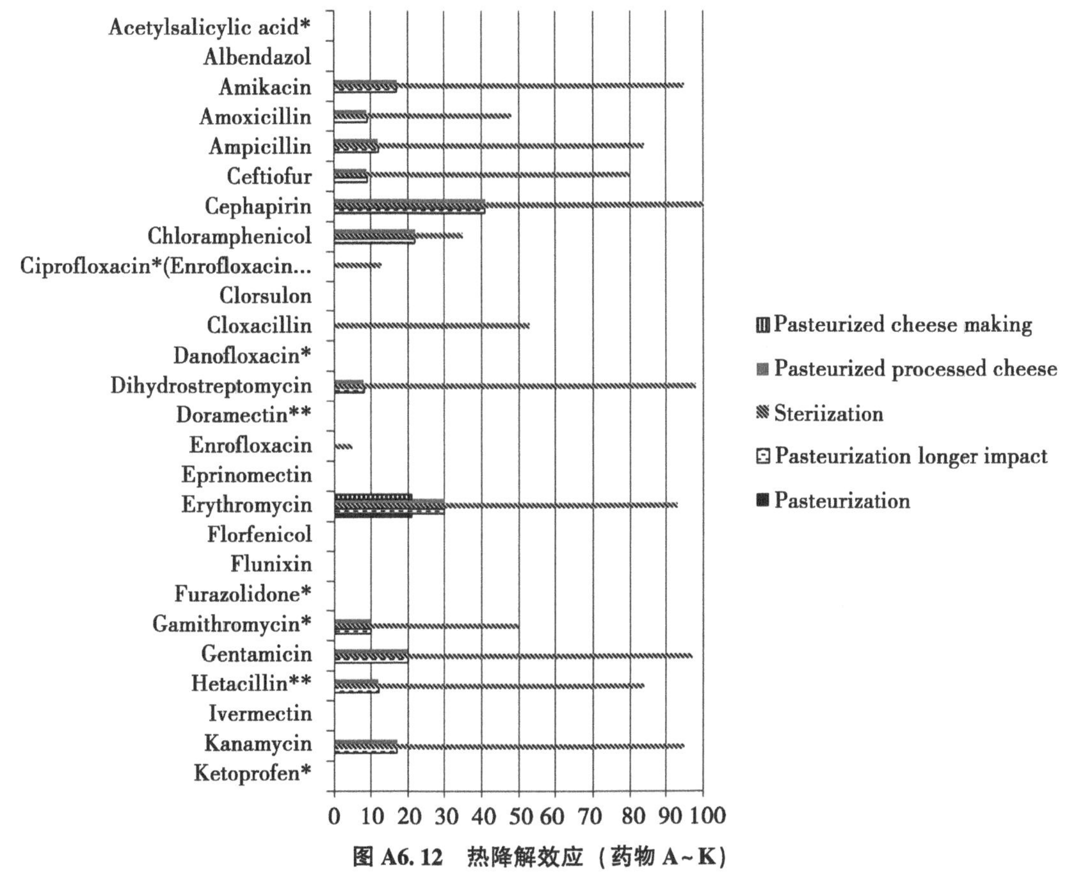

图 A6.12 热降解效应（药物 A～K）

* 无可用数据；但熔点或温度稳定性的信息可用

** 无数据可用；假设与同类药物性质相同（附录 5.14）

注：无数据可用于氨丙啉

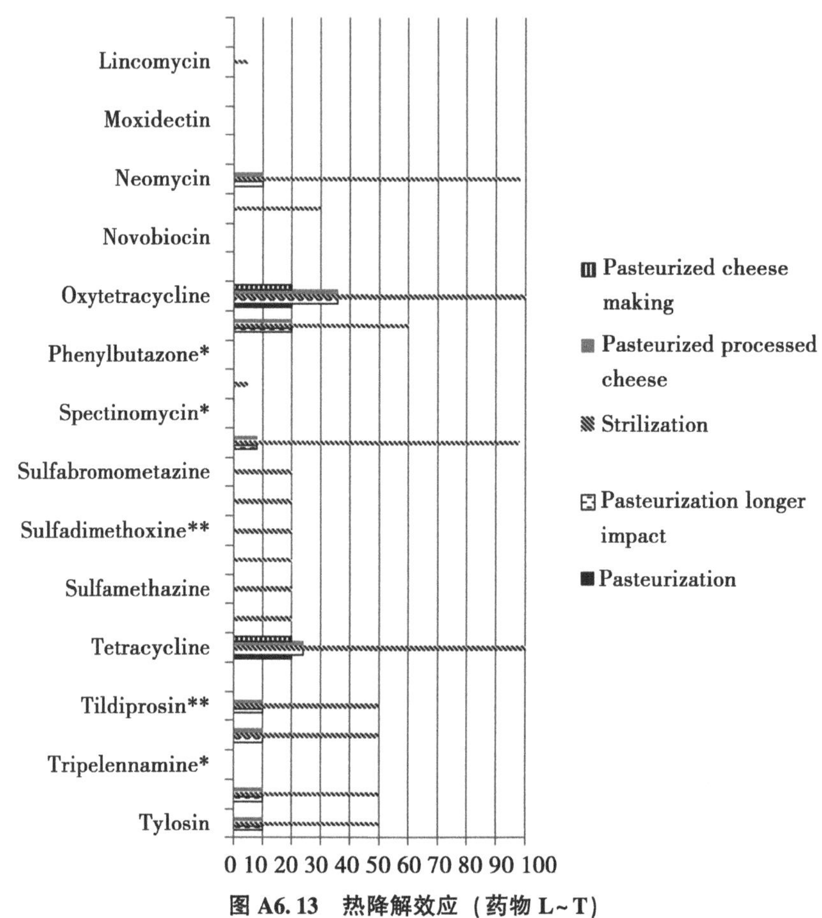

图 A6.13 热降解效应（药物 L~T）

* 无可用数据；但熔点或温度稳定性的信息可用

** 无数据可用；假设与同类药物性质相同（附录 5.13）

注：无数据可用于氨丙啉

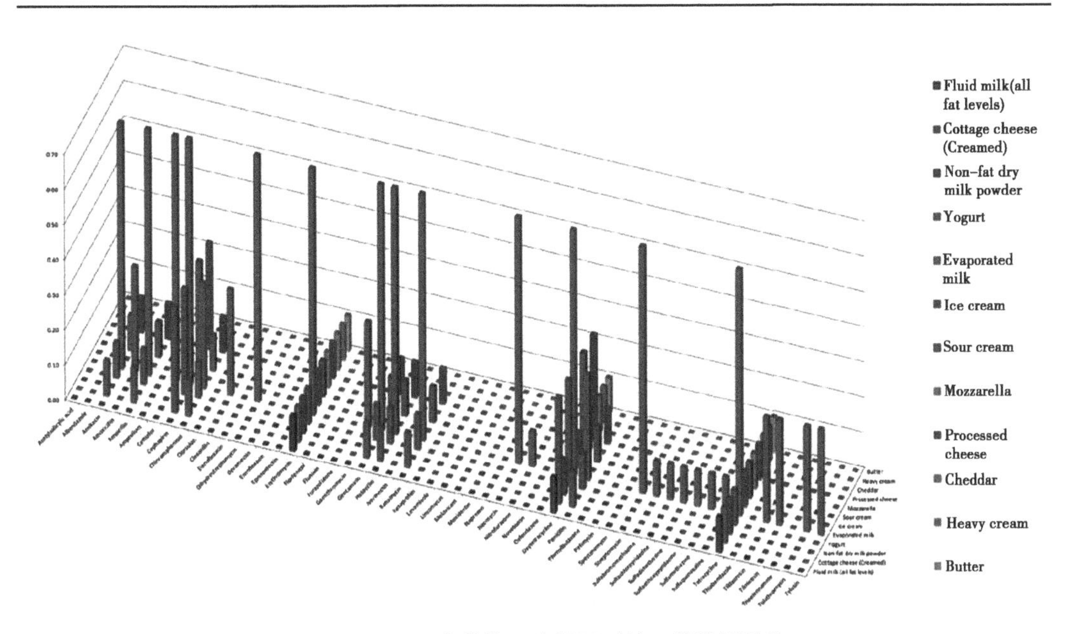

图 A6.14　54 个药物—产品配对的“热降解值”

图 A6.15　脱水对液态奶、脱脂奶粉和蒸发奶中药物的影响

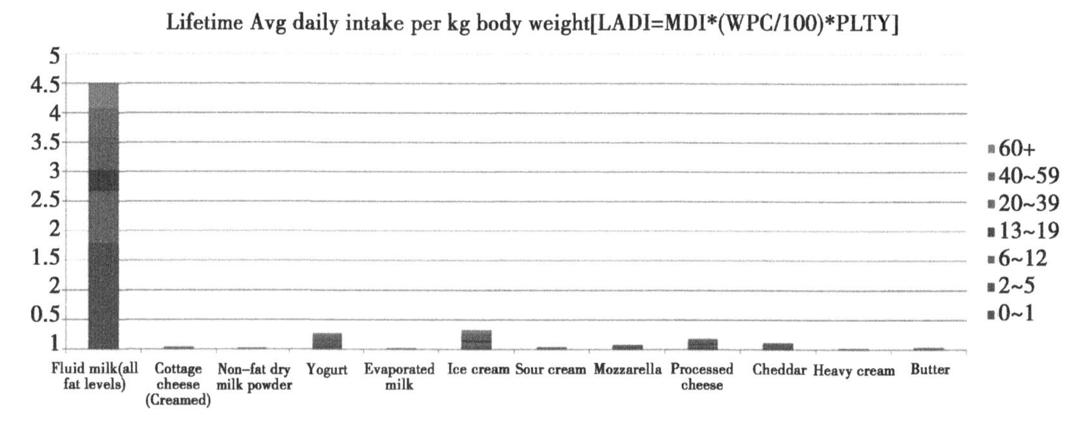

图 A6.16　乳及乳制品的消费量

注：LADI 每人一生每日摄入量/每千克体重

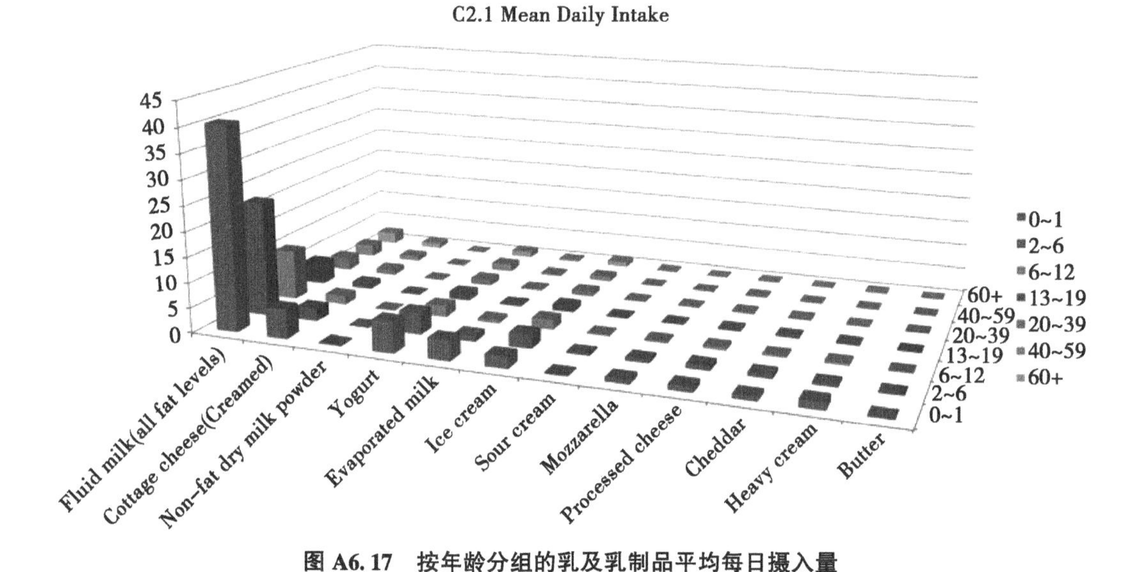

图 A6.17　按年龄分组的乳及乳制品平均每日摄入量

数据来源："在美国我们吃什么"和营养检查调查（WWEIA/NHANES），2005—2010（CDC，2011）. 基于膳食调查的食物和营养数据库（FNDDS）5.0（USDA FSIS，2012a）确定乳制品成分的百分比。摄入量是 2 天的平均值。

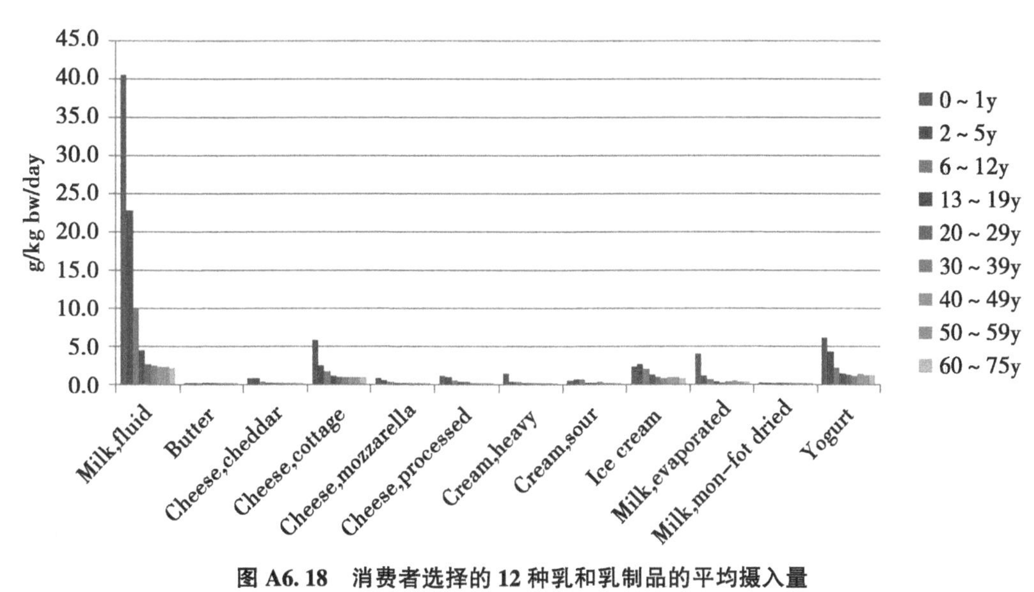

图 A6.18 消费者选择的 12 种乳和乳制品的平均摄入量

数据来源："在美国我们吃什么"和营养检查调查（WWEIA/NHANES），2005—2010（CDC，2011）. 基于膳食调查的食物和营养数据库（FNDDS）5.0（USDA FSIS，2012a）确定乳制品成分的百分比。百分比反映了每个年龄组的调查对象在 2 天调查期间至少一次摄入报告乳制品（或含有乳制品的混合物）的比例。

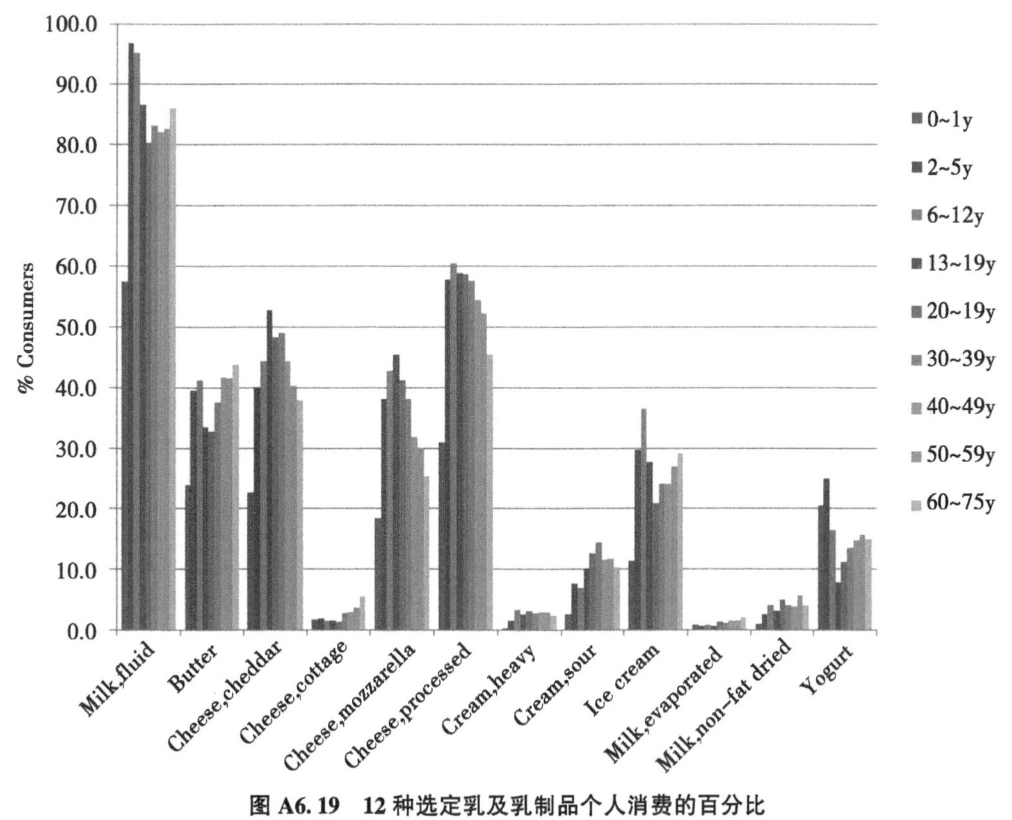

图 A6.19 12 种选定乳及乳制品个人消费的百分比

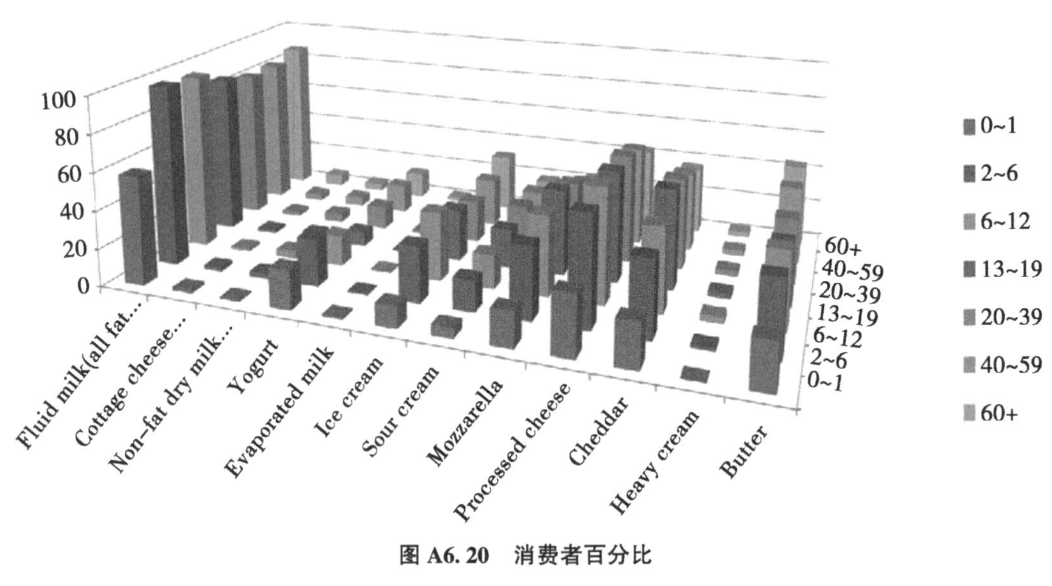

图 A6.20 消费者百分比

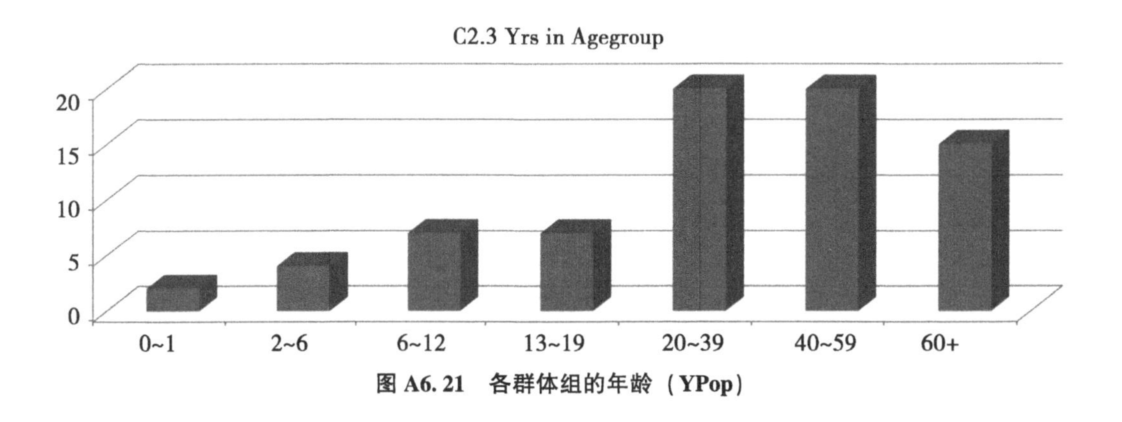

图 A6.21 各群体组的年龄（YPop）

附录 6.3　结果：非置信度得分——评分的详细描述

为了根据数据的可信度建立一个药物等级，风险评估小组内的论题专家将每个数据的置信度采用高置信度、中置信度和低置信度的模型进行分类。在某些情况下，一个更为确定的等级是必要的。表 A 6.3 通过所有数据组合以及与之相关的数据置信度分数，总结出每一个分类类别所需证据的级别和类型。低置信度分值意味着数据是相对不确定的。

表 A6.3　采用每一个数据的表观置信度作为一般模型的总体方案

置信度	证据的强度和性质	置信度分数
高	基于其相关性和可靠性的高强度证据/数据由多个因素决定。例如， (a) 关注特定兽药的数据 (b) 与牛奶或乳制品有关的数据 (c) 采用有据可查和可接受的方法获得的数据 (d) 专家间强有力的共识（例如，来自专家的数据抽取） (e) 来源可靠的数据（例如，科学文献或政府报告）	9
中	基于其相关性和可靠性的中等强度证据/数据由多个因素决定。例如， (a) 同一个兽药类别或家族的另一种药物，或只针对该药物类别/家族的数据 (b) 专家间中等强度的共识（例如，来自专家的数据抽取） (c) 除牛奶或乳制品以外的基质产品中获得的数据 (d) 采用有据可查和可接受的方法获得的数据 (e) 来源可靠的数据（例如，科学文献或政府报告）	5
低	基于其相关性和可靠性的最低强度证据/数据由多个因素决定。例如， (a) 没有可用的直接测量数据或信息（例如，仅从理论数据或与数据/信息相关的分散数据估算而来的数据） (b) 专家间的分歧（例如，来自专家的数据抽取） (c) 没有可用的相关数据	1

每种药物的整体数据置信得分来自特定的标准分配分值，这是一种与基于多标准排序模型相平行的方式，即，每个次级标准分数都是由数据集的置信分数生成的，而每个标准分数又是由次级标准分数的组合导出的。标准评分采用与基于多标准的排序模型相同专家分配权重来合计，即：

每种药物的非置信度得分（UDRUG）

UDRUG=（（UA * WA）+（UB * WB）+（UC * WC）+（UD * WC））/W

注：

UA，UB，UC，UD=每种药物相对于标准 A，B，C 和 D 的非置信度得分

WA=分配给标准 A 的权重

WB=分配给标准 B 的权重

WC＝分配给标准 C 的权重

WD＝分配给标准 D 的权重

Wsum＝WA+WB+WC+WD

在开发数据置信度排序时，将基于多标准排序模型中使用的相同权重包含在内是至关重要的，因为它们反映了来自每个标准的信息对多标准排序模型的贡献程度。下面提供了与实验模型中每个数据集使用的数据分类和评分矩阵有关的具体细节。

标准 A 的兽药不确定度得分

与标准 A 相关的每种兽药的基于多标准的评分来自四个次级标准中的每一个的评分：（A1）基于调查的 LODA，（A2）基于药物销售状况的 LODA，（A3）基于药物批准状态的 LODA，以及（A4）基于奶牛场药物使用证据的 LODA。下面，我们定义了与每个次级标准相关的数据置信度评分，然后将这些置信度评分结合起来得出标准 A 的总体数据置信度评分。

- A1 的兽药数据不确定度得分

三个不同的研究报告了 A1 的得分。我们评估了每种药物关于每项研究的数据置信度得分，然后结合这些得分提供 A1 的总体数据置信度得分。

A1. 1：USDA 研究（NAHMS 乳业，2007）

A1. 2：兽医调查（Sundlof et al.，1995）

A1. 3：专家的数据抽取

下面定义了与因子 A1. 1 或 A1. 2 相关的每种药物的兽药数据置信度得分。

表 A6. 4　A1. 1 或 A1. 2 的置信度分数

与给定兽药的数据相关的证据的强度和性质	置信度得分
可用于兽药的调查数据	9
可用于兽药类别的调查数据	5
没有关于兽药或药物类别的调查数据	1

A1. 3 的排序分数是由专家对 3 个问题的回答得出的。每种药物的数据置信度分数也是从这 3 个问题的答案中得出的，但是在这种情况下，我们是根据对每个问题提供定量回答的专家数量，以及专家之间的共识水平进行计分（应答者对每种药物的评分标准偏差）（标准置信度的偏差）。

将标准偏差置信度得分（SDC）和应答者置信度的得分比例（PRC）相加，由此确定每种药物的置信度得分如下。

表 A6. 5　A1. 3 的置信度得分，Q1（用特定兽药治疗奶牛群的百分比），Q2（用来源于专家共识的特定兽药治疗的泌乳期奶牛群的百分比）和 Q3（用来源于专家共识的每一个泌乳期奶牛每年用特定兽药治疗的频率）

与给定兽药的数据相关的证据的强度和性质	A1. 3-Q1 置信度得分
If（SDC+PRC）> 10	9

（续表）

与给定兽药的数据相关的证据的强度和性质	A1.3-Q1 置信度得分
If　10≥（SDC+PRC）> 8	5
If　8≥（SDC+PRC）	1

SDC 标准偏差置信度得分

PRC 应答者置信度的得分比例

A1.3 的数据置信度得分，涉及了所有 3 个问题中关于专家对每种药物所提供的置信度。

表 A6.6　A1.3 整体水平的置信度得分和证据类型的置信度

证据的级别和类型	置信度得分
Q1，Q2 和 Q3 的数据置信度分数总和≥23	9
Q1，Q2 和 Q3 的数据非置信度分数总和≥11	5
Q1，Q2 和 Q3 的数据非置信度分数总和<1	1

A1 的置信度得分反映了 3 个数据来源（因子）对数据集之间的次级标准和共识的置信度。

表 A6.7　A1 的整体置信度分数

证据的级别和类型	置信度得分
A1.1，A1.2 和 A1.3 的非置信度分数总和 > 15（例如 9+5+5）	9
A1.1，A1.2 和 A1.3 的非置信度分数总和 > 9（例如 5+5+1）	5
A1.1，A1.2 和 A1.3 的非置信度分数总和 ≤9（例如 5+5+1）	1

- A2 和 A3 的兽药数据置信度分数

由于美国的兽药处方和药物审批情况都是已知的，因此 A2 和 A3 中的每种药物的置信度得分为 9。

- A4 的兽药数据置信度分数

FDA/CVM 农场检验数据显示 A4 的得分。下面定义了与这些数据相关的数据置信度分数。如果一种药物在至少 5 年的检查中从未被观察到，那么就有一个相对较高的置信度（7），表明零观测是正确的。

表 A6.8　A4 的置信度分数

与给定兽药的数据相关的证据的强度和性质	置信度得分
FDA/CVM 农场检查在农场观察到兽药	9
FDA/CVM 农场检查没有在农场观察到兽药	7

标准 A 的数据置信度分数

模型中所考虑的 99 种药物制剂的数据置信评分均来自以下 4 个次级标准中的每一个评分：

表 A6.9　整体标准 A 的置信度分数

证据的级别和类型	置信度得分
A1，A2，A3 和 A4 的置信度分数总和> 28（例如，9+9+9+5）	9
A1，A2，A3 和 A4 的数据置信度总和> 12（例如，9+9+5+5）	5
A1，A2，A3 和 A4 的数据置信度总和≤ 12（例如，9+9+5+5）	1

B. 标准 B 的兽药数据置信度评分

与标准 B 相关的每种兽药的评分得自 3 个次级标准中的每一个的评分：（B1）基于贮奶罐内牛奶中检测到的兽药证据的 LODP，（B2）基于滥用药物的可能性和后果的 LODP，（B3）基于专家抽取分数得出的 LODP。我们在下面定义与每个次级标准相关的数据置信度评分，然后结合这些置信度评分得出标准 B 的总体数据置信度评分。

- B1 的兽药数据非置信度得分

两项不同的研究报告了 B1 的得分：2000—2013 年国家乳品药物残留数据库的数据（B1. 1）和 2012—2013 财年期间进行的贮奶罐内牛奶 FDA/CVM 的抽样调查（B1. 2）。我们评估了来自每项研究的药物的数据置信度，然后将这些分数结合起来，为 B1 提供整体的非置信度得分数。

表 A6. 10　B1. 1 的置信度分数

与给定兽药的数据相关的证据的强度和性质	置信度得分
……	……

表 A6. 11　B1. 2 的置信度分数

与给定兽药的数据相关的证据的强度和性质	置信度得分
在 2013—2013 财政年度，对一个或多个贮奶罐奶样品中的 FDA/CVM 药物残留物抽样研究发现药物/代谢物呈阳性，且药物水平高于 FDA 限制的一个或多个样品	9
在 2013—2013 财政年度，对一个或多个贮奶罐奶样品中的 FDA/CVM 药物残留物抽样研究发现药物/代谢物呈阳性，但药物水平未超过 FDA 限制的一个或多个样品	7
在 2013—2013 财政年度，任何贮奶罐奶样品中的 FDA/CVM 药物残留物抽样研究未发现药物/代谢物呈阳性	5
在 2012—2013 财政年度 FDA/CVM 药物残留物抽样研究中，没有检测到贮奶罐奶样品中是否存在药物/代谢物	1

B1 的置信度分数反映了 3 个数据源（因子）中每个数据的可信度，它们告知了数据集之间的次级标准和共识。

表 A6.12　B 的整体置信度分数

证据的级别和类型	置信度分数
B1.1 和 B1.2 的数据置信度总和> 10（例如 9+5）	9
B1.1 和 B1.2 的数据置信度总和> 5（例如 5+1）	5
B1.1 和 B1.2 的数据置信度总和≤5（例如 1+1）	1

- B 的兽药数据非置信度得分

B2 的评分来自于美国的动物药品批准状态（B2.1），以及牛奶中的药物持久性（B2.2）。兽药的批准状态是已知的，因此（B2.1）中分配给每种药物的置信度得分为 9。如下所示为每一种药物的（B2.2）的置信度得分。

表 A6.13　B2.2 的置信度分数

与给定兽药的数据相关的证据的强度和性质	置信度得分
通过 FDA 药物持久性数据估计药物持久性	9
通过 FARAD 药物持久性数据估计药物持久性	5
通过 FDA 或 FARAD 以外来源的药物持久性数据，或者药物持久性数据不可用	1

B2 的置信度分数反映了 2 个数据源（因子）中每一个的置信度，提示了数据集之间的次级标准和共识。

表 A6.14　整体 B2 的置信度分数

证据的级别和类型	置信度分数
B2.1 和 B2.2 的数据置信度总和> 10（例如，9+5）	9
B2.1 和 B2.2 的数据置信度总和> 5（例如，5+1）	5
B2.1 和 B2.2 的数据置信度总和≤ 5（例如，1+1）	1

- B3 的兽药数据不确定度评分

B3 的风险评分来源于专家对评估 B3.1，兽药进入泌乳奶牛的可能性以及 B3.2 药物进入贮奶罐的可能性等问题的回答。

每种药物的数据置信度分数也是从这两个问题的答案中得出的，但在这种情况下，根据对每个问题提供量化反应的专家比例、PRC 以及这些专家之间的一致程度（按照受访者每种药物评分的标准偏差来衡量）、SDC。

将标准差置信度得分（SDC）和受访者置信度得分（PRC）的比例相加并用于确定每种药物的置信度评分如下：

表 A6.15　B3.1（兽药进入泌乳奶牛乳的可能性）和 B3.2（药物进入贮奶罐的可能性）的置信度分数

与某一特定兽药相关证明的强度和质量	B3.1，B3.2 置信度
若（SDC+PRC）> 10	9
若 10≥（SDC+PRC）> 8	5
若 8≥（SDC+PRC）	1

- SDC 是标准差置信度分数。
- PRC 是受访者置信度得分的比例。

B3 的置信度分数反映了两个数据源（因子）中每一个的置信度，这些数据来源于数据集之间的次级标准和一致性。

表 A6.16　整体 B3 的置信度分数

证据的级别和类型	置信度
B3.1 和 B3.2 的数据置信度总和> 10（例如，9+5）	9
B3.1 和 B3.2 的数据置信度总和> 5（例如，5+1）	5
B3.1 和 B3.2 的数据置信度总和≤ 5（例如，1+1）	1

标准 B 的总兽药数据不确定度得分

在模型中考虑的 99 个药物制剂中的每一个的数据置信度得分均来自于以下 3 个次级标准的得分。

表 A6.17　整体 B 的置信度分数

证据的级别和类型	置信度
B1，B2 和 B3 的数据置信度总和> 21（例如，9+9+5）	9
B1，B2 和 B3 的数据置信度总和> 9（例如，5+5+1）	5
B1，B2 和 B3 的数据置信度总和≤ 9（例如，5+1+1）	1

C. 标准 C 的兽药数据置信度分数

与标准 C 相关的每种兽药的风险评分得分来自 2 个次级标准中的每一个的评分：（C1）乳制品消费的表观分配系数和（C2）消费量。以下，我们描述了分配给这两个数据次级标准中每一个所使用的数据的不确定性得分以及用于确定标准 C 的总体数据不确定性得分的得分矩阵。

- C1 的兽药数据不确定度得分

两个不同的因素影响了 C1 的不确定性分数：热降解和分区行为。我们对产品构成充满信心。对与每个这些因素相关的每种药物的数据置信度进行评估，然后将其组合以提供 C1 的总体数据置信度得分。

因子 C1.1 由药物的分配/分布行为和乳制品的组成决定。为了进行这种不确定性分析，我们假设乳制品组成是恒定的并且是已知的（如其由 CFR 定义）并且将与该因子相关的不确定性分配给描述药物的分配/分布行为的数据。

分配行为：

表 A6.18　分配行为的置信度分数

与给定兽药的数据相关的证据的强度和质量	置信度
实验数据可用于定量测定兽药描述了牛奶成分/产品生产过程中药物的分配/分布（例如，从牛奶的脱脂部分分离奶油）	9
实验数据可用于兽药的定量分析描述了在牛奶成分/产品生产过程中药物的分配/分布（例如，从牛奶的脱脂部分分离出奶油）	5
没有可用于兽药或药物类别的实验数据定量描述了牛奶成分/产品生产过程中药物的分配/分布（例如，牛奶脱脂部分的奶油分离）从标准分数系数值推导出的次级标准分数是根据公布的日志 P 和 pKa 值计算得出的。	1

热降解

根据表 A6.19，热降解的置信度得分由每种药物热稳定性的置信度决定。

表 A6.19　热降解的置信度分数

与给定兽药的数据相关的证据的强度和质量	置信度
用于定量描述加热过程中药物浓度降低的兽药类别的实验数据	9
用于定量描述加热过程中药物浓度降低的兽药类别的实验数据	5
没有可用于定量描述加热过程中药物浓度降低的兽药或药物类别的实验数据	1

C1 的置信度分数

次级标准 C1 的整体置信度分数计算根据从下表中得出的分数：

表 A6.20　C1 的置信度分数

证据的级别和类型	置信度
PBC 和 HDC 的数据置信度总和> 14（例如，9+5）	9
PBC 和 HDC 的数据置信度总和> 6（例如，5+1）	5
PBC 和 HDC 的数据置信度总和≤6（例如，1+1）	1

- PBC 是分区行为置信度分数
- HDC 是热降解置信度分数

• 次级标准 C2 的兽药数据不确定度评分

C2，即乳及乳制品的消费量，这是消费量的大小没有不确定性。因此，每种药物的置信度分数均为 9。

• 标准 C 的兽药数据不确定度得分

标准 C 的总体置信度分数计算根据下表对 C1 和 C2 的置信度求和得出的分数：

表 A6. 21　标准 C 的兽药总体数据置信度评分的评分矩阵

证据的级别和类型	置信度
C1 和 C2 的数据置信度总和> 14（例如，9+5）	9
C1 和 C2 的数据置信度总和> 6（例如，5+1）	5
C1 和 C2 的数据置信度总和≤6（例如，1+1）	1

D. 标准 D 的兽药数据置信度评分

在标准 D 中使用的与药物有关的数据包括①危害值和②药物是否是已知的致癌物质；只有①的数据被认为是不确定的，因此标准 D 的数据不确定性得分被分配给危险值的数据不确定性得分。

附录 6.4　结果：模型结构不确定性

为了表征与模型结构相关的不确定性，我们比较了包含不同模型结构选择的不同情景的结果。

A. 标准权重

我们通过将使用专家指定的标准权重的模型结果与使用统一标准权重的情景进行比较来评估结果对标准权重的敏感性。图 A6.22 说明了使用这种情况（使用统一标准权重）得出的药物的得分和排序。模型结果与统一权重情景之间的主要区别在于分辨率；分配均匀的权重时，确定药物之间的等级差异较小。分辨率降低是由于使用统一的权重时，彼此之间排列的标准分数集合（例如［5，5，9，9］和［9，5，5，9］）无法区分。

相对于使用专家指定标准权重（“模型结果”）确定的模型评分得出的分数，这种“统一标准权重”情景还导致四种药物（呋喃西林，氯霉素，保泰松和呋喃唑酮）的得分显著增加。这四种药物在所有药物中的危险评分最高，因为不能确定危害值。与原始模型相比，这种“统一标准权重”情景下药物的得分增加和等级的变化源于对标准 D（给予暴露，潜在的健康危害）给予较大的权重，在这种情况下较小的权重应用于标准 A 和标准 B 的评分。这些药物的分值增加导致了 54 种药物的排序变化不大；氯霉素和保泰松的剂量增加，因此头孢噻呋和氧四环素的等级降低（成对的药物在排序列表中切换位置）。虽然在基于多标准的排序模型中分配统一的标准权重是一种常用的默认检索方式，在将来，通过使用第二独立确定的专家权重组比较结果，可以更好地表征与这些权重相关的不确定性。

我们还研究了药物排序中效应数据集的选择。重点是，我们探讨了只有美国农业部和 Sundlof 等人基于调查的数据被用于确定 LODA 评分 A1 的方案，即专家意见数据未被包括在内。排除 A1 中的专家意见时，5 种药物的总体评分和排序均受到影响（图 A6.23）。更具体地说，阿米卡星、多拉菌素、卡那霉素、壮观霉素和四环素的总评分降低，因此，在由该模型评估的 54 种药物中，这些药物中的每一种的等级都较低。专家指出，使用阿米卡星、多拉菌素、卡那霉素、壮观霉素和四环素的可能性大于早期发表的研究的估计值。所有其他药物的得分与完整模型得到的数值相同。

该方案通过列入专家意见确定了所添加的信息，但也表明对于大多数药物来说，至少在这个基于多标准的排序模型中使用的评分方案方面，早期研究的数据与专家意见相一致。

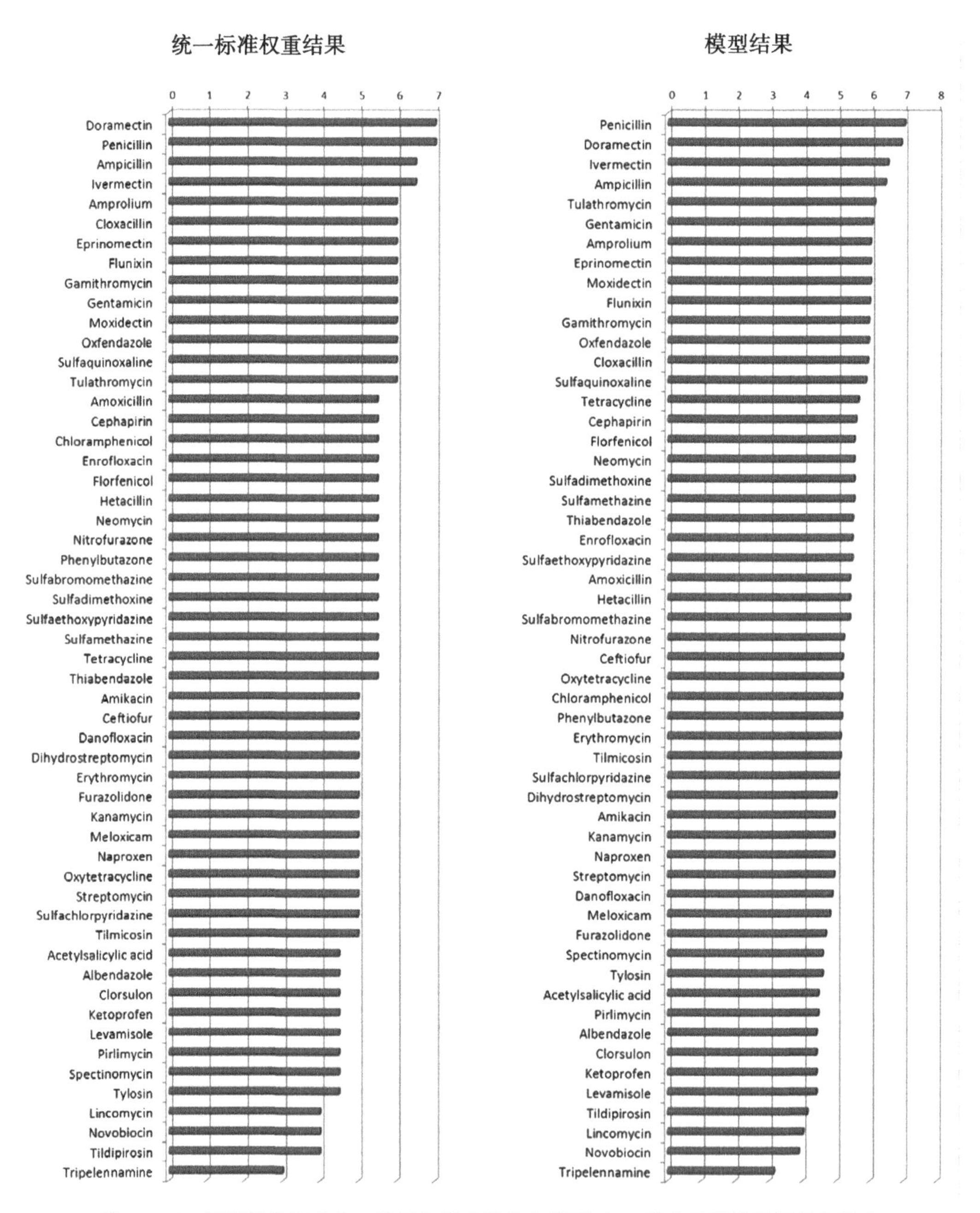

图 A6.22 模型机构不确定：基于多标准的排序模型对 54 种药物的比较评分和排序
（使用统一标准权重或专家指定的标准权重）

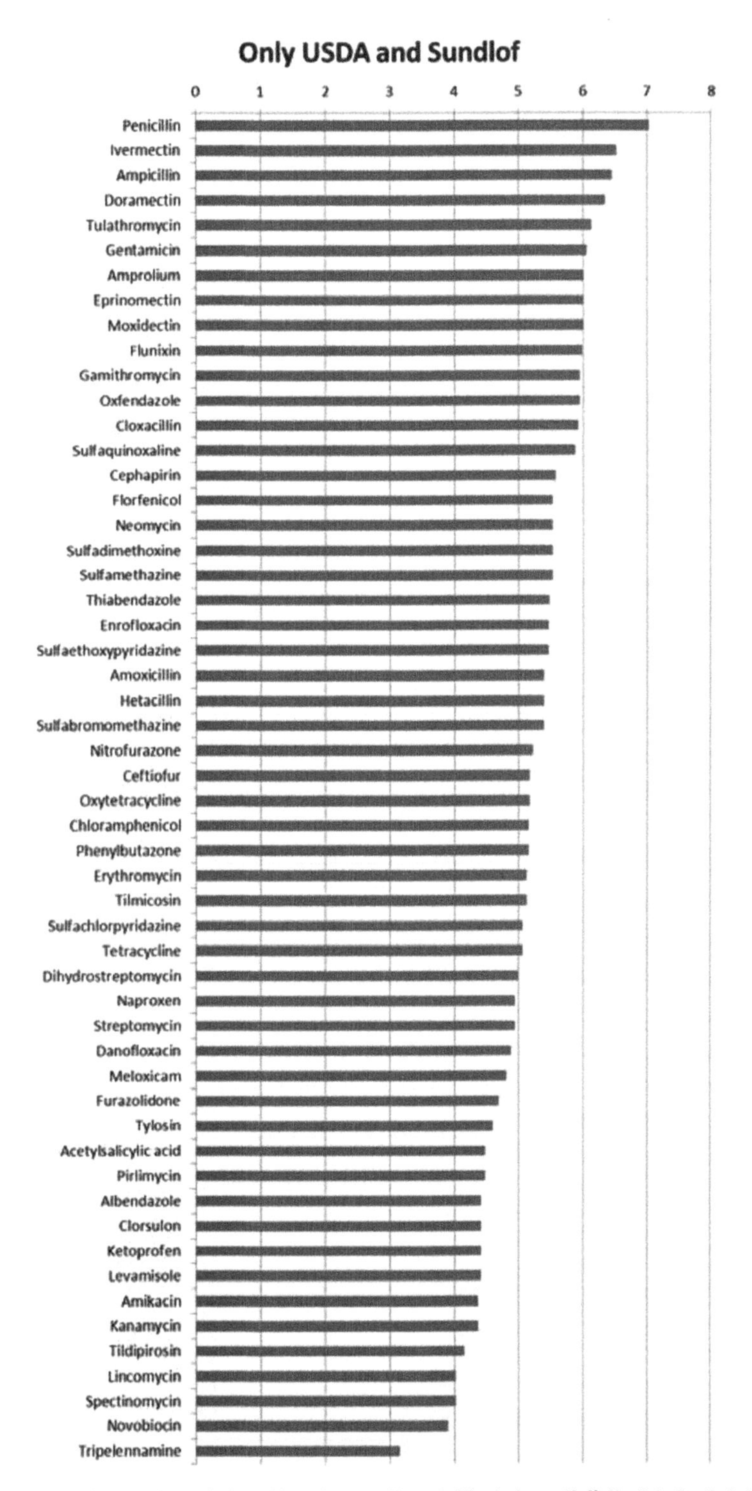

图 A6.23　模型结构不确定：基于多标准的排序模型对 54 种药物进行评分和排序
（基于调查只使用 USDA 和 Sundlof 等的数据来确定 LoDA 评分，即专家意见数据排除在外）